高等职业教育飞机电子设备维修专业群新形态规划教材

飞行控制系统与设备

主　编　鄢　立

副主编　刘春英　马书生

中国水利水电出版社
www.waterpub.com.cn
·北京·

内 容 提 要

本教材是湖南省职业教育专业教学资源库——“飞机电子设备维修专业群教学资源库”（访问地址：http://fjdz.cavtc.cn/?q=node/90111）中的“飞行控制系统与维护”课程的配套教材。

本教材由飞行控制系统基础、飞行控制计算机的维护、驾驶员操纵传动装置及维护、舵面伺服驱动设备及维护、自动飞行控制检测设备及维护和任务实操工卡6部分组成。

本教材教学资源丰富，配有学习指南、理论教学课件、微动画、微视频以及大量的图片，可供学习者使用。

本教材可供高等职业院校的飞机电子设备维修专业学生、飞机维修企业新进员工或部队新入伍的定向士官使用。

图书在版编目（CIP）数据

飞行控制系统与设备 / 鄢立主编. -- 北京 : 中国水利水电出版社, 2021.10

高等职业教育飞机电子设备维修专业群新形态规划教材

ISBN 978-7-5170-9975-8

Ⅰ. ①飞… Ⅱ. ①鄢… Ⅲ. ①飞行控制系统－设备－高等职业教育－教材 Ⅳ. ①V249.1

中国版本图书馆CIP数据核字(2021)第189389号

策划编辑：周益丹　责任编辑：周益丹　加工编辑：王玉梅　封面设计：梁　燕

书　名	高等职业教育飞机电子设备维修专业群新形态规划教材 飞行控制系统与设备 FEIXING KONGZHI XITONG YU SHEBEI
作　者	主　编　鄢　立 副主编　刘春英　马书生
出版发行	中国水利水电出版社 （北京市海淀区玉渊潭南路1号D座 100038） 网址：www.waterpub.com.cn E-mail：mchannel@263.net（万水） sales@waterpub.com.cn 电话：（010）68367658（营销中心）、82562819（万水）
经　售	全国各地新华书店和相关出版物销售网点
排　版	北京万水电子信息有限公司
印　刷	三河市德贤弘印务有限公司
规　格	184mm×260mm　16开本　15印张　328千字
版　次	2021年10月第1版　2021年10月第1次印刷
印　数	0001—2000册
定　价	56.00元

前言

本教材是湖南省职业教育专业教学资源库——“飞机电子设备维修专业群教学资源库”（访问地址：http://fjdz.cavtc.cn/?q=node/90111）中的“飞行控制系统与维护”课程的配套教材，可供高等职业院校的飞机电子设备维修专业学生、飞机维修企业新进员工或部队士官使用。为贯彻党的十八大报告提出的“全面贯彻党的教育方针，坚持教育为社会主义现代化建设服务，为人民服务，把立德树人作为教育的根本任务，培养德智体美全面发展的社会主义建设者和接班人”的教育方针，我们以培养德智体美劳全面发展的高素质技术技能人才为目标，从专业岗位出发，以固定翼飞机为项目载体，校企深度合作，共同编写数字化立体式教材。

本教材在充分利用传统教材信息技术优势的基础上，对接高职院校学生急需的实操练习以及航修岗位特定需求，结合实际维修事故案例编写。教材在编写过程中采用案例引导，结合微课、动画等教学资源，并依据石家庄海山实业发展总公司对飞行控制系统有关岗位的考核标准设置工卡任务，将飞行控制系统维护实操化，将训练贯穿于项目学习全过程；教材中图片、文字交相呼应，知识直观准确，做到了集专业性、科普性和实用性于一体。本教材特色如下：

1. 依托航修企业真实岗位，重构教材项目

本教材紧密联系航修企业，以岗位职业能力为导向，从飞行控制系统各信号与活动舵面的控制关系、地位出发，重组了飞行控制系统基础、飞行控制计算机的维护、驾驶员操纵传动装置及维护、舵面伺服驱动设备及维护以及自动飞行控制检测设备及维护 5 个项目。

2. 紧靠岗位能力需求，重构教材实施任务

本教材从航修岗位能力需求出发，为达到学员对知识“知其然还要知其所以然”的目标，配套编写了 16 个项目任务实操工卡，按照“授人以鱼不如授人以渔”的原则设置了三步曲（设备性能检测—设备拆装—故障诊断与排除），注重培养学员的自学能力和创新精神。

3. 贴合航修维修工作实际，编排教材内容

本教材根据航修企业工作实际选取典型设备故障，如飞行控制计算机的维护、驾驶杆位移传感器的拆装、配平舵机的故障分析与排除、自动驾驶仪的故障分析，通过现场教学中的系统信号流程分析、设备故障分析、设备外观维护、设备故障排除，结合“飞

机电子设备维修专业群教学资源库”中的“飞行控制系统与维护”课程相关项目的教学资源，循序渐进，强调培养学生“零误差、零损耗”的职业习惯和一线现场处理问题的应变能力。

4. 围绕立德树人理念，构筑思政教材

本教材在介绍飞行控制系统的控制规律、设备组成、典型故障、维修新技术等科普知识的同时，结合工作实际将航修人员“敬畏生命、质量至上”等责任意识、安全意识、工匠精神、航空报国等思政元素融入其中。

5. 配套多样资源，搭建自主学习平台

本教材是高等职业教育航空类新形态活页式教材，所有重要知识点、技能点均配有微课视频、图片、动画、习题等丰富的数字化资源，其中微课视频可通过扫描书中的二维码在线观看，学习者也可登录湖南省职业教育专业教学资源库——“飞机电子设备维修专业群教学资源库”中的“飞行控制系统与维护”课程查找更多教学资源。

本教材由长沙航空职业技术学院鄢立主编并负责统稿，长沙航空职业技术学院刘春英老师、石家庄海山实业发展总公司马书生任副主编，长沙航空职业技术学院的彭艳云、程秀玲参与资料收集，石家庄海山实业发展总公司的专业副总师贾彦荣高级工程师、飞行控制技术员孙亚工程师以及特设专业技术员樊娅娅工程师参与技术审稿，刘春英、马书生参与教材正文文字审稿，刘春英、鄢立参与教材图片修改，感谢林文副教授、谷绍湖老师对本书提出的意见。本书的故障案例来源于飞机维修企业和网络平台，感谢石家庄海山实业发展总公司技术人员提供的多方面帮助。

本教材的理论教学课件由刘春英、彭艳云编写；飞机电子设备维修专业群教学资源库学习指南、题库由戴鼎鹏、薛笑雷修正，教学案例由马书生负责收集。

由于编者水平有限，书中难免出现错漏和不妥之处，恳请专家、读者指正。

编 者

2021 年 5 月

目　录

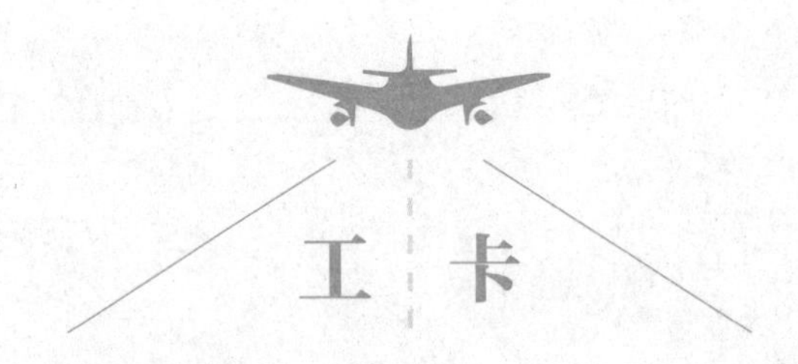

工卡

二维码

飞行控制系统基础

人们的出行范围越来越广，对出行舒适度和出行的灵活性要求也越来越高，选择坐民用飞机出行的人越来越多，飞机的飞行航线也越来越远。同时，军用飞机的飞行速度和飞行高度（也就是飞行包线）也在逐渐提高。为保证每次的飞行任务都圆满完成，驾驶员及机组人员都会在飞行前对每次的飞行任务做出最佳的飞行计划上交到地面指挥中心或有关管理部门，当管理部门对驾驶员或机组人员提交的飞行计划中的飞行高度、飞行路线、飞行速度等数据进行审核确认无误后允许驾驶员或机组人员执行飞行任务，而驾驶员或机组人员收到允许飞行的指令后将进行飞行前检查，确认各设备正常后在空中交通管制人员的指挥下起飞、爬升直至进入航线飞行。在整个飞行过程中，驾驶员通过操纵机构或自动驾驶仪按照飞行任务控制飞机的航向、高度、速度以及姿态，直至完成飞行任务。

如表 1-1 所列，在整个飞行任务中，不同操纵性的飞机，驾驶员投入的体力和脑力也不同，完成飞行任务的难易程度也不同。飞机驾驶员是如何对飞机进行飞行控制？飞行控制系统的首要目标是什么？飞行控制系统的原理框图包括哪些环节？飞行控制系统与其他系统的关联关系如何？

表 1-1　不同飞机操纵性比较

类型	结构参数 /m		动力装置	飞行性能	
	翼展	机长		最大载重航程 / km	最大巡航速度 /（km/h）
波音 737-300	28.9	33.4	两台涡扇发动机（最大推力：约 98000N）	2993	831
波音 737-800	34.3	39.5	两台涡扇发动机（最大推力：约 108000N）	5665	960
波音 737-900	34.3	42.1	两台涡扇发动机（最大推力：约 121500N）	5925	960

教学目标

能力目标

★掌握飞行控制系统常用参数的应用。

★了解飞行控制系统新技术发展趋势。

知识目标

★了解飞行控制系统在飞机飞行过程中的地位。

★掌握飞行控制系统回路的组成。

★了解飞行控制系统常用的坐标系及在飞行过程中的作用。

★理解飞行控制系统三个回路与常用坐标系之间的关系。

★掌握飞行控制系统常用的飞行参数。

★理解飞行控制系统常用参数、常用坐标系、飞行控制系统回路之间的关系。

素质目标

★培养“按技术资料、工艺文件办事”的职业习惯和“遵章守纪”的职业素养。

★树立民族自豪感，激发探索新技术的学习精神。

任务1　飞行控制系统的作用与分类

任务描述

人类很早就向往着能像鸟儿一样翱翔在天空，也希望自己如同神魔世界的神仙瞬间到达自己意念之下的任何地方，随着飞行器的出现，人类站立在云霄之上的梦想成为现实。世界在发展，随着计算机技术、微电子技术、传感技术等多种先进技术的出现、改进，飞机的飞行控制指令传动系统也经历了从简单机械式的操纵传动系统发展到现在多余度配置的电传或光传操纵传动系统，在确保飞行控制的可靠性的基础上大大减轻了飞机自身的重量；同时提升飞机的飞行品质和操纵性，飞行控制系统从简单的人力操纵控制系统演变成现在的具有控制增稳性能的综合管理系统。那么飞行控制系统的首要任务是什么？飞行控制系统的组成部分有哪些？飞行控制系统到底经历了哪些具体阶段？

任务要求

（1）了解飞行控制系统的首要目标和基本组成。

（2）了解飞行控制系统的分类及发展历程。

（3）了解飞行控制系统的主要性能要求。

知识链接

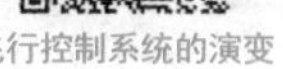

1. 飞行控制系统的发展

所谓飞行控制就是驾驶员通过操纵某些设备实现对飞机姿态和飞机飞行轨迹的控制过程。国家军用标准的定义为“飞行控制系统（Flight Control System，FCS）属于一种飞机系统，包括驾驶员或其他信号源进行下一项或多项控制所应用的飞机分系统和部件，主要完成飞机航迹、姿态、空速、气动外形、乘坐品质和结构模态等的控制”。

（1）飞行控制系统按驾驶员参与程度的分类。根据驾驶员在飞机飞行过程参与的程度可以将飞行控制系统分为人工飞行控制系统、半自动飞行控制系统和自动飞行控制系统三大类。

1）人工飞行控制系统。人工飞行控制系统（Manual Flight Control System，MFCS），也称人工飞行操纵系统。它以驾驶员为主导，通过驾驶员的眼睛观察飞机的飞行环境和驾驶室前面板仪表的指示情况，耳朵倾听领航员或调度员对飞机飞行任务的要求，需要驾驶员进行独立分析、决策，运用手、脚的动作直接形成人工操纵指令或形成和传递人工操纵指令的增强指令完成对飞机的操纵，从而完成飞机的飞行任务，如图 1-1 所示，属于开环控制系统。人工飞行控制系统主要在飞机的起飞着陆阶段或者飞行环境比较复杂恶劣时起作用。

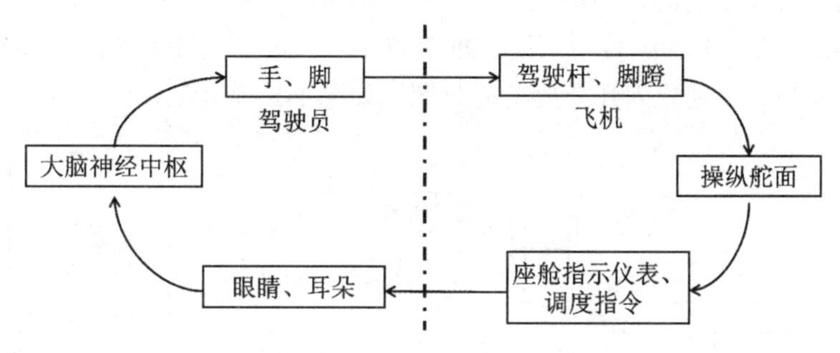

图 1-1　人工飞行控制基本过程

人工飞行控制系统可以通过电气、机械、液压或气动方式传送人工操纵指令。最简单的人工飞行控制系统就是机械操纵系统，传动结构主要是金属连杆和钢索。

2）自动飞行控制系统。自动飞行控制系统（Automatic Flight Control System，AFCS）中驾驶员不起主导作用，不参与飞行控制，只监视座舱仪器仪表的信息。飞机的飞行控制由控制机构根据敏感元件检测机构测得的叠加信号通过光学的、电气的、机械或液压的传动机构完成对舵面的自动操纵指令的自动传送，从而实现对飞机飞行航迹的自动飞行控制或自动响应飞机的各种扰动（飞行姿态的稳定控制），协助驾驶员的工作来减轻驾驶员的工作负担，如图 1-2 所示。按照国家军用标准自动飞行控制系统的控制操纵装置通常包括自动驾驶仪、驾驶杆或驾驶盘操纵、自动油门杆装置、结构模态控制或类似的控制器。

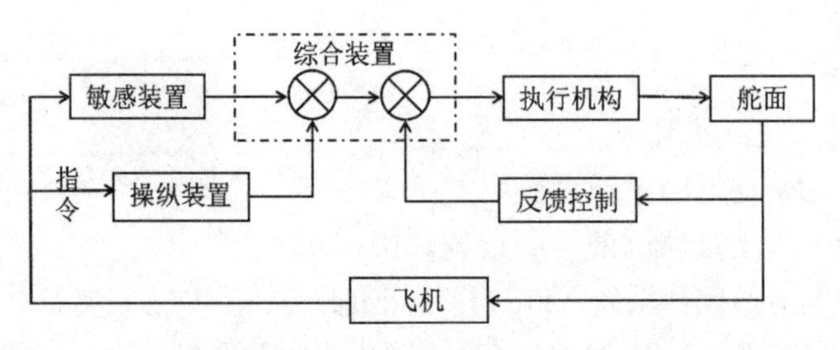

图 1-2 自动飞行控制基本过程

自动飞行控制系统主要出现在飞机的巡航阶段以及导弹制导过程中，即该系统不仅提供飞行器的飞行姿态、飞行状态、飞行环境等信息，还对飞行器的姿态、飞行轨迹进行控制。

3）半自动飞行控制系统。除了无人驾驶的飞机，目前大量飞机的飞行控制系统还处于介于人工操纵控制系统与自动飞行控制系统之间的阶段，即半自动飞行控制系统。半自动飞行控制系统中驾驶员虽然不承担主要的操纵控制任务，但可以通过监视座舱仪器仪表的指示来操纵驾驶杆或脚蹬来修正半自动装置形成的失配信号。

根据图 1-1 和图 1-2 可知，飞机的飞行控制系统包括驾驶员控制装置、飞行参数测量装置、飞行控制计算机、飞机操纵伺服装置、飞行参数反馈控制装置（阻尼器、增稳装置等）以及操纵舵面等，当然还包括一系列的控制开关、各种型号的电缆、继电器等。

（2）飞行控制系统的发展历程。随着科学技术的发展和生活需求的增加，飞机飞行性能不断提高，飞机的操纵传动系统也越来越复杂。根据飞机飞行控制系统的技术特点，可以将飞行控制系统划分为几个典型的时期，如图 1-3 所示。

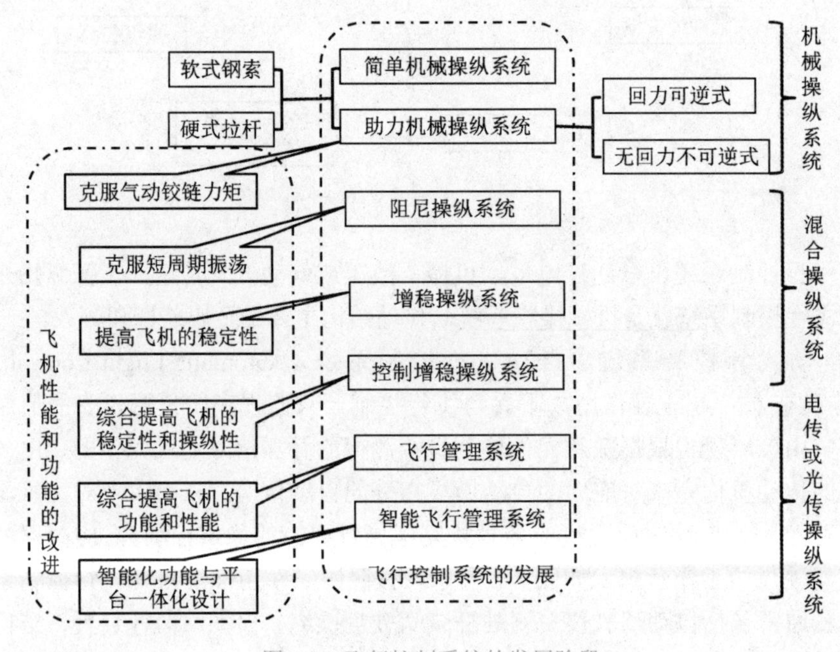

图 1-3 飞行控制系统的发展阶段

1）机械操纵系统阶段。飞机的机械操纵系统阶段经历了两个界限明显的阶段：1900—1930 年和 1930—1950 年。

1900—1930 年，驾驶员对飞机的控制采用人力操纵，驾驶员通过对驾驶杆或脚蹬的位移控制，将指令经过软式钢索或硬式拉杆传递方式，如图 1-4 所示，直接作用在舵面使之偏转。该阶段的飞行控制系统需要驾驶员克服机械传动存在的摩擦、间隙和非线性因素实现信号传递，且传动机构体积大，结构复杂，重量大，需要驾驶员具有优良的体能才能完成整个飞行任务，同时传动系统多为硬式拉杆装置，通常分布在飞机机身表面，在执行战斗任务时，容易被敌机袭击而被破坏飞行控制系统导致飞机失事。

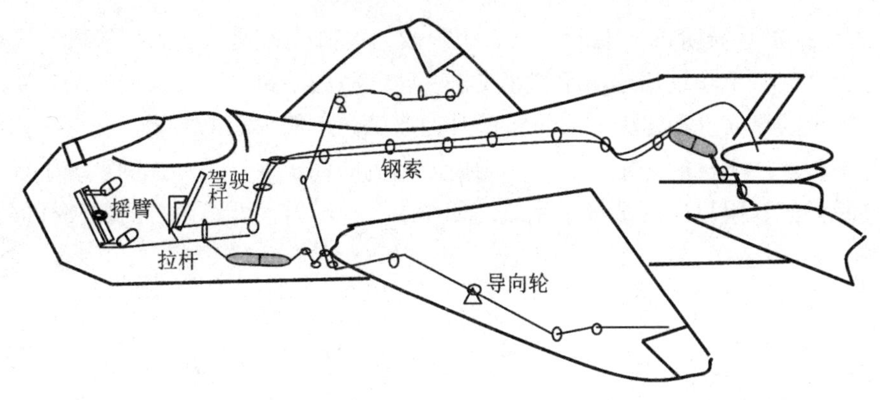

图 1-4　简单机械操纵系统

1930—1950 年，飞行控制系统的人力操纵（机械操纵）得到极大发展，主要体现在控制舵面增多和舵面面积增大。操纵舵面面积增大使得舵面的铰链力矩增大，如当驾驶员操纵飞机爬升时，需要一直保持向后拉驾驶杆状态来克服增大的舵面铰链力矩，难免会有疲惫感，飞行控制系统引入助力器可以减小驾驶员的劳动强度。如图 1-5 所示为带助力器的升降舵偏转控制系统。

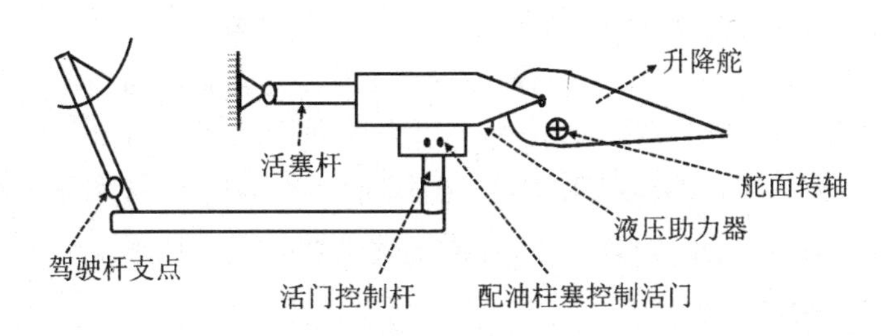

图 1-5　带助力器的升降舵偏转控制系统

如图 1-6 所示的助力器的活塞杆被固定在机体上，助力器壳体可以根据驾驶员控制指令左右移动。当驾驶杆向前推动时，通过传动机构带动配油柱塞（控制活门）滑动，控制液压油流向助力器作动筒活塞的右边，使助力器壳体右移传动升降舵后缘向下偏转。

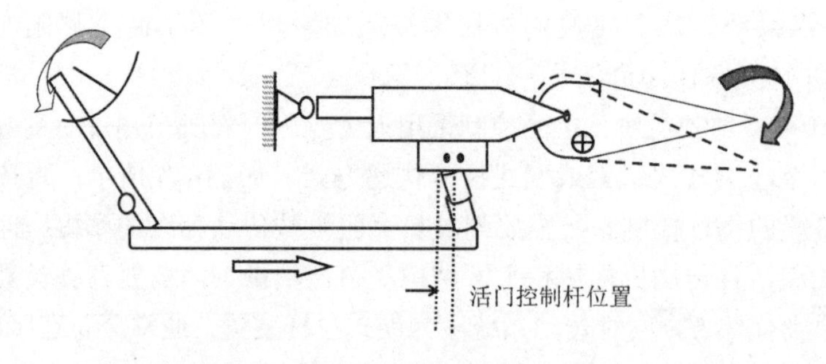

图 1-6　带助力器的升降舵偏转控制信号传递过程

2）混合操纵系统阶段。混合操纵系统阶段的飞机飞行速度越来越快，当飞机的飞行速度达到声速甚至超过声速（超声速飞机）时，激波现象导致飞机的气动焦点急剧向后移动，飞机的纵向静稳定力矩（平尾的升力增量产生的力矩）剧增，飞机纵向的力矩平衡状态被破坏，飞机的稳定性变差。为提高飞机的稳定性，飞行控制系统引入了人感系统、增稳系统、阻尼器等多种子系统。如图 1-7 所示为含人感系统的驾驶杆操纵系统实际简图。

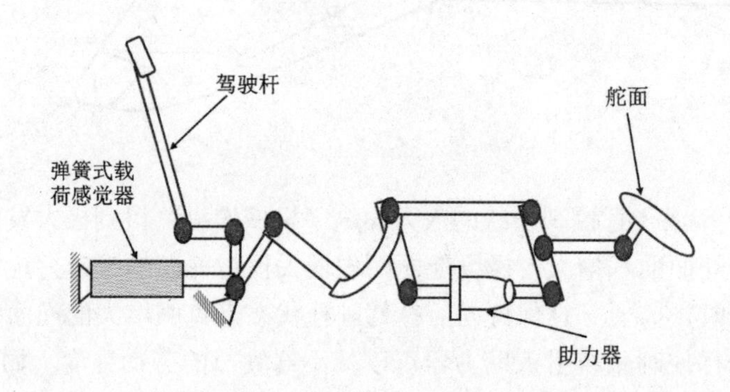

图 1-7　含人感系统的驾驶杆操纵系统

a．人感系统。人感系统也称载荷感觉器，主要由弹簧、缓冲器以及配重等构成，最简单的人感系统就是弹簧。当驾驶员操纵飞机时因为有助力器的存在，对飞机的舵面铰链力矩感觉不太真实，这时若在驾驶杆操纵系统中加入人感系统，驾驶员能从驾驶杆上感受到力，同时在大型飞机的操纵系统当舵面铰链力矩较小时，使驾驶杆不致过“轻”。

人感系统主要有两类，分别为弹簧载荷感觉器（图 1-8）和气动液压载荷感觉器。

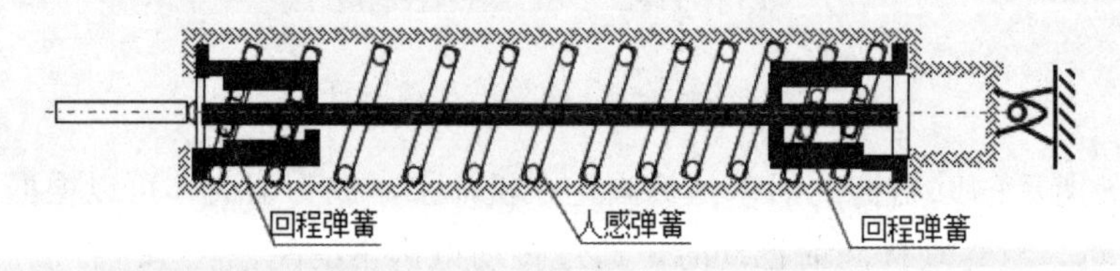

图 1-8　弹簧载荷感觉器剖面图

b．阻尼增稳系统。自 20 世纪 50 年代开始，为改善飞机自身的特性，飞机操纵系统逐渐引入阻尼增稳系统、电传操纵系统等复杂的飞行控制系统。其中阻尼系统是为了改善飞机角运动（短周期）振荡，减小飞机的摆动，即提高了飞机飞行的动稳定性；而增稳系统则是在阻尼系统提高动稳定性的基础上通过感受加速度信号或迎角、侧滑角变化的幅度或快慢进行反馈控制飞机的姿态（长周期）运动，综合实现飞机静稳定性和动稳定性的控制。后期为了综合改善飞机的操纵性和稳定性，在阻尼增稳系统的基础上形成了控制增稳系统。

如图 1-9 所示为含阻尼、增稳系统的舵面操纵驱动系统。其中阻尼系统是由角速度传感器、飞行控制计算机（含高通滤波网络、放大器）、舵机和舵面（飞机机体）组成的反馈系统，该系统无须建立基准工作状态，在飞机起飞时就可加入，而且阻尼器不影响驾驶员的指令输出。

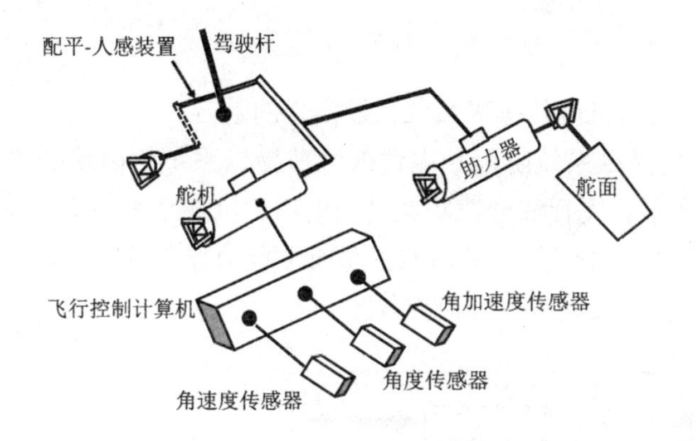

图 1-9　含阻尼、增稳系统的舵面操纵驱动系统

增稳系统主要由角度传感器、飞控计算机（含低通滤波网络、放大器）、舵机和舵面（飞机机体）组成，该系统也无须建立基准工作状态，在飞机起飞时就可加入对飞机机体进行反馈控制。增稳系统中的角度传感器包括姿态角传感器、迎角 / 侧滑角传感器等。

虽然阻尼增稳系统提高了飞机的静稳定性和动稳定性，但对飞机的机动操纵性却有不利影响。如当飞机在做大机动飞行时，驾驶员要求飞机具有较高的角加速度灵敏度，但杆力不能过“重”；飞机做小机动飞行时，驾驶员要求飞机具有较小的角加速度灵敏度，杆力却不能过“轻”。仅仅含阻尼增稳的飞行控制系统不能满足灵活多变的飞行任务需求，控制增稳系统（杆力传感器以及指令模型）的出现，可综合改善飞机的稳定性和操纵性，如图 1-10 所示。控制增稳系统在阻尼增稳系统的基础上，增加了一个前向（前馈）电气通道，驾驶员指令通过该前向电气通道将指令信号直接送至飞行控制计算机内，与飞行控制计算机内其他信号综合后，送至舵面使舵面偏转。舵面的总偏转角在前向电气信号和机械操纵信号共同作用下偏转角度为 $\Delta\delta$（$=\Delta\delta'+\Delta\delta''$），其中 $\Delta\delta'$ 为仅仅含阻尼增稳系统（图 1-9）的舵面偏转角度，$\Delta\delta''$ 为前向电气通道信号的驱动效果。与图 1-9 的飞行控制系统相比，图 1-10 所示的飞行控制系统增强了驾驶员指令对舵面的控制，提高了驾驶员对飞机的操纵性。图 1-10 的飞行控制系统中，飞机做定常直线飞行时，驾驶杆静止不动（不是静止中立），驾驶员指令信号为 0，控制增稳系统不起作用；当飞机做大机动飞行时，驾驶员指令信号

才有输出，控制增稳系统才起作用，因此控制增稳系统也称为控制增强系统。

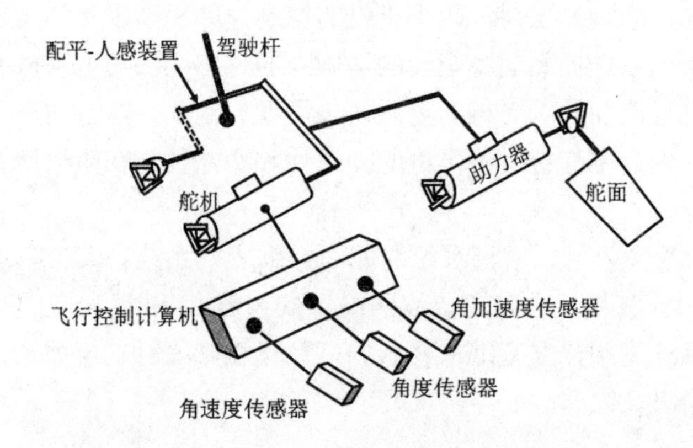

图 1-10　带控制增稳系统的操纵系统

控制增稳系统是飞机电传操纵系统得以实现的基础。

3）电传或光传操纵系统阶段。电传或光传操纵系统的出现使得飞行综合控制得以实现，如图 1-11 所示。飞行综合控制就是利用相关机载系统的集成技术，通过自动操作和飞行管理系统完成多种任务，多功能自动或半自动综合控制，从而减少飞机机组的工作量，实现机组人员主要完成飞行监控任务。

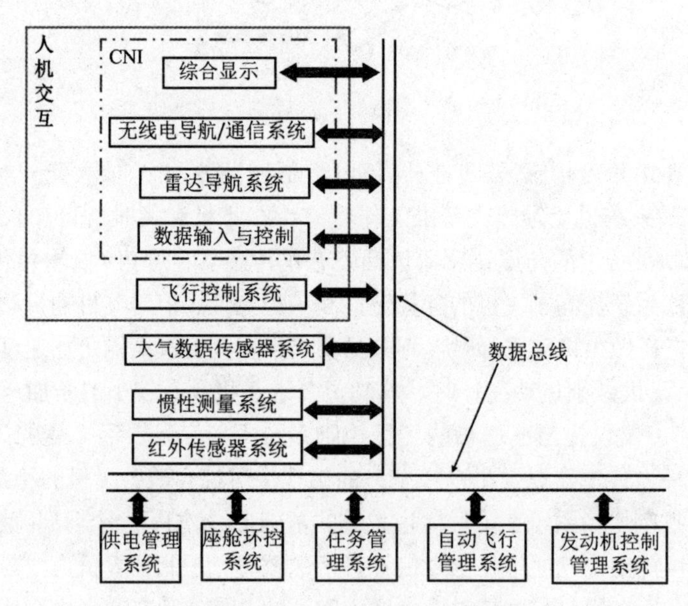

图 1-11　现代飞机的综合控制系统

电传操纵（Flying by Wire，FBW）系统是一种利用闭环反馈控制原理，将飞机驾驶员的操纵指令信号经过变换器变成电信号作为受控参数，该指令电信号经过电缆直接传输到自主式舵机的电子飞行控制系统，去掉了传统的飞机操纵系统中布满飞机内部的从操纵杆到舵机之间的机械传动装置。电传操纵系统主要由飞行参数传感器、中央计算机、作动器和电源组成，分别对应人的感觉器官、大脑和肌肉。

光传操纵（Flying by Light，FBL）系统是利用光纤作为信号传输媒介将飞机驾驶员的操纵信号直接传输到自主式舵机的电子飞行控制系统，主要由驾驶员指令模型、光学传感器、光 / 电和电 / 光变换器、中央计算机、数据总线、作动器和电源等组成。光传操纵系统改善了现代飞机受因为采用复合材料而引起的防御被雷电、抗电磁干扰和电磁冲等现象影响的状况。

简单来说，飞机飞行控制系统发展经历了机械操纵系统—液压机械操纵系统—模拟电传操纵系统—数字电传操纵系统—分布式光传操纵系统阶段。

2. 飞行控制系统的基本任务

以图 1-2 为例可知，飞行控制系统通过若干敏感元件（传感器）感知飞机的飞行姿态和其他飞行参数并形成相应的电信号后，利用电缆以及接口电路传输到与飞行控制有关的计算机系统形成控制信号，经放大后分别送至负载终端，驱动飞机舵面的执行机构或显示设备提醒驾驶员，实现飞机飞行姿态的稳定控制，也就是说飞行控制系统是包括传感器子系统、驾驶舱中央操纵传动装置、飞行控制计算机处理器、舵面伺服传动系统、综合显示系统、导航系统、监控报警设备等的综合系统。

（1）飞行控制系统的主要性能。飞行控制系统在整个飞行任务执行期间为满足飞机的飞行安全性能要求和保证可靠地完成飞行任务，必须满足以下几个要求：

1）改善飞机的飞行品质的能力。所谓飞机的飞行品质涉及了飞行安全和驾驶员操纵飞机的各种特性，主要包括飞机的操纵性能、飞机的稳定性以及飞机操纵系统本身的特性（机械特性和动态特性）等。其中操纵性实际指驾驶员通过操纵驾驶舱中央操纵装置驱动飞机活动舵面的偏转来获得一定程度的平衡飞行状态或飞行姿态的能力，如在飞机因为燃料消耗导致飞机重心位置改变而纵向姿态不稳定时，驾驶员操纵升降舵的偏转实现飞机纵向力矩的平衡。稳定性主要包括静稳定性和动稳定性，是指飞机因为外来某种扰动原因（驾驶员输入操纵指令或外来干扰气流的影响）偏离原来的基准运动或计划高度、计划航线后能在没有外来干预的情况下自动恢复原来的基准运动或初始位置的性能。

在进行飞机维修时，为了对飞行品质有统一的检测、验收标准，许多国家都对不同的飞机在不同的飞行阶段的飞行品质标准进行了规定，这些规定随着飞行包线的扩大和自动飞行控制系统的逐渐应用也得到不断细化和扩展，如大气扰动对飞行安全性和乘员舒适性的影响、大迎角时的飞行品质等。我国最早于 1972 年开始了飞行品质规范的编制工作并于 1982 年颁布了《军用飞机飞行品质规范（试用本）》，1986 年又颁布了国家军用标准《有人驾驶飞机（固定翼）飞行品质》（GJB 185—1986）。

2）辅助或主导实现全自动或半自动航迹控制及姿态控制的能力。飞机的航迹控制就是飞行轨迹稳定控制，主要包括飞机的巡航、起飞着陆时的飞行高度控制、偏航距离控制等，通过航迹稳定控制可以保证飞机能按照飞行计划安全高效地完成飞行任务（如到达目的地、准确地攻击地方目标等）。

飞机的姿态控制主要是飞机通过转动角运动稳定控制实现飞机的稳定飞行，保证飞机在进行航向偏转、滚转（倾斜）、俯冲或爬升等动作时不出现姿态摇摆、振荡等现象。所谓飞机的稳定飞行其本质就是保持姿态角运动（俯仰运动、滚转运动以及偏航运动）的稳定，防止飞机在进行航向偏转、滚转（倾斜）、俯冲或爬升动作时出现飘摆、振荡等现象。

3）减轻驾驶员工作负担，辅助支持驾驶员完成复杂或重复的飞行任务的能力。随着飞行包线的扩大和飞机应用范围的扩展，飞机的飞行环境也不再如低空近距离等条件一样可预估，可能经常遇到诸如大雾、冰雹、雷暴雨、低云等恶劣的气象环境。飞机驾驶员经常需要在恶劣气象条件下完成进近着陆、在侦察敌情时的低空飞行等，这些飞行环境都需要驾驶员保持“充沛的体力”和“可靠的操纵”来实现飞机的安全飞行，在发生紧急情况时做出正确判断，避免灾难的发生。为减轻驾驶员的工作负担，液压助力器、增稳装置等有助于改进飞行品质的设备应运而生，形成新型可靠的飞行控制系统，极大地提高了飞机驾驶员的操纵效率和可靠性。

（2）飞行控制系统的任务。综上所述，飞行控制系统是驾驶员通过操纵活动舵面或其他辅助设施稳定控制飞机的飞行姿态（角运动，如飞机的偏航运动、飞机的俯仰运动以及飞机的滚转运动）、飞机重心轨迹（飞行轨迹，如飞机的前进、升降与左右）以及飞行速度（水平速度、升降速度），甚至在某些飞行过程中改变飞机的几何形状（结构）与模态，达到提升飞行品质、安全性、稳定性的目的，其控制对象归根到底都是飞机。飞行控制系统最终的控制目标是保证民事航空中飞机飞行的安全性和军事航空中飞机飞行的可靠性。

任务实施

根据以上内容完成工卡 1-1。

考核评价

表 1-2　任务 1 考核评价细则

评分项	要求	分值 / 分	备注
学习资料浏览	要求阅读“飞机电子设备资源库”——“飞行控制系统与维护”课程的关于“飞行控制系统作用与分类”环节的学习资源	40	（1）要求提交作业或测验。 （2）要求提交相关笔记
工卡 1-1	正确填写工卡 1-1	20	
团结协作	积极参与资源库平台互动讨论；课上积极回答问题	40	

思考与练习

做一做

1. 为了改善飞机的动稳定性，引入了（　　）。
   A. 阻尼系统　　B. 增稳系统　　C. 控制增稳系统
2. 为了改善飞机的动稳定性和静稳定性，引入了（　　）。
   A. 阻尼系统　　B. 增稳系统　　C. 控制增稳系统
3. 为了改善飞机的稳定性和操纵性的冲突，引入了（　　）。
   A. 阻尼系统　　B. 增稳系统　　C. 控制增稳系统
4. 在飞行操纵系统中，最简单的人感系统是（　　）。
   A. 助力器　　B. 弹簧　　C. 驾驶杆或驾驶盘手柄
5. 为了克服（　　），在飞机的操纵系统中引入了助力器。
   A. 舵面的铰链力矩　　B. 舵面的振荡
   C. 传动机构的阻滞特性
6. 在执行飞行任务的过程中，飞行控制系统第一要务是保证（　　）。
   A. 飞行的稳定性　　B. 飞行的安全性
   C. 飞行的快捷性　　D. 飞行的舒适性
7. 最早的飞行控制系统是（　　）。
   A. 人工飞行控制系统　　B. 半自动飞行控制系统
   C. 自动飞行控制系统
8. 飞行控制系统的对象是（　　）。
   A. 驾驶员　　B. 飞机的舵面　　C. 飞机
9. 自动飞行控制系统具有在飞行过程中（　　）驾驶员工作的作用。
   A. 协助　　B. 取代　　C. 监视
10. 自动飞行控制系统的英语全称是（　　）。
    A. Automatic Flight Control System　　B. Manual Flight Control System
    C. Pilot Flight Control System

想一想

1. 未来自动飞行控制系统是否可以完全替代人工操纵系统？
2. 阻尼系统是否只能出现在飞行控制系统中？

任务 2　飞行控制系统常用坐标系

任务描述

不管是自动飞行控制系统还是人工操纵飞行控制系统，都需要了解飞机实时的活动

舵面偏转状态、飞机的飞行姿态、飞行状态，同时还需感受飞机当时的飞行环境，并根据飞机实时的飞行状态和飞行姿态与飞机计划进行比较，输出驱动信号控制飞机的活动舵面进行相应的偏转，实现对飞机的稳定控制。其中驾驶员对飞机活动舵面进行控制时，默认的参考原点为飞机质心（重心），而飞机的姿态描述则是以飞机所处空间某一空间点为原点。那么，怎样描述一个飞机的飞行控制过程？如何判断飞行控制过程是否符合飞行计划（飞行任务）要求？如何定义飞行控制系统有关参数？

任务要求

（1）了解飞行控制系统三个回路。

（2）了解飞行控制系统常用坐标系。

（3）了解飞行控制系统的主要飞行参数。

飞行控制系统回路

知识链接

1. 飞行控制系统的三个回路

不管是人工飞行控制系统还是自动飞行控制系统，驾驶员操纵指令（自动飞行控制系统的综合指令）真正的执行机构是舵机，飞机的活动舵面在舵机输出杆的带动下进行相应的偏转，使飞机的飞行姿态或状态通过飞机整体气动外形的变化得到稳定控制。因此飞机的飞行控制必须建立在综合了解飞机的飞行任务和飞行计划以及飞机当前飞行状况和飞行姿态等信息的基础上，才能对飞机进行下一步的飞行操纵控制。

飞行控制系统直接对飞机的活动舵面（偏转方向、偏转速度、偏转角度等参量）进行控制，通过改变舵面的气动外形，改变飞机当前的综合气动力和力矩，实现对飞行姿态和飞行速度的瞬时控制，经过一定时间积累最终改变飞机的飞行高度、飞行轨迹，使其符合飞机的飞行计划（任务）要求。简而言之，飞机的飞行控制系统的基本工作过程涉及了三个阶段，如图 1-12 所示。

舵面活动状态的控制 ⟶ 飞行姿态的控制 ⟶ 飞行轨迹的控制

图 1-12　飞行控制系统的基本工作过程

基于飞行控制系统的控制过程和控制对象的变化，可以将飞行控制系统分为三个回路：舵回路、航姿控制回路（内回路）、飞行轨迹控制回路（外回路）。

（1）舵回路。舵回路主要由舵机、舵机活塞移动速率 / 位置反馈测量组件以及反馈信号放大器组成，用来改善舵机的性能以满足飞行控制系统的要求。通常将舵机的输出信号反馈到输入端形成负反馈回路的随动系统原理框图如图 1-13 所示。舵回路主要关注飞机的舵面偏转速度、偏转角速度、偏转方向以及舵面的偏转位移大小，飞行控制系统就是通过舵回路对飞行舵面的偏转角度、偏转方向、偏转速度的控制来控制飞机的飞行姿态。舵回路的输入信号为舵机驱动信号及当前舵机输出杆位置信号、舵机输出杆移动速度和方向信号。

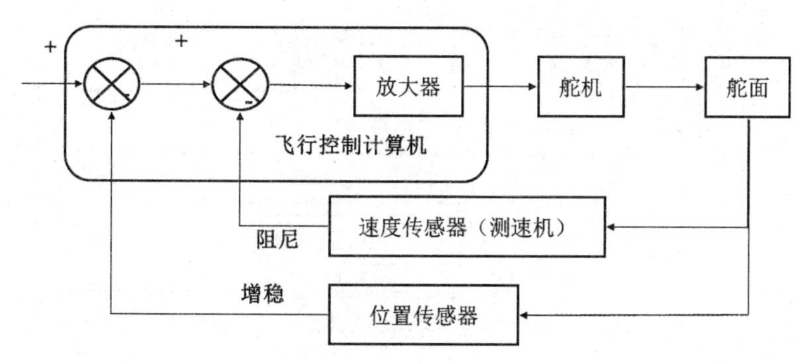

图 1-13　舵回路原理框图

（2）航姿控制回路。飞机航姿控制回路也称稳定回路、内回路。主要通过对飞机即时飞行姿态的测量和当前控制指令完成对飞机航姿的稳定控制。与舵回路输入信号不同，该回路的输入信号为当前飞行姿态信号和飞机驾驶员控制指令信号。飞机航姿控制回路如图 1-14 所示，其中角速度 / 角位置反馈测量部件加上舵回路就构成了通常所说的自动驾驶仪。与航姿控制回路有关的飞行参量大致包括飞机的迎角 α、侧滑角 β、飞机的滚转角及滚转角速度、飞机的偏航角及偏航角速度、飞机的俯仰角及俯仰角速度等。

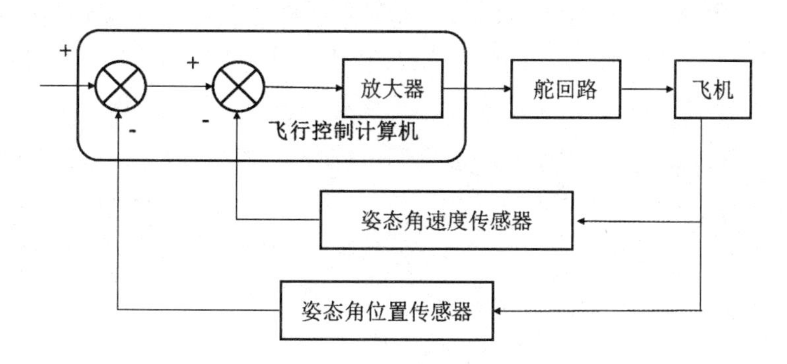

图 1-14　航姿控制回路框图

（3）飞行轨迹控制回路。飞行轨迹控制回路也称外回路、航迹稳定控制回路，主要完成对飞机飞行轨迹的控制，如飞机高度控制、飞机航向控制等，主要包括航姿控制回路和飞机重心位置测量组件以及飞机飞行控制律等。与飞机飞行轨迹控制回路有关的飞行参量大致包括飞行速度及速度变化率、飞行高度及高度变化率、飞行位移大小、磁航向等，涉及了机体坐标系和地理（地球）坐标系之间的转换关系。

图 1-15 为飞机轨迹控制原理框图，图中距离差反馈为飞机高度偏离或航线偏离的方向和大小。

2. 飞机的常用坐标系

目前在飞行控制系统分析中常用的坐标系有很多种，我们只介绍三种：地面坐标系、

机体坐标系以及气流坐标系。

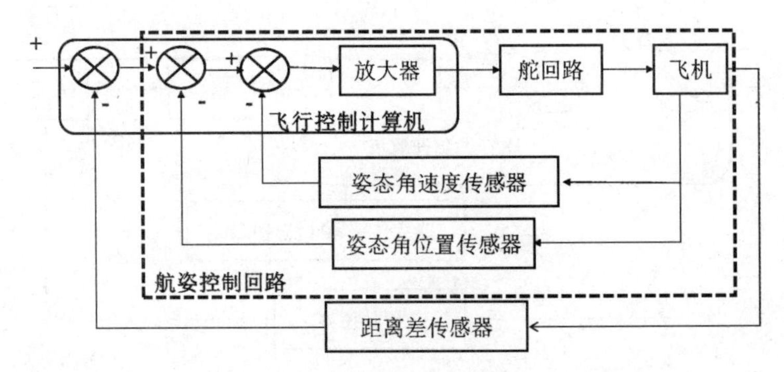

图 1-15 飞机轨迹控制原理框图

地面坐标系

（1）地面坐标系。地面坐标系也称地球坐标系，可用 S_d 表示。飞机的位置、姿态、速度、角度等都是飞机的运动轨迹和运动姿态相对于该坐标系来衡量的，常用于导航坐标系，若不考虑大地的旋转，此坐标系可以看作惯性坐标系。

如图 1-16 所示，地面坐标系的坐标原点 O_d 为当地地心与飞机质心（重心）的连线与当地地平面的交点，其 X_d 轴位于地平面并指向某一方向（如选取计划航线方向或地理正东方向），Y_d 轴垂直于地面背离地心，Z_d 轴位于地平面内并垂直于 X_d 轴（如地磁北极方向），指向满足右手定则（四指从 X_d 出发沿最近距离指向 Y_d 轴，则大拇指的方向即为 Z_d 方向）。

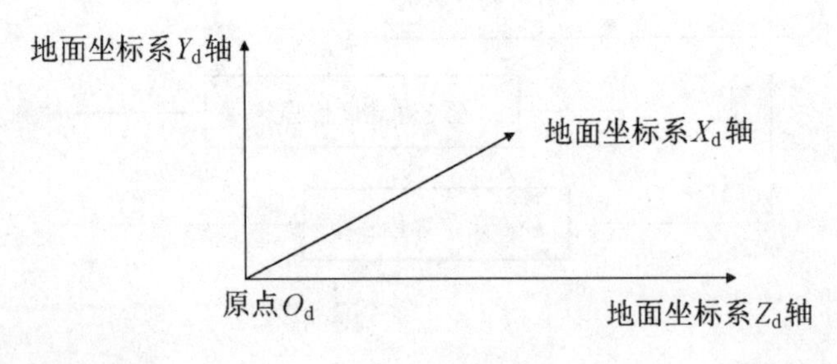

图 1-16 地面坐标系

机体坐标系

参考坐标系与载体坐标系

姿态角

姿态角速度

（2）机体坐标系。机体坐标系用 S_t 表示，通常将坐标原点 O_t 取在飞机的重心处，坐标系与飞机固连：X_t 轴位于飞机对称平面内，并平行于飞机的机身轴线或机翼平均气动弦，且指向头部，Y_t 轴位于飞机对称平面内，垂直于 X_t 轴并指向机身上方，Z_t 轴垂直于飞机对称平面，指向机身右方。图 1-17 中飞机处于右机翼略有向下倾斜（右滚）的向下俯冲的飞行姿态。

表征地面坐标系和机体坐标系之间的飞行参数称为飞机的姿态角，也称欧拉角，分别为俯仰角 θ（飞机机体坐标轴 X_t 轴与该坐标轴在地面的投影之间的夹角，抬头为正）、偏

航角 Ψ（飞机机体坐标系 X_t 轴在地面投影与地面坐标系的 X_d 轴的夹角，飞机机头左偏航为正）、滚转角 ϕ（飞机机体坐标系 Y_t 轴与地面坐标系 Y_d 轴之间的夹角，飞机右滚为正）。

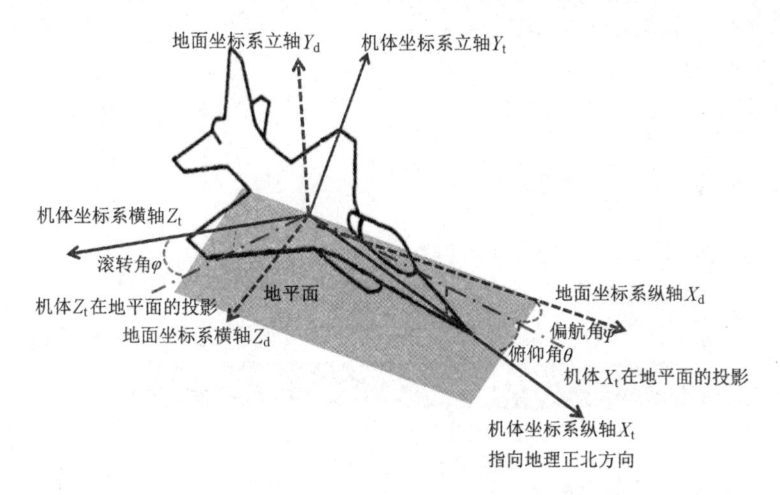

图 1-17　机体坐标系及姿态角

（3）气流坐标系 S_q。气流坐标系也称速度坐标系，用 S_q 表示，通常原点 O_q 取在飞机重心（质心）处，坐标系与飞机固连：X_q 轴与飞机的飞行速度（如空速 TAS）重合，但方向相反；Y_q 轴在飞机对称平面内与 X_q 轴垂直并指向机身上方；Z_q 轴垂直于 $O_qX_qY_q$ 平面，方向按照右手定则确定。

表征气流坐标系和机体坐标系之间的关系参量为气流角：飞机的迎角 α 和侧滑角 β。迎角（α）就是空速 TAS 向量在飞机对称平面上的投影与机体坐标系 X_t 轴之间的夹角，空速 TAS 投影位于机体坐标轴 X_t 轴以下为正。而侧滑角（β）则是空速 TAS 向量与飞机对称平面的夹角，TAS 位于飞机对称面右侧为正。如图 1-18 所示，飞机处于略有右滚的飞行姿态并在做俯冲运动。

图 1-18　表征气流坐标系与机体坐标系之间的关系参量——气流角

航迹角

表征气流坐标系和地理坐标系之间的关系参量为航迹角：航迹倾斜角 μ 和航迹轨迹角。其中航迹倾斜角为空速 TAS 与其在地面的投影之间的夹角，且满足 $\mu=\theta-\alpha$。

任务实施

根据以上内容完成工卡 1-2。

考核评价

表 1-3　任务 2 考核评价细则

评分项	要求	分值 / 分	备注
学习资料浏览	要求阅读“飞机电子设备资源库”——“飞行控制系统与维护”课程的关于“飞行控制系统回路”环节的学习资源	20	（1）要求提交作业或测验。（2）要求提交相关笔记
学习资料浏览	要求阅读“飞机电子设备资源库”——“飞行控制系统与维护”课程的关于“飞行控制系统常用坐标系”环节的学习资源	20	（1）要求提交作业或测验。（2）要求提交相关笔记
工卡 1-2	正确填写工卡 1-2	30	
团结协作	积极参与资源库平台互动讨论；课上积极回答问题	30	

思考与练习

做一做

1．表征气流坐标系和机体坐标系之间的关系参量称为＿＿＿＿＿，包括飞机的＿＿＿＿＿和＿＿＿＿＿两个参量。

2．表征机体坐标系和地面坐标系的关系的飞行参数称为飞机的＿＿＿＿＿，它包括＿＿＿＿＿、＿＿＿＿＿和＿＿＿＿＿三个参量；表征气流坐标系和地理坐标系关系的参量称为＿＿＿＿＿，通常分为＿＿＿＿＿和＿＿＿＿＿两个参量。

3．机体坐标系的纵轴的正方向是＿＿＿＿＿，而＿＿＿＿＿轴位于机体的对称面内且垂直于机体的纵轴。

4．飞机在飞行过程中的俯仰角为＿＿＿＿＿和＿＿＿＿＿的夹角，以＿＿＿＿＿方向为正，用字母＿＿＿＿＿表示；飞机在飞行过程中的偏航角为＿＿＿＿＿和＿＿＿＿＿的夹角，以＿＿＿＿＿方向为正，用字母＿＿＿＿＿表示；飞机在飞行过程中的滚转角为＿＿＿＿＿和＿＿＿＿＿的夹角，以＿＿＿＿＿方向为正。

5．为便于分析通常将飞行控制回路分为＿＿＿＿＿、＿＿＿＿＿和＿＿＿＿＿三个回路。

6．航姿控制回路通常也称 __________ 回路或 __________ 回路，实现对飞机航姿的控制。

7． __________ 控制回路也称外回路，主要完成对飞机飞行 __________ 的控制。

8．飞行高度的控制属于 __________ 控制回路。飞机舵面的偏转方向的控制属于 __________ 控制回路。

试一试

一、根据试题内容，完成下面单项选择。

1．表征气流坐标系和地面坐标系之间的关系的飞行参数是（　　）。

A．姿态角　　B．气流角　　C．航迹角

2．表征气流坐标系和机体坐标系之间的关系的飞行参数是（　　）。

A．姿态角　　B．气流角　　C．航迹角

3．表征机体坐标系和地面坐标系之间的关系的飞行参数是（　　）。

A．姿态角　　B．气流角　　C．航迹角

4．航迹倾斜角 μ 是（　　）。

A．空速 TAS 与其在地面的投影之间的夹角

B．机体坐标轴 X_t 与该坐标轴在地面的投影之间的夹角

C．空速 TAS 向量在飞机对称平面上的投影与机体坐标系 X_t 轴之间的夹角

5．侧滑角 β 的定义是（　　）。

A．空速 TAS 向量与飞机对称平面的夹角，TAS 投影位于飞机对称面右侧为正

B．空速 TAS 向量在飞机对称平面上的投影与机体坐标系 X_t 轴之间的夹角，空速 TAS 投影位于机体坐标系 X_t 轴以下为正

C．飞机机体坐标系 X_t 轴在地面投影与地面坐标系 X_d 轴的夹角，飞机右偏航为正

6．飞机的滚转角 ϕ 的定义是（　　）。

A．飞机机体坐标系 Y_t 轴与地面坐标系 Y_d 轴之间的夹角，飞机左滚为正

B．飞机机体坐标系 Y_t 轴与地面坐标系 Y_d 轴之间的夹角，飞机右滚为正

C．飞机气流坐标系 Y_q 轴与地面坐标系 Y_d 轴之间的夹角，飞机右滚为正

7．飞机处于如图 1-19 所示的状态，气流坐标系 X_q 的方向应为（　　）方向。

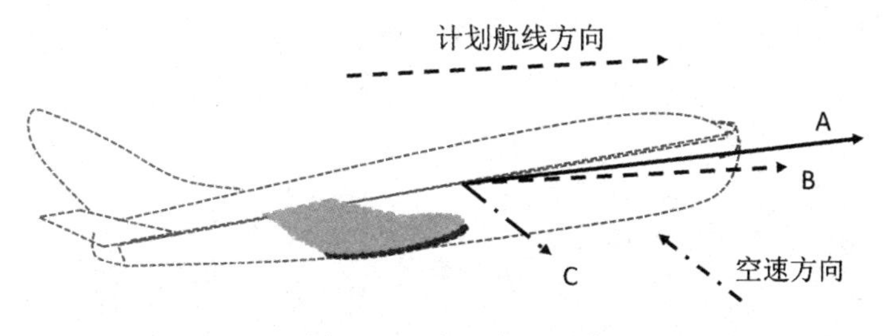

图 1-19　试一试题 7 图

8．如图 1-20 所示，飞机的计划航线为正北方向，（　　）出现左偏航。

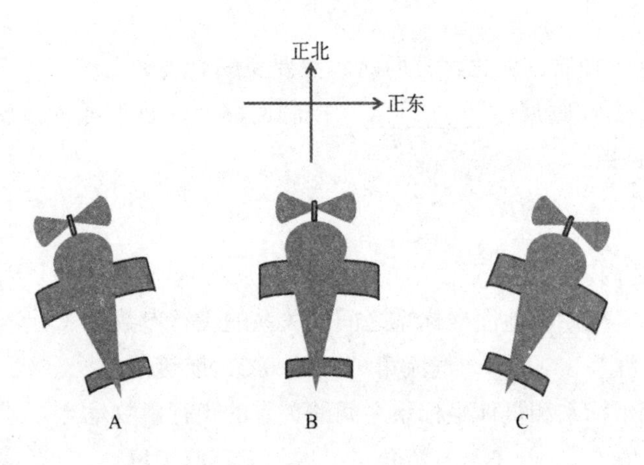

图 1-20　试一试题 8 图

9．如图 1-21 所示，飞机处于左机翼向下倾斜、机头向上爬升的飞行姿态，则飞机此时的滚转角（　　）。

A．大于 0　　B．等于 0　　C．小于 0

图 1-21　试一试题 9 图

二、根据试题内容，完成下面的多选题。

1．飞机的航迹角包括（　　）。

A．航迹倾斜角　　B．航迹轨迹角

C．偏航角　　D．侧滑角

2．飞机的姿态角包括（　　）。

A．俯仰角　　B．滚转角　　C．偏航角　　D．侧滑角

3．飞机的气流角包括（　　）。

A．俯仰角　　B．迎角　　C．偏航角　　D．侧滑角

4．飞机的飞行控制回路包括（　　）。

A．舵回路　　B．航姿稳定回路

C．航迹稳定回路　　D．航空通信回路

5. 与飞机的航姿控制回路有关的飞行参量有（　　）。

A. 俯仰角　B. 迎角　C. 舵面偏转角　D. 磁航向
E. 飞行高度　F. 航迹倾斜角　G. 侧滑角　H. 飞行速度
I. 飞机的滚转角速度　J. 飞机的偏航角

6. 与飞机机体坐标系有关的飞行参量有（　　）。

A. 俯仰角　B. 迎角　C. 舵面偏转角　D. 磁航向
E. 飞行高度　F. 航迹倾斜角　G. 侧滑角　H. 飞行速度
I. 飞机的滚转角速度　J. 飞机的偏航角

三、根据题目要求画图。

1. 画出地面坐标系与机体坐标系之间的转换关系图。

2. 画出机体坐标系、气流坐标系以及地面坐标系之间的转换关系图。

任务 3　飞行控制系统与其他系统的关联关系

任务描述

为保证飞机飞行的安全稳定，飞行控制系统也需要其他系统的配合，如飞机电气系统、液压系统、防滑刹车系统、大气数据系统、座舱电子仪表系统以及飞机内环境控制系统等。它们之间的连接关系到底如何？

任务要求

（1）认识飞行控制系统在飞机执行飞行任务的过程中的地位。

（2）能理解飞行控制系统与其他系统之间的关系图。

知识链接

1. 飞行控制系统与其他系统的关联关系

飞行控制系统是通过对活动舵面的偏转控制和实现完成对飞机的控制的，在整个控制过程中，飞行控制系统需要不断地将各种飞行参数及设备的状态信息展示给飞机驾驶员或地勤人员，以便驾驶员或地勤人员了解飞机的状态，整个过程贯穿了信号的机械传动及电气传输两种过程，为保证飞行控制系统的正常运行，会不可避免地与飞机电气系统产生关联关系。图 1-22 所示为某飞机电气系统与飞行控制系统部分装置的关联关系。图中所示的电气系统为飞行控制系统的飞行控制计算机、告警与配平装置接口、前缘襟翼驱动叉车装置以及飞控地面维护控制组件等提供直流电压，同时还为迎角传感器提供加热电源（115V AC）等。其他系统之间的关联关系不再一一说明。

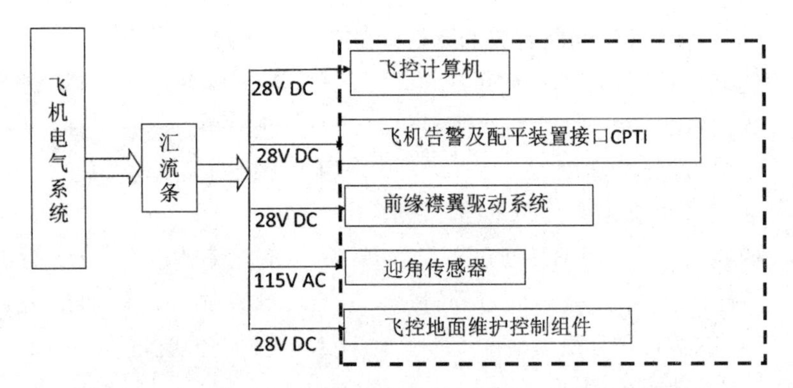

图 1-22 某飞机电气系统与飞行控制系统部分装置的关联关系

2. 飞行控制系统与其他电子设备的关联关系

（1）飞行控制系统的输入信号。飞行控制系统的输入信号主要有两个来源，即大气数据惯性基准系统和驾驶员指令输入系统，如图 1-23 所示。

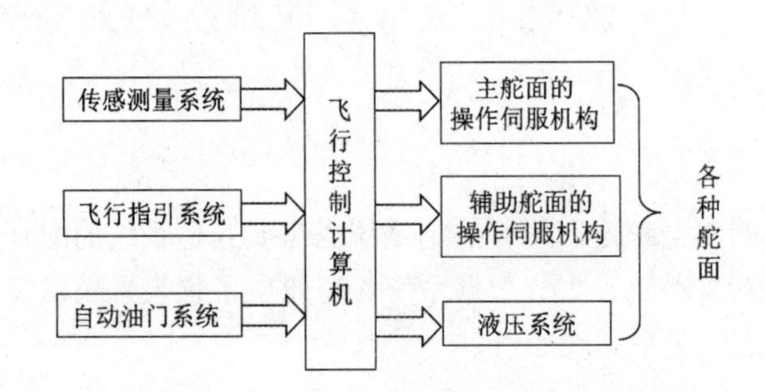

图 1-23 飞行控制计算机与其他系统的关联

1）大气数据惯性基准系统信号。大气数据惯性基准系统包括大气数据计算机系统和惯性量测量系统两大类，主要为飞行控制系统提大气数据传感器信号、发动机参数信号以及惯性量参数敏感信号等。其中大气参数传感器信号主要包括大气静压信号、大气温度信号以及迎角信号 / 侧滑角信号等。惯性量参数主要包括飞机飞行位移、飞机转动速度、飞机转动加速度，简单来说就是飞机姿态参数和航迹参数等。

此外飞行控制系统还需实时感受活动舵面的偏转信号（舵面偏转角位置信号、舵面偏转角速度信号等），用于与舵面偏转控制信号进行计算、比较，以便对活动舵面进行下一步的偏转控制。

2）驾驶员指令输入系统信号。驾驶员指令输入系统信号主要包括驾驶员操纵指令信号和飞行控制开关信号。其中驾驶员操纵指令属于驾驶员操纵指令系统信号。驾驶员操纵指令主要通过驾驶员控制驾驶杆、脚蹬以及油门杆装置的机械位移形成。驾驶员操纵指令系统将驾驶员对于驾驶杆、脚蹬的操作按一定的关系经驾驶员传感器（LVDT、CVDT）转换成相应的电信号传输给飞控计算机进行解算，或通过金属连杆、钢索的移动直接传送到飞机舵面，操纵飞机多面的偏转，以达到操作飞机的目的。而飞行控制开关指令信号主要包括起落架收放开关、襟翼收放开关、应急动力装置气动开关、液压系统低压压力开关等，通过飞行控制系统控制盒开关实现对飞机特殊飞行任务的控制。

3）发动机参数信号。除了以上两种输入信号外，飞行控制系统还需要发动机为其提供飞行动力，发动机相当于飞机的心脏，其工作稳定性和可靠性对飞机是否正常运行至关重要。发动机参数信号主要包括发动机油量参数、发动机转速（低压转速、高压转速）、滑油压力、液压压力、发动机排气温度等。

（2）飞行控制系统的输出信号。飞行控制系统的输出信号主要有两大类：一类信号与其他电子设备建立关联关系，被传送至显示警告系统为飞机驾驶员提供飞行状态信号、飞行姿态信号、飞机设备本身监视告警信号、飞行故障报警信号等；另一类则是属于飞行控制系统设备的伺服驱动信号，该信号输出至舵面伺服驱动系统，为活动舵面提供偏转控制信号，如偏转速度控制、偏转方向信号、偏转位移控制等。

任务实施

根据以上内容完成工卡 1-3。

考核评价

表 1-4　任务 3 考核评价细则

评分项	要求	分值 / 分	备注
学习资料浏览	要求阅读“飞机电子设备资源库”——“飞行控制系统与维护”课程的关于“飞行控制系统与其他系统的关联关系”环节的学习资源	40	（1）要求提交作业或测验。 （2）要求提交相关笔记
工卡 1-3	正确填写工卡 1-3	30	
团结协作	积极参与资源库平台互动讨论；课上积极回答问题	30	

思考与练习

做一做

1. 大气惯性基准系统包括 ____________________ 和 ____________________。

2. 打开缝翼指令属于驾驶员 ____________________。

3. 驾驶员操纵控制指令可以通过 __________ 传动和 __________ 传动两条通路传送至活动舵面。

想一想

1. 尝试画出飞行控制系统与其他系统的关联图。

2. 飞行控制系统是不是属于纯电子系统？

随手笔记

飞行控制计算机的维护

飞行控制计算机作为飞行控制系统的核心部件，随着时代的变迁和科学技术的发展，在功能、结构和工艺等方面都有了很大的发展和变化。总的说来，功能上经历了简单的信号放大、综合和校正，复杂信号的综合计算、处理完善；在控制逻辑上从简单的单向开环控制发展到现在的复杂信号的反馈闭环控制；从飞行控制计算机的制作工艺上来说经历了电子管时代、晶体管时代以及现在的大规模集成电路时代。电路结构由以前的纯模拟电路发展到数字电路、模拟电路兼容实现的数模混合飞行控制甚至到目前飞速发展适合电传操纵系统的数字飞行控制计算机。

能力目标

★具备飞行控制计算机的拆装工艺文件的阅读理解能力。

★理解飞行控制计算机性能检测各参数的含义。

★了解飞行控制系统电子设备一般维修过程。

知识目标

★了解飞机自动飞行控制基本规律。

★了解飞行控制计算机的发展历程。

★了解飞行控制计算机的输入输出信号的类型及特点。

★了解飞行控制计算机的一般结构组成。

★了解自动飞行控制过程中可能出现的故障及故障产生的可能原因。

素质目标

★培养“按技术资料、工艺文件办事”和规范操作的职业习惯。

★了解企业文化与课程思政之间的关系。

★培养学生职业安全意识。

任务1 飞行控制计算机的拆装

任务描述

现代飞机已经进入电传飞行控制系统时代，飞行控制计算机的作用更是不可替代，如某空客飞行控制计算机系统就有5台主计算机。正确了解飞行控制计算机的外部面板结构、内部物理电气结构，对于飞行控制计算机的维护至关重要。

任务要求

（1）了解飞行控制计算机的发展历程。

（2）了解飞行控制计算机的外部结构。

（3）了解飞行控制计算机的内部结构。

知识链接

飞行控制计算机的结构

1. 飞行控制计算机的结构

对于飞机而言，在其所有的飞行任务中，第一要务是确保飞行安全。现代飞机大多实现以电传操纵系统为基础的综合飞行控制系统，该系统以飞行控制计算机为核心（大脑）。飞行控制计算机工作性能直接影响飞机的飞行性能和飞行安全。为实现和确保飞行控制的安全性，飞机上的设备基本上都采用了余度技术，也就是用多套技术或相同功能的设备实现相同功能，飞行控制计算机也不例外，图2-1所示的某型飞机的飞行控制计算机系统就采用了两余度技术。

目前大部分在役飞机都采用了部分数字式或完全数字式的飞行控制计算机，这些数字式飞行控制计算机替代了模拟式自动驾驶仪中的驾驶仪放大器、自动回零机构、低高度拉起控制盒、副翼调校控制盒、信号转换盒以及延时线路盒，保留了速率陀螺组和加速度计组等惯性量传感器。如图2-2所示，以某型战斗机飞行控制计算机为例，机箱为长立方体结构，前面板上装有与其他设备的电气连接端口，后面板为百叶窗式的散热外壳。

该飞行控制计算机面板上有三个电缆插座CZ1、CZ2，CZ3和电源电缆插座Ps，具有两个维护检测控制开关MBIB、MBIA。

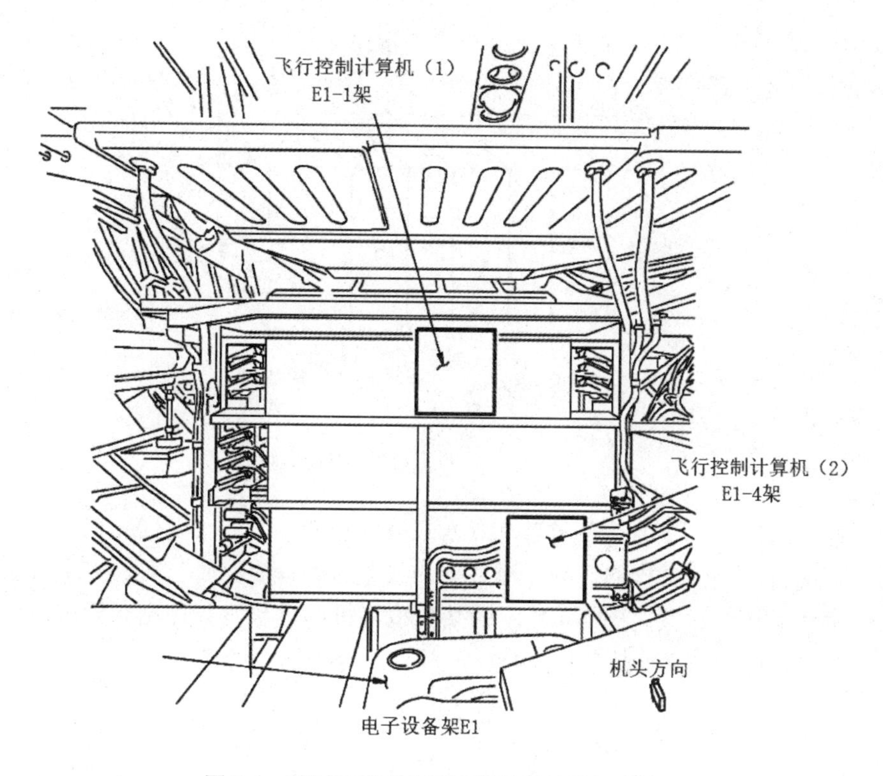

图 2-1　某型飞机两余度飞行控制计算机系统

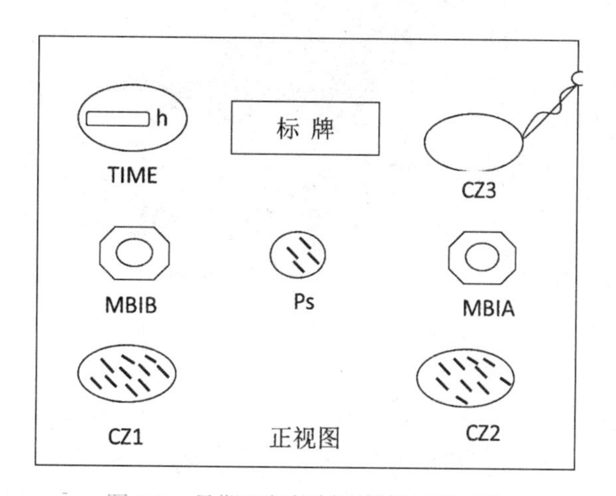

图 2-2　早期飞行控制计算机外部结构

该战斗机的飞行控制计算机内部为模块式结构，各功能模块按一定顺序安装在计算机机箱内的母板上。图 2-3 所示的飞行控制计算机内部共 6 个功能模块，从面板到后面之间依次排列为：1 个 CPU 模块（数据处理模块）、1 个 ADA 模块（离散量的输入、输出模块）、1 个 A/P 模块（模拟量处理模块）、1 个 SI 模块（通用支持接口模块）、1 个 SO 模块（串行接口模块）、1 个 PS 模块（电源模块）。

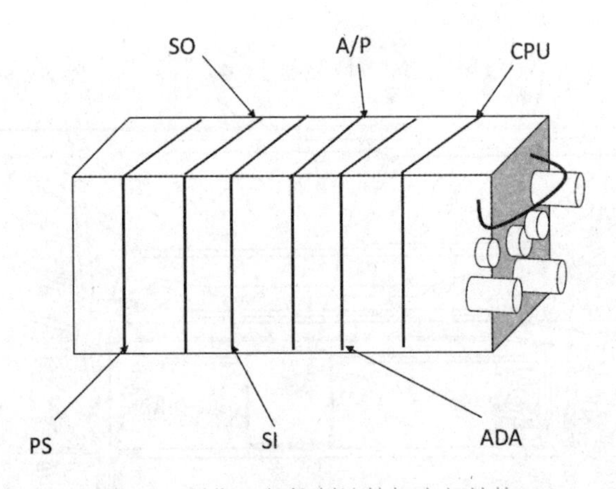

图 2-3 早期飞行控制计算机内部结构

随着计算机技术、微电子技术以及嵌入式技术的快速发展，现代飞机的飞行控制计算机基本实现整个飞行过程的控制，对数据的收集和处理更完善、可靠，完成了模拟计算机到数字计算机的过渡。图 2-4 所示为某新型飞机的数字飞行控制计算机，外部前面板的功能接口、按钮比早期战斗机更全面，并有了专用的总线接口。

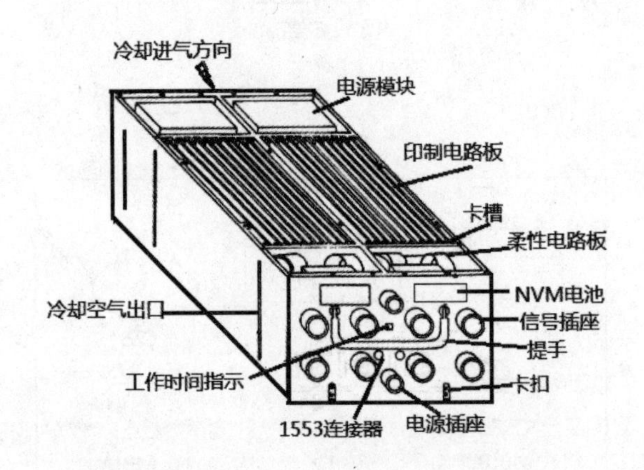

图 2-4 某新型飞机飞行控制计算机外部结构

新型飞机的数字飞行控制计算机内部功能更强大，性能也更可靠，包含两个可互换的外场可更换部件（LRU）。每个 LRU 中包含两个数字式飞控计算机通道和一个模拟备份计算机通道。每个通道主要包括 CPU 板、IOC 板、AIN 板、DIO 板、ACT 板 ×3、RUD/EFCS 板、LEF（前缘襟翼系统处理模块，仅有 A、C 通道）、FTI 模块（仅 A、C 通道）以及电源与母板，如图 2-5 所示。内部电路模块仍旧采用了与早期战斗机飞行控制计算机类似的模块结构，仍旧由电源、机箱和连接在母板上的印制电路板组成，只不过模块功能更强大，模块印制板的数量也多于早期战斗机的飞行控制计算机。各模块印制板通过位于母板上的系统总线进行通信，并经过母板与位于机箱的电连接器实现信号的输入输出。

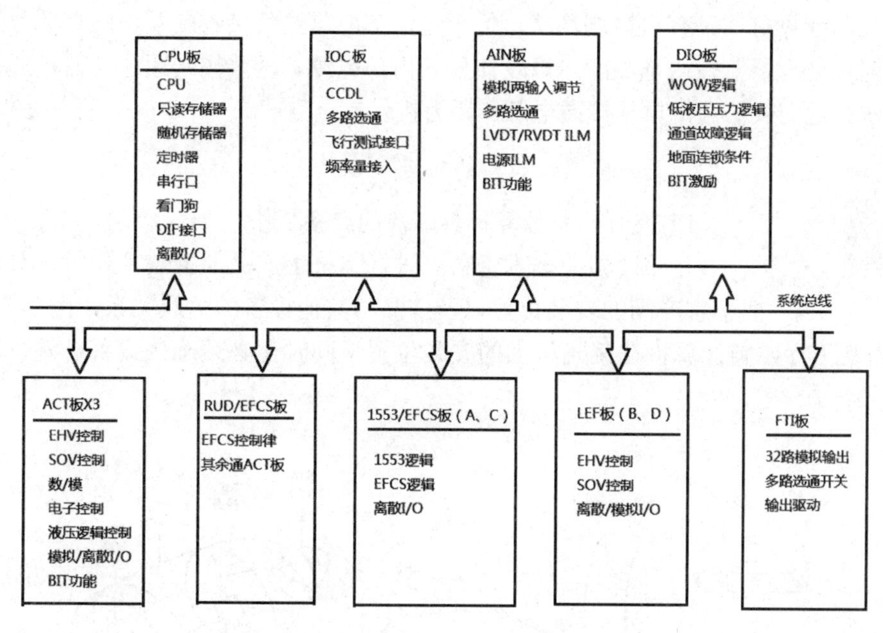

图 2-5　新型飞机飞行控制计算机功能模块

四个数字式飞行控制计算机通道之间利用交叉通道数据链（CCDL）交换数据和信息，以执行交叉通道表决、监控等功能，从而实现所规定的限制故障蔓延、保证系统安全等特性，并将 CCDL 交换的状态信息处理后加以显示或指示。

2. 飞行控制计算机与其他设备的关联关系

飞行控制计算机系统的每个计算机都包含两个物理和电气分离的通道，分为控制通道和监控通道，其中控制通道用于对输入信号进行处理实现控制舵面作动筒的偏转运动，监控通道则全程全时段比较计算机处理过程，并在处理结果发生偏差时禁止信号到达作动筒，并发出警告信号，确保飞行的安全性、可靠性。简单来说就是飞行控制计算机应当具有处理所有传感器、伺服作动器以及相关设备的离散量、模拟量信息，完成全部的数字或模拟计算，并输出相关的指令，并执行系统管理和余度管理，机内自检测功能，如图 2-6 所示。

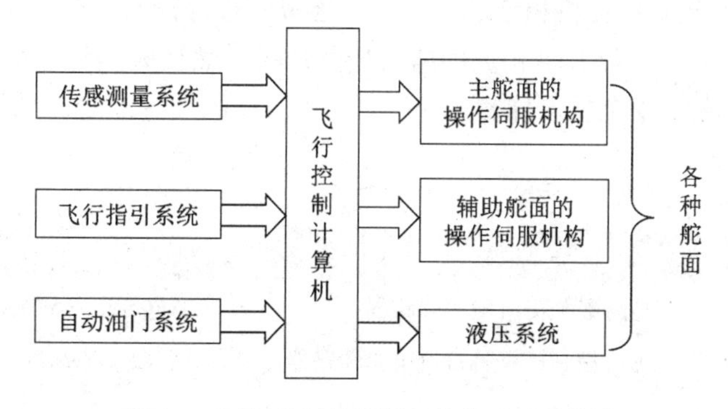

图 2-6　飞行控制计算机与其他系统的关联

飞行控制计算机还具有自检测功能，每个通道都能监控其接收或发出的重要故障信号，通过监控处理器监控内部故障，以及监控其内部电源。这些控制通道和监控通道经数字总线永久地交换信息，自动接通电源和压力执行安全测试。

飞行控制计算机的拆装

3. 飞行控制计算机的拆卸

（1）飞行控制计算机拆卸前的准备工作。

1）阅读相关技术资料。进行飞机上产品的拆装工作时，首先需要了解产品的安装位置以及产品与其他设备的关联关系，图 2-7、表 2-1 所示为某飞行控制计算机在某飞机上的安装位置，同时还必须确认设备标签、履历本的记录相符。

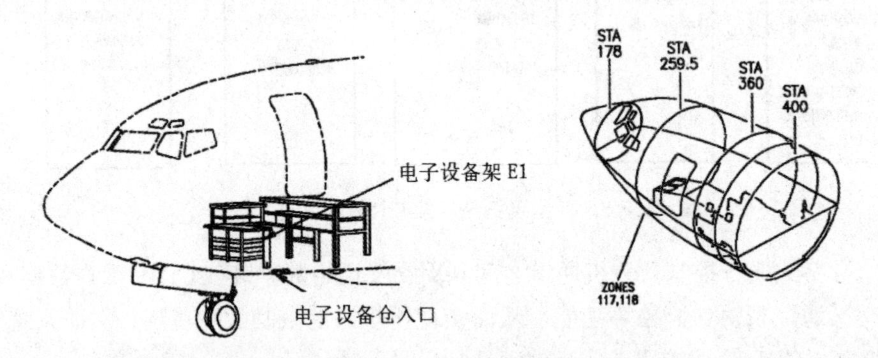

图 2-7 某型飞行控制计算机的安装位置信息图

表 2-1 某飞机飞行控制计算机的位置信息

任务实施类别	电子电气设备的拆装		
产品拆卸工卡号	20-10-000-801		
产品所属位置	电子电气设备仓（机身右侧，飞机站位 118）	左飞行控制计算机	飞机站位 211
		右飞行控制计算机	飞机站位 212
	电气设备仓入口	飞机站位 117A	

2）理清与飞行控制计算机相连的所有电气连接。根据技术资料（表 2-2）所给信息，确认与准备拆卸飞行控制计算机相连的所有电气连接，然后关闭与之相连的断路器，断开电气连接电缆，贴上安全警示标签。

表 2-2 某飞行控制计算机电气连接关系示例

坐标	设备号	电气设备	英语缩写
C4	C00456	马赫配平交流电源断路器	AFCS SYSA MACH TRIM AC
D2	C01045	飞行控制计算机直流电源断路器	AFCS SYSAFCC DC

（2）飞行控制计算机的拆卸。表 2-3 为飞行控制计算机的拆卸工艺流程。飞行控制计算机的外壳为金属外壳，拆装时要注意静电防护。

表 2-3　飞行控制计算机拆卸工卡

工序	任务	注意事项
1	确保所有的电气连接已经断开	切记贴上（或在明显位置摆放）安全警示标签
2	佩戴防静电高压腕带	最小接地电阻为 25 万欧姆，最大接地电阻为 1.5 兆欧姆的腕带，以防人身伤害
3	对腕带进行静电测试	切勿触摸电气控制箱上的导线针或其他导线以防损坏电气控制盒
4	断开飞行控制计算机上的电缆插头	
5	逆时针旋转前锁紧旋钮	切勿用力过猛，以损坏锁紧旋钮
6	断开飞行控制计算机固定连接。 （1）转动固定螺栓使深槽与 T 形钩对齐； （2）放下前扣式提取器，避开 T 型吊钩	断开前按压提取器时，轻轻按压机箱把手，切勿触摸电气控制箱上的导线针或其他导线以防损坏电气控制盒
7	在连接器插座上安装导电或防静电帽	如电气盒对静电放电不敏感，应在电器连接器上盖上保护罩；如果机箱对静电放电敏感，安装导电防尘帽和连接器盖
8	小心地将机箱从托架中托起，并移出电子设备架（托架见图 2-7）	将机箱从前端抽出大约 1/8 英寸（3 毫米），以方便断开电子连接器

图 2-8 和图 2-9 为飞行控制计算机及附件的件号信息，表 2-4 为飞行控制计算机及附件的件号。在拆卸过程中，维修人员需仔细观察飞行控制计算机机箱、附件、设备架的表面状况，了解其是否有锈蚀、凹陷等现象，如发现某附件出现异常，则根据表 2-4 提供的信息进行相应的维护处理。

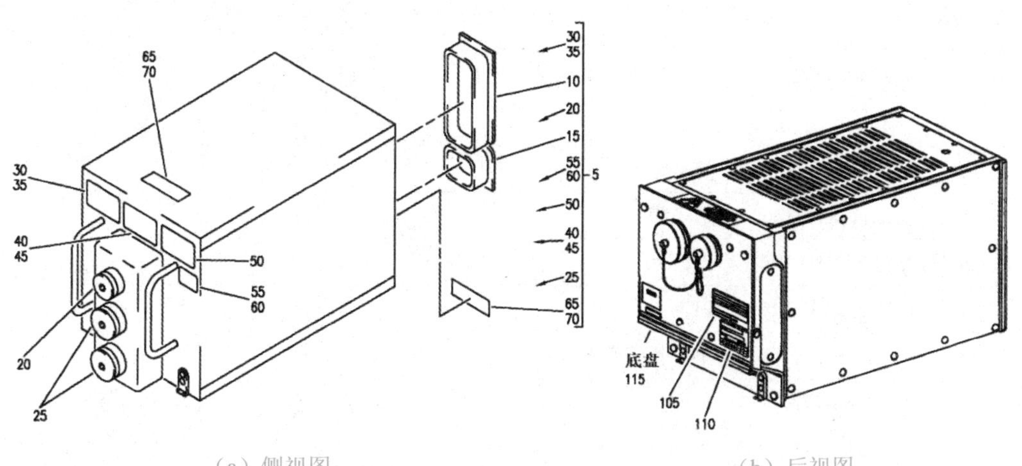

（a）侧视图　　（b）后视图

图 2-8　某型飞机飞行控制计算机侧视和后视附件件号

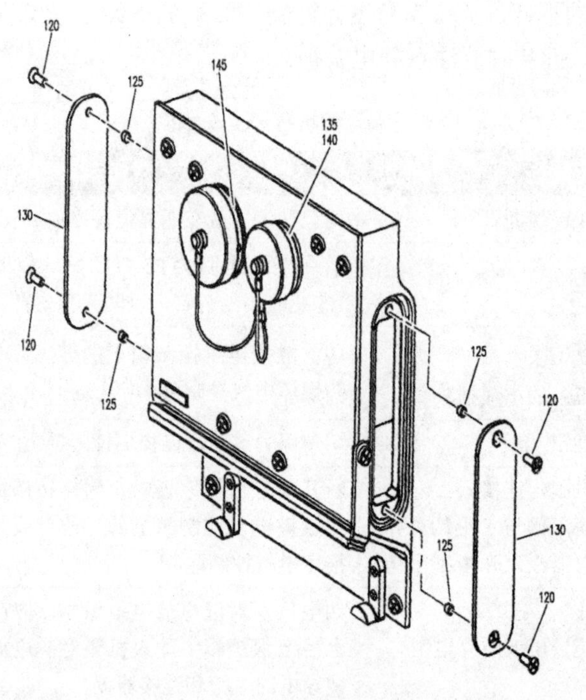

图 2-9　某型飞机飞行控制计算机底盘附件件号

表 2-4　飞行控制计算机及附件的件号

附件	件号	设备名称	备注
1	284A0411-1	E1 设备架	
1	284A0411-4	E1 设备架	
1	284A0411-9	E1 设备架	
5	4082499-903	飞行控制计算机总成维护	总成件号：10-62038-8 电气设备号：M01875 M01876 组件维护：22-12-23 维护手册：22-11-33
10	025-1157-001	防尘帽	
15	025-1158-001	防尘帽	
20	MS27511B18R	口盖	
25	MS27511B22R	口盖	
35	4078256-773	平面标记	
45	4078256-772	平面标记	
50	4078256-223	平面标记	
50	4078256-238	平面标记	
60	4077565-2	贴片	

续表

附件	件号	设备名称	备注
70	4077565-1	贴片	
100	822-1604-101	飞行控制计算机维护	总成件号：S241A100-101 电气设备号：M01875 M01876 组件维护：22-12-93 维护手册：22-11-33
105	829-0416-004	铭牌	
110	829-0200-001	铭牌	
115	830-8163-001	设备底盘	
120	MS51959-29B	螺钉	
120	342-1865-000	螺钉	可选件号：MS51959-29B
125	340-0641-00	螺母	
125	340-0641-000	螺母	
130	830-8160-013	测试入口	
135	830-8160-073	总线连接帽	
140	MS27511F18R	电气帽（盖）	
140	357-8980-240	电气帽（盖）	可选件号：MS27511F18R
145	MS27511F24R	电气帽（盖）	可选件号：357-8980-270
145	357-8980-270	电气帽（盖）	可选附件：MS27511F24R

4. 飞行控制计算机的安装

（1）安装步骤。飞行控制计算机的安装大部分按照其拆卸过程的反顺序完成，其步骤大致如下。

断开电源→观察产品外观有无明显凹陷损伤，无涂层部件有无锈蚀现象，定位孔有无油污，若一切完好，则按照飞行控制计算机故障LRU部件拆卸反过程将产品固定在安装架上（注意，机箱后板应均匀压紧托架储气室的密封圈，机箱两侧后部出气槽应对准托架侧壁的槽孔）→取下电连接器护套→从内向外将机上电缆电连接器分通道按标号连接，对准键位顺序连接到产品上→检查连接正确可靠，理顺电缆→整理收拾机上的杂物、工具→盖上舱口盖→拧紧螺钉。

（2）安装后结束工作。当飞行控制计算机安装到托架上后，还需要对其进行MBIT性能检测。进行检测前，必须按照技术资料的要求顺序关闭相应的连接器，否则飞行控制计算机不能正常工作。当飞行控制计算机性能检测一切正常后，记录拆卸更换结果，摘掉安全标签。

任务实施

阅读以上内容，根据图 2-10 和图 2-11 的信息完成工卡 2-1。

Flight Control Computer Removal

A. References

Reference	Title
20-10-07-000-801	E/E Box Removal (P/B 201)

B. Location Zones

Zone	Area
118	Electrical and Electronics Compartment - Right
211	Flight Compartment - Left
212	Flight Compartment - Right

C. Access Panels

Number	Name/Location
117A	Electronic Equipment Access Door

图 2-10　某飞行控制计算机的安装位置技术资料

打开以下电气断路器并装上安全警示标签

主驾驶舱电气系统面板，P18-1

Row	Col	Number	Name
C	4	C00456	AFCS SYS A MACH TRIM AC
C	5	C01041	AFCS SYS A SNSR EXC AC
D	1	C01049	AFCS SYS A WARN LIGHT (BAT)
D	2	C01045	AFCS SYS A FCC DC
D	3	C01048	AFCS SYS A ENGAGE INTLK
D	4	C00457	AFCS SYS A MACH TRIM DC
D	5	C01044	AFCS MCP DC 1
E	1	C00721	AUTOTHROTTLE DC 1

副驾驶电气系统面板，P6-2

Row	Col	Number	Name
B	1	C00374	AFCS SYS B WARN LIGHT (BAT)
B	2	C01064	AFCS SYS B MACH TRIM DC
B	3	C01046	AFCS SYS B FCC DC
B	4	C00716	AFCS SYS B ENGAGE INTLK

图 2-11　某飞行控制计算机关联的电气设备

考核评价

表 2-5　任务 1 考核评价细则

评分项	要求	分值 / 分	备注
学习资料浏览	要求阅读“飞机电子设备资源库”——“飞行控制系统与维护”课程的关于“飞行控制计算机结构”环节的学习资源	30	（1）要求提交作业或测验。 （2）要求提交相关笔记
工卡 2-1	正确填写工卡 2-1	40	
团结协作	积极参与资源库平台互动讨论；课上积极回答问题	30	

思考与练习

做一做

1．进行产品移交或拆卸前，首先应确认设备（　　）。

A．标签和技术资料相符　　B．外观无破损

C．断电，贴上安全标签

2．进行飞行控制计算机拆卸前，需要确认（　　）。

A．设备与其他设备的电气连接关系　　B．设备外观是否有破损

C．设备使用寿命是否在有效期内

3．飞行控制计算机安装后，首先需要进行（　　）。

A．设备性能检测　　B．设备外观检查

C．填写安装任务单

4．飞行控制计算机安装前需要确认（　　）。

A．设备箱体内是否有杂物　　B．设备性能检测

C．填写设备名称

任务2　飞行控制计算机的性能检测

任务描述

“航空圈”2020年7月3日讯，一架从上海起飞的空客A330飞机，降落时飞行控制计算机3套系统同时失效导至连带发动机反推力系统、自动刹车系统及减速板等系统失效，以致该飞机仅仅差9米就冲出跑道。

飞行控制计算机作为飞行控制系统的中枢大脑，其工作的可靠性和稳定性决定了飞机执行飞行任务是否圆满、飞行品质是否舒适，因此在每次飞机执行飞行任务前、完成飞行任务后以及再次飞行前都需要对飞行控制计算机进行性能检测。飞行控制计算机的性能检测分为三种：上电自检测（IBIT对飞行控制系统进行全面、自动的检测）；飞机再次出动前检测以及维护自检测（MBIT），所有的检测都必须遵守技术手册来进行。

现代飞机已经进入电传飞行控制系统阶段，飞行控制计算机的作用更是不可替代，如空客飞行控制计算机系统就有5台主计算机，每台计算机都包括命令和监控两部分。

正确了解飞行控制计算机的信号流程关系、自动飞行控制律、性能检测方法是分析飞行控制计算机的典型故障的必要基础。

任务要求

（1）了解飞行控制计算机的航姿基本控制律。

（2）了解飞行控制计算机的航迹基本控制律。

（3）了解飞行控制计算机信号处理的一般流程。

知识链接

1. 飞行控制计算机的输入输出信号

新型战斗机的飞行控制计算机的输入输出信号的处理包括模拟量的输入 / 输出、离散量的输入 / 输出、频率量的输入、多路总线接口以及开发综合设备接口等多种信号的处理。飞行控制计算机通过对输入信号进行综合比较、处理，形成各种控制、显示信号的离散形式或连续形式送至舵面伺服驱动机构、综合显示机构完成后续的操作，其信号的处理过程如图 2-12 所示。

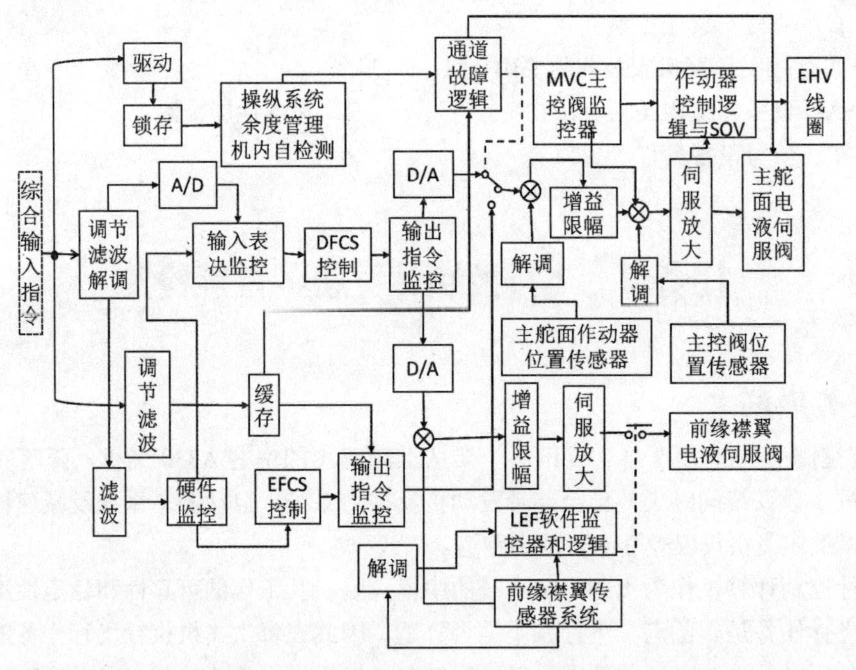

图 2-12　飞行控制计算机信号处理过程

（1）飞行控制计算机主要输入信号。飞行控制计算机类似人脑时刻接收飞机当前的所有与飞行控制有关的信号，如飞机当前姿态、状态的敏感信号；飞机驾驶员当前的输入控制信号，这些信号按照信号来源设备不同分为两大类：传感器信号和飞机驾驶员座舱面板控制开关信号。

1）传感器信号。飞机飞行控制计算机接收的传感器信号主要为驾驶员操纵指令传感器信号、大气数据传感器信号以运动敏感信号等。按照飞机一般控制规律，各传感信号与极性见表 2-6。

当然飞控计算机还能接收其他设备的监控敏感信号，以提醒驾驶员飞机目前的工作状况和工作环境。

表 2-6　传感信号与极性

传感信号分类	传感信号	符号	极性
驾驶员指令传感器信号	俯仰指令传感信号	L_z	驾驶杆向后为正
	滚转指令传感信号	L_x	驾驶杆向右为正
	偏航指令传感信号	L_y	右脚蹬向前为正
大气数据传感器信号	全压	$S+Q$	
	静压	S	
	迎角	α	机头向上为正
	大气温度传感器	T	
运动敏感信号	俯仰速率	q	机头向上为正
	偏航速率	r	机头向右为正
	滚转速率	p	左机翼向下为正
	法向加速度	N_z	向上为正
	横侧向加速度	N_y	向右为正

注　操纵面的偏转极性通常采用机尾后视，按照操纵舵面的后缘偏转方向来确定。

2）飞机驾驶员座舱面板控制开关信号。飞行控制计算机除了接收飞机的传感信号外，还接收飞机驾驶员在驾驶舱执行的开关命令信号，如俯仰配平信号、起落架收放信号、前缘襟翼收放信号、在紧急情况下的应急起落架收放信号，还有战斗机在作战或演戏时的武器投放开关控制信号等。

（2）飞行控制计算机的输出信号。飞行控制计算机一旦接收到各种信号后，内部电路立即进入对信号的综合处理状态，形成各种信号输出，如飞机操纵舵面的偏转驱动信号、迎角信号、高度差信号、动压信号、速率陀螺信号、加速度信号以及输出过压保护信号、输出短路保护信号、输出短路保护恢复信号、输出开路保护信号等。我们只针对飞机操纵舵面偏转信号（指令）等与飞行控制指令有关的信号进行说明，见表 2-7。

表 2-7　飞行控制计算机输出信号

输出信号（指令）	符号	极性	与输入信号的关联
高度差信号	ΔH	高于标准高度为正	静压、补偿静压
迎角信号	α	空速位于机头下方为正	迎角、补偿静压
动压信号	Q	/	全压、静压
速率陀螺信号	ω_x	右机翼向下为正	滚转速度 p
	ω_y	机头向右为正	偏航速度 r
	ω_z	机头向上为正	俯仰速度 q
法向加速度	N_z	向上为正	法向加速度
横侧向加速度	N_y	向右为正	横侧向加速度

续表

输出信号（指令）	符号	极性	与输入信号的关联
副翼舵机偏转信号	δ_x	左机翼后缘向下，右机翼向上为正	滚转指令传感信号
方向舵机偏转信号	δ_y	后缘向向左为正	偏航指令传感信号
升降舵机偏转信号	δ_z	后缘向上为正	俯仰指令传感信号

控制律定义

2. 飞行姿态角运动（航姿）自动控制律

飞行控制计算机对输入信号进行数据处理后的输出数据应该能驱动飞机的舵面，因此对输出进行处理时必须按照一定的控制律完成。所谓自动飞行控制律就是将飞机舵面偏转角度与综合控制信号之间的关系形成一定的规律从而实现飞机飞行姿态的自动稳定控制和飞行轨迹的自动稳定控制。自动飞行控制律的输入控制信号为飞机的姿态角位移（飞机绕重心旋转角度）或驾驶杆传感器信号，输出信号为主活动舵面（升降舵、方向舵、副翼）偏转驱动控制信号，当主活动舵面产生偏转运动后，飞机的气动外形被改变，从而改变了飞机的升力增量，该升力增量的改变将直接影响飞机的姿态参量的变化。飞机的航姿自动控制律按照其原理可以分为比例式控制律和积分式控制律，如歼 -7II、歼 -8B 采用了比例式控制律，而轰 -5、轰 -6 采用了积分式控制律。

比例控制律

（1）比例式控制律。下面以比例式航姿自动控制律为例进行介绍。比例式航姿自动控制律主要表现为舵面偏转角与飞机的姿态角成线性比例关系，按照控制姿态的通道可以分为纵向比例控制律、横向比例控制律和航向比例控制律。

1）纵向比例控制律。图 2-13 所示为纵向航姿比例控制原理图。图中俯仰角测量元件 AB 为与飞机俯仰角成线性的电位计，当飞机纵轴与地面坐标系 X 轴平行时，电位计输出电压为 0，飞机抬头时输出正的电位信号；舵面偏转角度测量元件 CD 为与舵面偏转角度成正比的电位计，当舵面处于中立位置时电位计输出电压为 0，两电位计都固连在飞机壳体上，滑动头即为电位计的电刷，可以在惯性或传动杆力的作用下在电位计上滑动，从而输出与飞机运动有关的电信号，完成飞机运动到电信号之间的转换，驾驶员指令给出飞机需要实现的俯仰角 $\theta_{给}$。

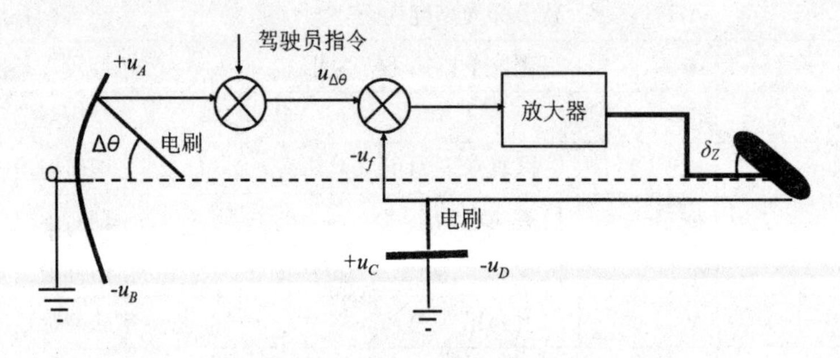

图 2-13　纵向航姿比例控制原理图

比例式控制律为

$$\delta_z = L_\theta(\theta - \theta_{给}) \tag{2-1}$$

式中：L_θ 为俯仰角信号传动比，定义为单位俯仰角变化 $\Delta\theta$ 所产生的升降舵偏转角度 δ_z，L_θ 越大，控制律修正升降舵偏转角度的能力越大，飞机恢复给定俯仰角的速度越快，也就是飞机的操纵性也好。该表达式采用了位置反馈，也就是舵面的偏转受飞机俯仰角偏差的控制，若飞机的俯仰角与驾驶员给定的俯仰角相同，则 $u_{\Delta\theta}$ 为 0。在实际飞行中，飞机的姿态还受其他很多因素的影响，如飞机的迎角、飞行速度等，因此在对舵面进行控制时还需加入其他控制量，具体原理框图如图 2-14 所示。

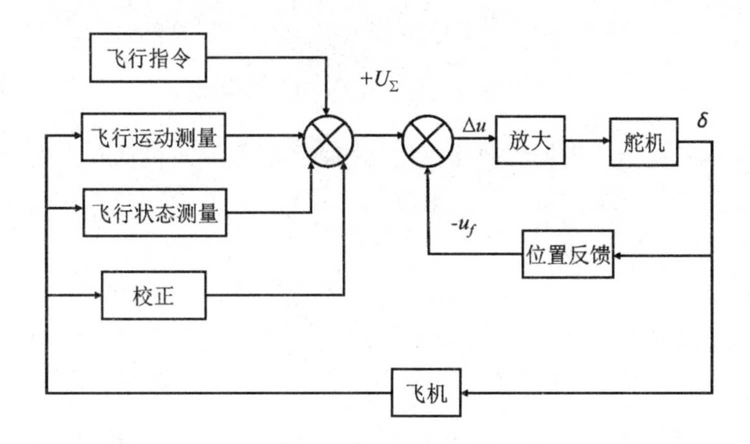

图 2-14　比例式控制律原理框图

驾驶员在执行飞行任务进行飞机俯仰角控制时，如假设飞机以某一迎角水平直线飞行，因为外界某种原因导致飞机出现抬头的动作，使 $\Delta\theta$ 出现正变化。根据公式（2-1）所示的控制律，飞机的升降舵随之产生正向偏转（升降舵后缘向下偏转 $+\delta_z$），飞机的尾翼上表面曲度增大，升力增量 ΔL 增大，产生低头力矩使飞机低头，减小飞机的俯仰角变化。但舵面为刚体，它的运动将因惯性可能超过控制律所计算的偏转角度，导致尾翼的升力增量变化过大，使飞机低头动作幅度过大，不能在给定的俯仰角停下来，从而出现反向的俯仰控制，如此反复可能形成振荡现象，使得飞机姿态稳定的时间延长，飞机的动态品质大大降低，为了提高飞机的动态品质，可以将飞机俯仰角速度引入控制律的综合信号中，产生附加的舵偏角和附加的俯仰控制力矩（阻尼力矩），阻止飞机振荡现象的出现。控制律公式变化为

$$\delta_z = L_\theta(\theta - \theta_{给}) + L_{\omega_z}\omega_z \tag{2-2}$$

式（2-2）中：L_{ω_z} 为俯仰角角速度传动比。飞机的俯仰角速度（相当于对俯仰角进行微分 $d\theta/dt$）的变化总是超前于俯仰角度的变化（参照电容的电流与电压之间的相位关系），当俯仰角 $\Delta\theta$ 减小时，$\omega_z=d\theta/dt$ 为负值，如图 2-15 所示，此时虽然 $\Delta\theta$ 大于 0，给升降舵提供使之正向偏转的操纵力矩，而俯仰角速度给升降舵提供与之相反的阻尼力矩，从而

有效地抑制振荡，提高了飞机的稳定性，所以 L_{ω_z} 越大，飞机的稳定性越好。

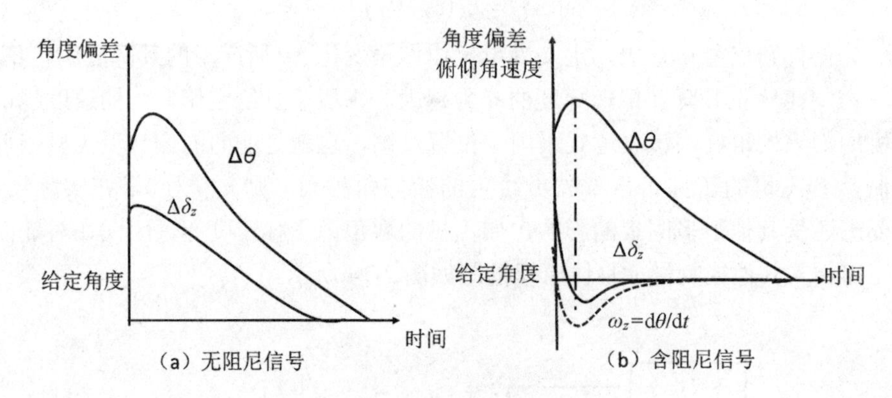

图 2-15　加阻尼信号前后舵面偏转角的变化

2）横向比例控制律。根据纵向比例控制律，可以得到飞机横向比例控制律，如式（2-3）所示。

无阻尼信号（没有滚转角速度控制信号）：

$$\delta_x = L_\varphi(\varphi - \varphi_{给}) \tag{2-3}$$

含阻尼信号（稳定信号）：

$$\delta_x = L_\varphi(\varphi - \varphi_{给}) + L_{\omega_x}\omega_x \tag{2-4}$$

式中：φ 为飞机的滚转角，飞机左滚转（左倾斜）为正；ω_x 为滚转角速度；L_φ 为滚转角传动比，L_{ω_x} 为滚转角速度传动比；δ_x 为副翼偏转角度，右副翼后缘向下、左副翼后缘向上为正。L_φ 越大飞机修正角度偏差的速度越快，操纵性越好，但稳定性会降低；L_{ω_x} 越大，飞机的横向稳定性越好。

3）航向比例控制律。飞机航向比例控制律因为飞机运动的特殊性，有多种选择，我们以常见的协调控制方向舵和副翼修正航向角的比例控制律为例进行说明，其表达式为

$$\begin{aligned}\delta_x &= L_\varphi(\varphi - \varphi_{给}) + L_{\omega_y}\omega_y - L_\psi(\psi - \psi_{给}) \\ \delta_y &= L_{\omega_y}\omega_y + L_\varphi(\varphi - \varphi_{给})\end{aligned} \tag{2-5}$$

式中：Ψ 为飞机的偏航角，飞机左偏航为正；ω_y 为偏航角速度；L_Ψ 为偏航角传动比，L_{ω_y} 为偏航角速度传动比；δ_y 为方向舵偏转角度，方向舵后缘向右为正。若因某种原因飞机出现左偏航趋势，该偏航极性驱动方向舵后缘向右偏转（该偏转增大了垂尾右侧的压力）阻止机头继续左偏航，使飞机恢复原偏航姿态飞行。此外，垂尾产生的附加压力作用导致总空气动力向右倾斜（原因在项目 3 中学习），该总空气动力的作用点位于飞机重心之上，形成使飞机出现绕机体纵轴向右倾斜的滚转力矩；同时该偏航角的变化促使飞机副翼产生负极性偏转（左副翼向上，右副翼向下），形成使飞机机身向左的滚转动作的滚转力矩。在两种力矩的协调作用下，飞机将保持零滚转姿态飞行。

常值干扰静差是指飞机在飞行过程中因某种原因存在的固有姿态角误差（偏差）。以俯仰姿态自动控制为例，如飞机在巡航期间通常保持抬头姿态飞行，该姿态的保持就意味着飞机必须长期存在一个抬头力矩（即 $\theta>0$）使飞机抬头，该力矩就是纵向的常值干扰。纵向俯仰角抬头姿态 $+\theta$ 存在，根据式（2-1）可知升降舵存在使之正向偏转（后缘向下）的操纵力矩，升降舵后缘向下偏转，尾翼的升力增量增大，迫使飞机机头产生向下的低头动作，飞机的 $+\theta$ 减小。

为维持飞机的抬头姿态，升降舵总有一个剩余舵偏角来产生操纵力矩与常值干扰力矩（使飞机抬头的力矩）相平衡，而产生这个舵偏角必然存在一个俯仰角偏差（常值静差）。

为了抑制常值静差的干扰，根据式（2-1）可以提高姿态角度传动比（如 L_θ）；但姿态角度传动比的提高（飞机的操纵性提高）可能会导致飞机姿态稳定性降低引起振荡；根据式（2-2），若增大姿态角速度传动比（如 L_{ω_z}），明显可以提高系统的姿态稳定性，但又降低了稳定姿态角度偏差的快速性，因此整个系统中需要协调调整角度传动比和角速度传动比，在保证系统稳定性的条件下，提高系统的快速性和减小静差。

（2）积分式控制律。以纵向控制律为例，积分式控制律原理图如图 2-16 所示，舵面偏转角速度与飞机姿态角速度成线性比例关系，舵面偏转与姿态角的时间累积量（积分量）成比例。

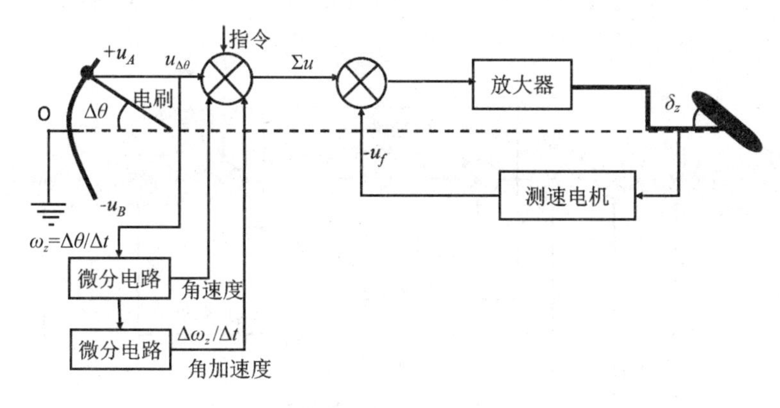

图 2-16 积分式控制律原理图

纵向（俯仰）积分式控制律：

$$\dot{\delta}_z = \frac{\mathrm{d}\delta_z}{\mathrm{d}t} = L_\theta(\theta - \theta_{给}) + L_{\omega_z}\omega_z + L_{\frac{\mathrm{d}\omega_z}{\mathrm{d}t}}\frac{\mathrm{d}\omega_z}{\mathrm{d}t} \tag{2-6}$$

将式（2-6）整形变化，可得

$$\delta_z = \int L_\theta(\theta - \theta_{给})\mathrm{d}t + L_{\omega_z}\theta + L_{\frac{\mathrm{d}\omega_z}{\mathrm{d}t}}\omega_z \tag{2-7}$$

式中：$\frac{\mathrm{d}\omega_z}{\mathrm{d}t}$ 为俯仰角加速度；$L_{\frac{\mathrm{d}\omega_z}{\mathrm{d}t}}$ 为俯仰角加速度传动比；ω_z 为俯仰角速度。

在积分式控制律中，俯仰角速度控制舵面偏转角速度，当飞机受扰抬头时，与飞机

抬头速度成正比例的角速度信号驱动升降舵后缘以相应的角速度向下偏转，产生低头力矩，使飞机恢复基准运动姿态；在飞机恢复基准运动姿态的过程中，飞机俯仰角速度也在减小，俯仰角加速度变成负值对修正过程起阻尼作用，保证飞机飞行姿态的稳定，抑制振荡；而俯仰角偏差信号对舵面的作用取决于角偏差信号对时间的积分，若角偏差信号恒定，如式（2-8）所示，使得舵偏转速度恒定，则无速度反馈信号，从而消除了常值静差的影响。

$$\delta_z = \int L_\theta(\theta - \theta_{给})\mathrm{d}t \tag{2-8}$$

3. 飞机飞行轨迹（航迹）自动飞行控制律

飞机航迹控制建立在飞机姿态角控制的基础上，分为航迹稳定控制和预定航迹控制。而纵向航迹稳定控制的实质就是飞机飞行高度的稳定控制，侧向航迹稳定控制的实质是航向偏离的稳定控制。

飞行高度自动稳定控制律

（1）纵向航迹稳定控制。飞机的飞行高度稳定控制在飞机编队、巡航、进场着陆、空中盘旋等飞行任务中具有十分重要的作用。自动驾驶仪通过无线电高度表、气压高度表等高度传感器测得飞机的实际高度与飞机预定高度进行比较得到高度差 ΔH 后根据高度差的正负和数值对飞机的姿态角进行控制，改变飞机航迹倾斜角、俯仰角，使飞机回到预定高度，原理框图如图 2-17 所示。

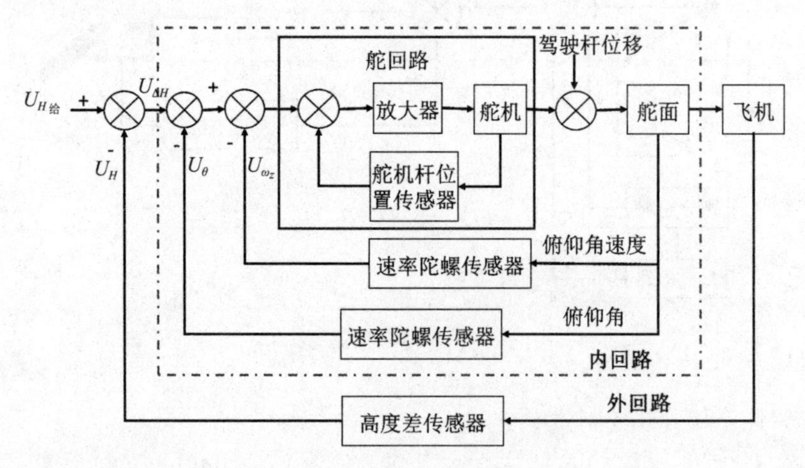

图 2-17　高度稳定控制原理框图

高度稳定控制律公式：

$$\delta_z = L_\theta(\theta - \theta_{给}) + L_{\omega_z}\omega_z + L_{\Delta H}(H - H_{给}) + L_{\Delta H/\Delta t}\frac{\Delta H}{\Delta t} \tag{2-9}$$

式（2-9）中：δ_z 为升降舵偏转角；$L_{\Delta H}$ 为高度差传动比；$\Delta H/\Delta t$ 为高度差变化率，也就是垂直速度；$L_{\Delta H/\Delta t}$ 为高度差变化率传动比，数值越大，飞机高度稳定性越好。

在飞行高度自动稳定控制律中通常规定飞行高度低于计划高度时，高度差信号

$\Delta H<0$，反之则 $\Delta H>0$，根据式（2-9），舵面的偏转方向与高度差信号极性相同，高度差信号 ΔH 总是驱使舵面向着纠正高度差方向偏转，在高度控制中起稳定作用；俯仰角信号 $\Delta\theta$（抬头为正）总是抵消高度差信号的作用，阻止飞机向原高度恢复，对高度稳定控制起阻尼作用。

式（2-9）中，高度差传动比体现了自动驾驶仪的纵向高度操纵性，其值 L_H 越大，在同样高度偏离的情况下，升降舵偏转越大，迎角增量也越大，升力也越大，飞机恢复给定高度的时间越短；高度差变化率信号传动比表现为飞机纵向高度稳定性，该值越大，爬升速度越大，舵面向下（或向上）偏转越大，从而促使舵面迅速回收，起阻尼作用。

1）常值干扰力矩作用下，飞机飞行高度自动稳定过程分析。如图2-18所示，当飞机进入水平巡航飞行开始阶段，自动驾驶仪尚未接入飞行控制系统时，飞机处于抬头飞行状态，此时升降舵反向偏转（后缘向上），纵向存在常值干扰力矩（抬头力矩）。为保证纵向力矩平衡，飞机必然存在俯仰角静差 $+\Delta\theta_j$，使升降舵正向偏转角形成的低头平衡力矩与常值干扰力矩大小相等、方向相反。

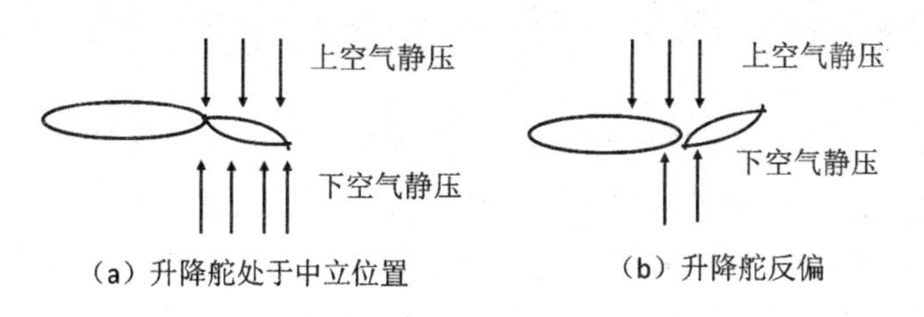

图2-18　高度差 $-\Delta H$ 引起的升降舵偏转与空气动力的变化

因为常值力矩的存在（飞机的抬头姿势），飞机的空气动力沿飞机立轴（Y 轴，垂直机身向上）分力增大，空速方向向上转动，使得飞机航迹偏离水平方向产生爬坡运动趋势，$\Delta H>0$，产生航迹角静差 $+\Delta\mu_j$（俯仰角 = 迎角 + 航迹倾斜角）。根据式（2-9），高度差信号使升降舵产生同极性的偏转（正偏），飞机低头，总空气动力绕横轴向下转动，飞机迎角（飞机纵轴与迎面气流在飞机对称面投影间的夹角）减小，升力增量减小，飞机航迹逐渐向下弯曲，直至恢复高度，飞机水平飞行。

2）常值垂直风干扰条件下，飞机纵向高度自动稳定过程分析。假设飞机水平飞行时，受到垂直向上的风的干扰，如图2-19所示。初始阶段，当控制律未起作用时，等效后的风向（气流）与飞机的相对迎角增大，产生的升力增量也向正向增大，纵向稳定力矩增大，使飞机低头；同时升力增量增大导致空速矢量向上转动，飞机获得向上的上升速度（$\Delta H/\Delta t$），使飞机产生向上的航迹倾斜角 μ，飞机航迹向上弯曲，飞机的高度上升。

飞机的低头和空速矢量的向上转动，导致迎角减小。同时飞机的低头将产生俯仰角度和俯仰角速度的变化，从而引起升降舵反向偏转（正偏），使飞机抬头阻止俯仰角的变化。

飞机的爬高引起正的高度差和高度差变化率（上升的速度），使升降舵正偏，阻止飞机高度的变化。

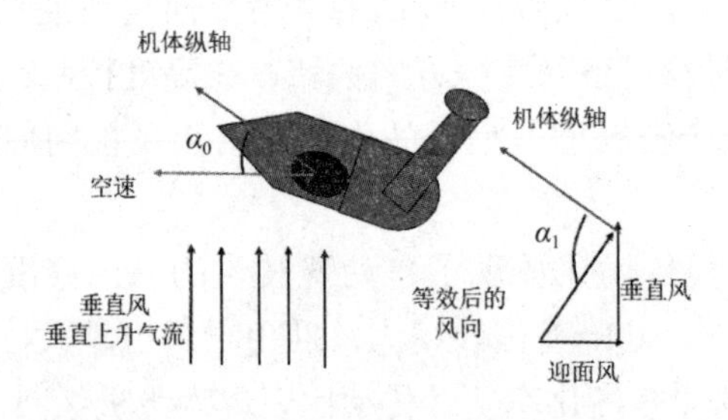

图 2-19　常值垂直风干扰的高度稳定

飞机因受到常值垂直外来干扰，在升降舵、副翼偏转角度没有变化的情况下，空气动力和空气动力矩发生变化，导致飞机的飞行速度（空速矢量）方向和机体纵轴均会绕飞机重心产生转动，这两种转动中机体纵轴的转动比空速矢量转动超前，也就是先有俯仰角、俯仰角速度的变化，后有速度方向，也就是飞机迎角的变化。俯仰角及俯仰角速度和迎角先后变化导致飞机在扰动开始阶段俯仰角和俯仰角速度信号比高度差信号、上升速度信号对升降舵的控制程度强，升降舵的偏转先表现为向上偏转，然后又逐渐回收，直至恢复预定高度。

侧向航迹的自动稳定控制

（2）侧向航迹（偏离）稳定控制。侧向偏离稳定控制建立在偏航角和滚转角稳定控制律的基础上，一般采用飞机倾斜转弯方式来稳定和控制侧向距离。对于侧向航迹稳定控制系统而言，航向和滚转两个通道的协调控制方法与侧向角运动的控制方法一致，都是采用副翼和方向舵协调动作进行侧向偏离稳定控制，如图 2-20 所示，框图中加入了侧向加速度参量 N_z 的目的是消除可能产生的侧滑。

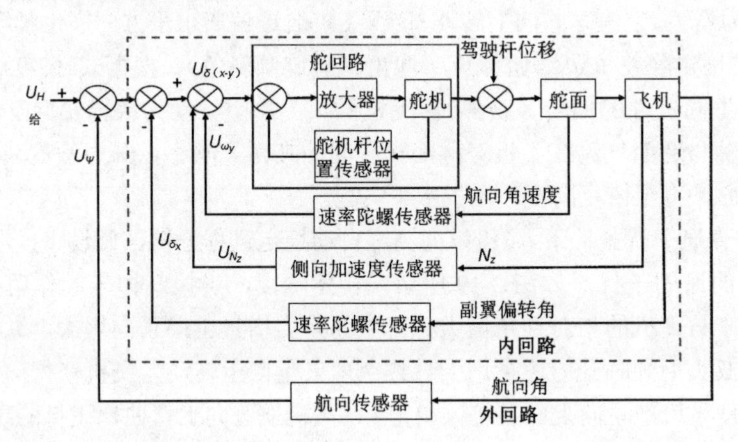

图 2-20　侧向偏离稳定控制原理框图

侧向偏离稳定控制律：

$$\begin{cases}\delta_x = L_\phi \phi - I_\psi(\psi - \psi_{给}) + L_Z(Z - Z_{计划}) \\ \delta_y = L_{\omega_y}\omega_y + L_\psi \psi\end{cases} \tag{2-10}$$

式（2-10）中：δ_x 为副翼偏转角，δ_y 为方向舵偏转角；L_ϕ 为副翼通道滚转角传动比，I_ψ 为副翼通道偏航角传动比，L_Z 为侧向偏离传动比；L_{ω_y} 为偏航角速度传动比，L_Ψ 为航向通道偏航角传动比。

在侧向偏离控制律中，通常规定飞机位于计划航线右侧时，其偏离量 $\Delta Z>0$，根据式（2-10），该侧向偏离信号使副翼舵面向着纠正侧向偏离方向偏转，舵面的偏转方向与距离偏离信号极性相同，在侧向偏离控制中起稳定作用；而航向角信号 $\Delta\Psi$ 总是抵消侧向偏离信号的作用，阻止飞机向原计划航线恢复，对侧向偏离稳定控制起阻尼作用，同时该航向角信号驱使方向舵向着纠正偏航角方向偏转，舵面的偏转方向与偏航角信号极性相同，在航向控制中起稳定作用；航向角速度信号使飞机产生方向舵偏转角度的变化，偏转速度越大，舵面向右偏转越大，从而促使舵面迅速回收，起阻尼作用；滚转角信号使副翼舵向着纠正滚转角方向偏转，舵面的偏转方向与滚转角信号极性相同，在横向控制中起稳定作用。

侧向偏离传动比 I_Z 越大，在同样侧向偏离的情况下，副翼偏转越大，正侧滑角增量也越大，负侧力也越大，飞机恢复计划航线的时间越短。

案例分析：假设战斗机在执行飞向某一航路点的飞行任务，在执行任务的过程中飞机的正左方突然出现从左向右的侧风，导致飞机偏离计划航线，如图 2-21 所示。

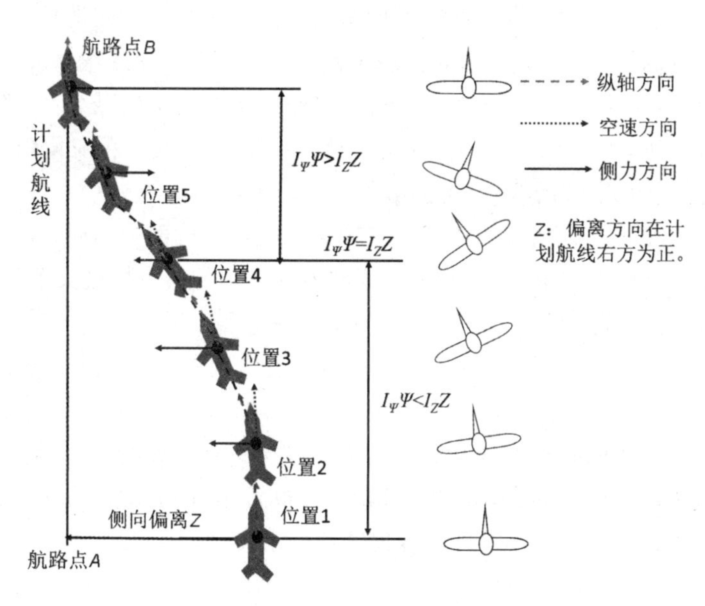

图 2-21　侧向偏离稳定控制过程

位置 1：飞机受外界瞬时干扰偏离计划航线，偏离值 ΔZ（$Z_{实际}$-$Z_{计划}$）>0，此时因为信号检测和传递路径的原因，侧向偏离稳定回路处于尚未修正时的飞行状态（空速、滚转角 ϕ=0，航向角 $\Psi_{给}$、侧滑角 β=0，均处于飞机定常直线飞行状态）。

位置 2：飞机保持初始姿态在偏离计划航线 Z 飞行一段距离后，达到位置 2。此时侧向加速度传感器感受到飞机侧向加速度的变化后输送到飞行控制计算机进行双重积分

计算形成 U_Z 侧向偏离电信号。

根据侧向偏离稳定控制律，该侧向偏离电压使副翼发生正向偏转（左副翼后缘向上，右副翼后缘向下），飞机左机翼升力增量小于右机翼升力增量，飞机产生左滚，如图 2-21 所示。飞机左滚导致飞机的升力增量向左倾斜，该升力与飞机重力的合力形成的航向力矩使飞机左偏航（$\Delta\Psi>0$），该左偏航将使副翼更加反向偏转，阻止飞机的左滚转。

飞机的左偏航使得飞机空速位于机体纵轴的右边，也就是侧滑角 $\beta>0$，飞机出现右侧滑。飞机的升力增量在飞机横轴方向形成向左的负侧力，该负侧力促使飞机空速方向向左偏转，也就是向机体纵轴靠拢，侧滑角 β 增量减小。

根据式（2-13）可知飞机的左偏航使方向舵产生正向偏转（后缘向右偏转），飞机垂尾左边的空气静压小于右边空气静压，垂尾向左运动，导致机头向右转动。但此时 $I_\Psi\Psi<I_ZZ$，飞机仍旧保持左偏航状态，飞机航迹向左弯曲。

位置 3：飞机保持左偏航、左滚转姿势继续向前飞行到达位置 3 处。随着偏离距离的减小，航向偏离电信号逐渐减小，但仍旧为正，使副翼继续正向偏转但偏转角度减小，也就是飞机继续保持左滚姿势，滚转角继续增大；同时飞机向左偏航角逐渐增大，使得方向舵向右偏转的程度加大，促使机头向右偏转的力矩增大，同时阻止副翼正向偏转。综合两者作用，此时飞机虽然仍旧保持左偏航飞行，但偏航角在慢慢减小，如图 2-21 位置 3 所示。

在该阶段，由于飞机的负侧力继续促使空速方向向左转动，侧滑角继续减小，当空速方向位于机体对称面时，侧滑角 $\beta=0$，由于侧力依旧存在，空速继续向左转动。

位置 4：飞机从位置 3 飞向位置 4 期间，随着侧向偏离不断减少，I_ZZ 也继续减小，使得副翼正向偏转角度继续减小，飞机左滚转角度继续增大，而左偏航继续增大，当 $I_\Psi\Psi=I_ZZ$ 时，副翼回归中立位置，但飞机呈最大滚转角。

当空速方向的变化因为侧力的作用向左转动到机体对称面左边时，飞机出现左侧滑 $\beta<0$，而左侧滑将引起向右的侧力，该侧力形成的航向力矩使得飞机机头不断向左偏转（向计划航线靠拢），使 Z 继续减小。

位置 5：飞机改平飞行一段时间后，侧向偏离进一步减小，使得 $I_\Psi\Psi>I_ZZ$，左偏航的存在使得副翼发生反向偏转，飞机产生右滚，如图 2-21 所示。飞机的右滚使得飞机产生右偏航，也就是使机头向右转动（从最大左滚角度向中立位置偏转），航向角继续减小，随着航向角的减小，副翼反向偏转程度也减小。同时飞机的右滚使飞机升力增量倾斜形成的侧力（侧力向右为正）继续增大，促使空速向右转动，如此往复，最终侧向偏离 Z、偏航角、倾斜角都回复到原位。

不管是纵向航迹稳定还是侧向航迹稳定，其实质都是自动驾驶仪对飞机姿态角的稳定，自动驾驶仪通过敏感飞机姿态角的变化和现状实现对舵面偏转角度的控制，最终实现飞机航迹的稳定控制。

任务实施

已知某飞机在水平巡航期间，因为瞬间扰流，偏离飞行高度（低于计划高度），如

图 2-22 和图 2-23 所示，请根据以上内容，完成工卡 2-2。

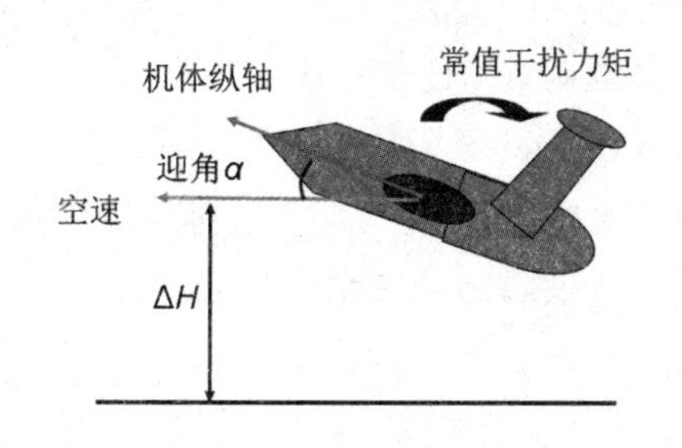

图 2-22　常值干扰力矩下的高度稳定

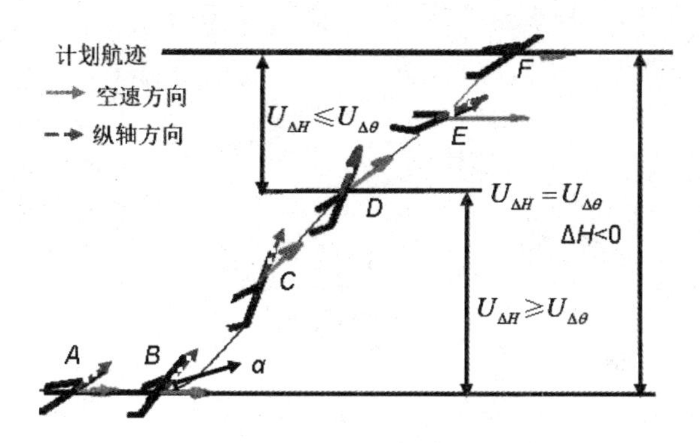

图 2-23　飞机水平巡航飞行期间高度稳定控制过程

考核评价

表 2-8　任务 2 考核评价细则

评分项	要求	分值 / 分	备注
学习资料浏览	要求阅读“飞机电子设备资源库”——“飞行控制系统与维护”课程的关于“飞行控制计算机维护”环节的学习资源	30	（1）要求提交作业或测验。 （2）要求提交相关笔记
工卡 2-2	正确填写工卡 2-2	40	
团结协作	积极参与资源库平台互动讨论；课上积极回答问题	30	

思考与练习

做一做

1．飞行控制律就是将飞机 __________ 与综合控制信号之间的关系形成一定的规律，从而实现飞机飞行 __________ 的控制和飞行轨迹的控制。

2．飞机的基本飞行控制律按照原理可以分为 __________ 控制律和 __________ 控

制律。基本控制律主要是实现了对飞机飞行 __________ 的控制。

3．比例控制律是指舵面偏转角与飞机的 __________ 成线性比例关系，主要分纵向比例控制律、横向比例控制律和航向比例控制律三种。

4．纵向比例控制的基本公式是 ____________________，其中 __________ 是俯仰角信号传动比，俯仰角传动比越大，__________ 越好。为提高纵向控制的稳定性，减小飞机的纵向运动的振荡现象，纵向比例控制律公式变化为 ____________________，其中 __________ 为俯仰角速度传动比，其值越大，__________ 越好。

5．横向比例控制律的基本公式是 __________，其中 __________ 是滚转角信号传动比，滚转角传动比越大，__________ 越好。为提高横向控制的稳定性，减小飞机的横向运动的振荡现象，横向比例控制律公式变化为 ____________________，其中 __________ 为横向角速度传动比，其值越大，__________ 越好。

6．航向比例控制律根据控制信号的不同可以采用三种方法修正航向，分别是利用飞机的偏航角变化控制方向舵的偏转修正航向角、将飞机的偏航角引入 __________ 通道修正航向角以及协调控制 __________ 和 __________ 修正航向角。

7．纵向积分控制律的公式为 ______________________________。舵面偏转角速度与飞机 __________ 成线性比例关系，舵面偏转与 __________ 成比例。

任务 3　飞行控制计算机维修工艺流程

任务描述

据新闻报道，美国第五代战斗机 F-22 在研制中，曾发生过飞机的多余物在发动机工作时被发动机吸入，成为发动机的外来物，打伤了发动机的风扇叶片，相关人员不得不更换发动机，使F-22的首飞时间拖后。所谓飞机的多余物是指飞机在生产、维修过程中，不应该残留在飞机中的那些在生产、维修过程中产生的金属碎片，钻头、铆钉或铆钉头、螺钉与螺帽等，也称飞机的外来物。

当飞机上的设备或附件需要进行计划维修或航线修理时，不可避免地需要使用各种工具、设备，作为维修人员必须遵循维修操纵“零误差”，对维修过程中出现的差错“零容忍”精神，严格按照产品维修工艺流程完成每一步。维修前按计划领取工具、清点工具数量；维修过程中精确操作，避免误操作，对产品造成“二次伤害”；维修后，填写维修技术文件，清点工具、清点耗材、清点更换后的废零部件，整理工作场所。

作为交通运输工具，飞机发生事故的概率虽然远小于诸如出租车、高铁等工具，但飞机一旦发生事故，死亡率必然极高，乘客几乎无人生还。因此，严格按照技术手册维护飞机上的所有设备和构件，敬仰生命，是航修人员必须具备的职业素养。

任务要求

（1）了解飞行控制计算机维修的一般工艺流程。

（2）了解飞行控制计算机维修的常用工具、设备、清洗溶剂。

（3）了解飞行控制计算机常见故障的分类。

知识链接

1. 飞行控制计算机维修一般工艺流程

现代飞机随着飞行任务的多样化，对舵面偏转控制需求也变得多样化，飞行控制计算机的功能也越来越强大。为保证飞行的安全性，飞行控制系统对于每个舵面都至少配备了两台计算机（表 2-9）。

表 2-9　A320 飞机上的飞行控制计算机分配及作用

飞行控制计算机类别	作用	数量 / 台
升降舵副翼计算机（ELAC）	主舵面的主控制	2
扰流板升降舵计算机（SEC）	扰流板及升降舵、水平安定面的辅助控制	3
飞行增益计算机（FAC）	偏航、俯仰姿态运动阻尼控制	2
飞行操纵数据计算机（FCDC）	获取 ELAC 及 SEC 数据送至电子仪表（EIS）系统和中央故障显示系统（CFDS）	2

当某台计算机出现故障时，不仅电子仪表系统 EIS 显示警告信息，中央故障显示系统（CFDS）也将出现故障信息及故障代码，维修人员可以通过故障代码参考手册去排除故障。飞行控制计算机系统内故障可以分为稳定的计算机故障和时有时无的不稳定故障两大故障。

所谓稳定的计算机故障，就是飞机维修人员或飞机驾驶员根据维护手册在对飞行控制计算机进行性能检测时，测试不能通过，确定为飞行控制计算机故障。此故障维护比较简单，只需参照空客维护手册更换故障的计算机，更换后再通过 CFDS 系统做相应的测试，测试通过故障即排除。

不稳定故障主要表现为线路故障，基本与飞行控制计算机无关，此处不做分析。

通常我们说维修是对飞机装（设）备进行维护和修理的简称，其中维护是针对装（设）备进行保持完好工作状态所做的一切工作，如润滑，加注，清洁，补充能源、燃料消耗品等。而修理则是恢复装（设）备到完好工作状态所做的一切工作，包括检查、判断故障、排除故障以及排除故障后的测试和全面翻修等。总之，维修就是保持和恢复装（设）备到完好工作状态的全部活动。简单来说就是维护属于维修的一部分范畴，也称计划维修。平常所说的维修属于非计划维修，如对设备故障进行恢复维修、装备有关部件的改进维修等。

当确认飞行控制计算机出现故障或使用寿命到达计划时间时，该设备需要送达航修

企业进行维修，维修人员将进行从接收到故障检查、组件的分解、简单维护、常见参数检查、装配、设备完工交付等一系列的工艺流程，每个流程都必须按照企业工卡规定的步骤完成。

（1）接收工作。当我们需要接收设备时，需要进行以下检查。

1）核对实物，确认实物外形（图 2-2）、名称及履历本齐全，设备型号、件号一致，产品实物应无人为损伤，否则应填写“技术检查报告单”，交由专门人员协调处理。

2）按飞机修理通知单的有关要求，对相关内容进行检查并做好工作记录（表 2-10），在修理时落实执行，无法落实执行的交由主管技术人员协调处理。

表 2-10　飞行控制计算机维修工艺流程之“接收确认”

编号							
名称	飞行控制计算机	型号		出厂架次			
制造厂家		出厂日期		出厂编号		大修次数	
配套文件							
交接人				交接时间			

飞行控制计算机电缆插针的检测

（2）飞行控制计算机的维护检测。当飞行控制计算机已经拆卸并送到航修部门时，接收人员首先应对产品进行相关检查工作，如外观检查、性能参数检测、内部结构检查等。

1）外观检查。对设备进行外观检查，主要包括设备外观检查、紧固件的外观检查、电缆插座的检查、表面涂层检查、标牌检查等（表 2-11）。

表 2-11　检品工艺流程之“接收故障检查”

序号	检查内容	检查方法	技术要求	检测结果
1	外观检查	目视检查	要求外表清洁完整，不应有影响强度性能的变形、裂纹、撞伤、压伤和其他机械损伤	
2	表面涂层	目视检查	表面涂层应均匀、牢固，不应有脱落、浮积、流痕等现象；镀层应均匀、牢固、不应有脱落、浮积、流痕等现象	损伤面积小时，镀层可补涂某硝基透明漆处理；损伤面积超差时填写委托加工单外送重新处理
3	标牌	目视检查	标牌应清洁完好，文字应清洁可见，文字端正、清洁，不应有影响判读的缺陷，与被说明物相符，有轻微划伤但不影响辨别可继续使用	超过规定要求换新处理，标牌背面涂某胶液粘贴
4	紧固件	目视检查	表面镀层应均匀、光洁、美观，不应有气泡、网纹、脱落等；成品附件的零件、组合件的固定必须牢靠；外表应清洁、完整，不应有影响强度性能的变形、裂纹、撞伤、压伤和其他机械损伤	超差时填写委托加工单外送重新处理

续表

序号	检查内容	检查方法	技术要求	检测结果
5	插头座	目视检查	快卸式电连接器插座壳体的引导定位锁紧键槽不允许有缺损、变形，插针不应有弯曲和变形。目视逐一检查电连接器插针应无弯曲、歪斜、变形、露铜、发黑、锈蚀等现象；电连接器内无油、水、金属屑等多余物	更换，保证紧密可靠；或进行表面处理（若不能分解的密封插头座、插针发黑露铜时，经清洗电接触性能良好的允许继续使用）；清洗烘干处理
6	电缆组件	目视检查；手触检查	防波套表面不应锈蚀、露铜发黑，整根电缆的防波套断股不允许超过 2 股，断丝不允许超过 15 根；整根电缆的防波套划伤深度不应超过单根铜丝直径的 1/3，长度不应超过 150mm；电缆导线应无因受油、水等浸湿而涨大；表面应无因线芯锈蚀而有铜绿渗出；绝缘层应无明显老化、变硬；以不小于导线外径 5 倍的弯曲内径弯曲导线时，绝缘层应无发白、开裂现象。修理中用手、镊子配合检查，检查电缆导线与插头焊接应可靠	若有脱焊、虚焊则选择合适焊料重新焊接，焊后涂甲基红

2）飞行控制计算机性能检测。飞行控制计算机的性能检测分为三种：上电自检测（IBIT 对飞行控制系统进行全面、自动的检查）、飞机再次出动前检测以及维护自检测（MBIT）。

a. 上电自检测。上电自检测一般在外场进行，利用飞行控制系统地面维护组件进行，同时确保飞机处于维修模式。进行飞行控制计算机上电自检测时，要疏散飞机舵面附近的工作人员，以免舵面突然运动危及工作人员的人身安全，同时还需要观察飞机舵面有无异常运动。

飞行控制计算机的自检测

首先打开飞机电源和液压源开关，接通相应电源，此时要求确保飞机停止不动或确保机轮速度小于技术要求的速度（如小于 28km/h）。启动飞行控制盒上的 IBIT 上电自检测开关，观察飞行控制盒上的状态灯指示情况（根据机型的不同，有不同的指示方式，有的是状态灯从红色转换为绿色为正常，有的是红色指示灯在规定的时间内熄灭为正常），若指示灯根据设备技术手册要求正常变化，则未发现飞行控制系统有故障；若指示灯显示不符合技术要求，可使飞机进行滑跑，确保滑跑速度大于一定速度（如大于 74km/h），再次观察状态指示灯的工作情况，若指示灯根据设备技术手册要求正常变化，则未发现飞行控制系统有故障；若指示灯显示不符合技术要求，退出上电自检测过程，转入维护自检 MBIT。

b. 飞机再次出发前检测。查阅本飞机的履历本和工作日记，了解本设备曾发生哪种故障，检查上一次飞行中存在的故障。当航电系统进入维修模式后，接通飞控系统电源和液压电源，按压曾经出现故障的设备的自检测开关，观察设备状态灯的指示情况，若无故障，则说明飞行控制系统可再次出动；若存在故障，则进入维护自检测（如果

是安装了综合显示器的飞机，如 A380、歼 -10 等，则可利用座舱上 MFD 的 MEL 故障清单开关显示记录的飞行控制系统所有故障，若无则打开 FCS SCREEN 开关，显示全屏，检查 FCS SCREEN 中是否有故障标志，若无则可立即再次出动，若有则退出进入 MBIT）。

c．MBIT 维护自检测。将飞控系统维护自检测系统通过飞控地面控制组件与飞控计算机相连接，按压在座舱内飞行控制开关盒上的“自检测”开关，启动维护自检测，按照技术手册规定的工作顺序对飞行系统进行检查。

3）飞行控制计算机修理。当飞行控制计算机性能检测无法通过，需要对产品内部或外部电缆插座进行维修时，维护人员应按照技术手册要求进行维护工具选择、修理工序实施。

4）维修完工后工作。当飞行控制计算机进行维修完工后，装机前应目视检查设备内部有无多余杂物，安装完成后进行最后一次性能检测，确认无误后对产品进行组装，并完成以下工作步骤。

a．产品外观检查。目视检查产品外表应清洁、完整，不应有影响强度性能的变形、裂纹、撞伤、压伤和其他机械损伤。表面涂层应均匀、牢固，不应有脱落、浮积、流痕等现象；镀层应均匀、牢固，不应有脱落、浮积、流痕等现象。

b．产品完工多余物检查。利用手摇方式轻摇产品，产品内部不应有异响，确保产品内部应无多余物。

c．履历文件检查与填写。检查产品修理质量记录、修理工艺流程卡、履历本，并与实物型号、件号一致；填写产品修理工艺流程单和履历本，文字数据应清晰准确。

2．飞行控制计算机维修工具及设备

（1）飞行控制系统的基本维修工具。飞行控制系统设备外壳可能是机械成分，也有可能是塑料质地，而设备内部既有电子元器件，也有胶木质地的附件。飞行控制系统设备及附件除了质地有很大差异外，其结构外形也千变万化。图 2-24 所示为飞行控制系统设备可能出现的螺钉外形。维修人员对飞行控制系统设备进行维修时，首先要根据实际情况选择或自制合适的维修工具。

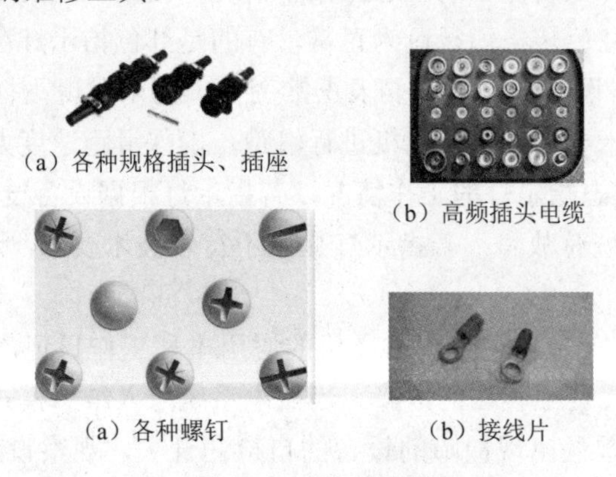

（a）各种规格插头、插座

（b）高频插头电缆

（a）各种螺钉

（b）接线片

图 2-24　螺钉及插头

对飞机的飞行控制系统进行设备维护时可能用到的工具有手锤、起子、扳手、钳子、镊子、毛刷、电烙铁、热风焊台等通用工具，如图 2-25 和图 2-26 所示的羊角锤、扳手等。

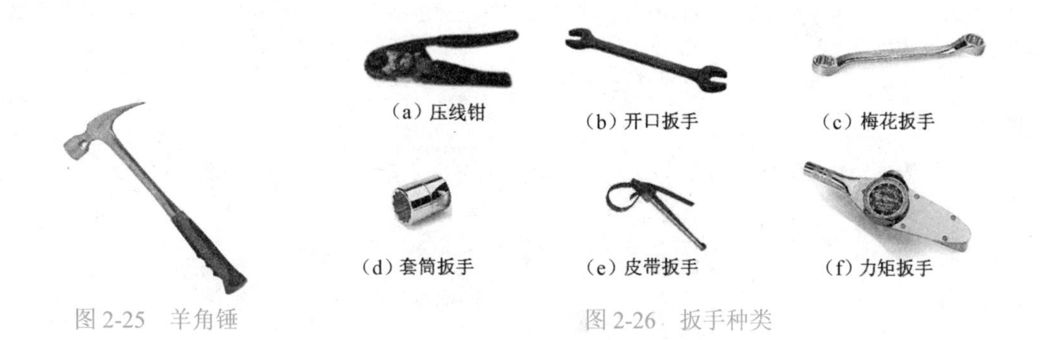

图 2-25　羊角锤

图 2-26　扳手种类

除了选择合适的工具外，维修人员还应根据被维护设备的材料和设备状况选择合适的清洁材料，见表 2-12。

表 2-12　飞行控制系统常用的清洁维护材料

清洁维护材料	特点	适用	禁用
四氯化铁	对有机物有一定的腐蚀性，能擦去银、铜等金属表面的氧化物；属于很好的溶剂，溶解力很强，能溶解脂肪、石蜡、树胶、树脂等	清洁平行传输线、波导、同轴线、整流子、汇流环、继电器、开关的触点等（有时也清洁高压橡子的表面，需用布擦去表面的遗留薄膜，防止损伤绝缘性能），价格较高	有机材料高分子化合物，如高频电缆、塑料（常用的聚乙烯、聚氯乙烯）、明胶线、透明绝缘板、套管等绝缘材料
酒精	对一般有机物是很好的溶剂；对金属、胶木等没有腐蚀性，但会与物质表面起化学作用，使用时不宜过多。对橡皮有腐蚀性	高压绝缘瓷柱、胶木板、电子管座、灯座簧片、同步机集流环等；价格低于四氯化铁	有机材料高分子化合物，如高频电缆、塑料（常用的聚乙烯、聚氯乙烯）、明胶线、透明绝缘板、套管等绝缘材料
香蕉水	乙酸乙酯、乙酸戊酯（酯类），可溶解明胶等	常用于擦去机件表面的漆，作为漆的溶剂	对橡皮有腐蚀性，较贵
汽油	不能使用含铅的汽油（煤油与汽油相似，但价格便宜）	常用来擦去机械的油污；根据汽油的渗透性帮助生锈的螺钉拧出	不能清洗精细机件、部件，如汇流环等；不能擦拭橡皮部件、绝缘瓷柱、电阻、电容等零件（和水生成硫酸腐蚀零件表面）

除了以上工具和清洗溶剂外，还有一些耗材如擦机布、砂布、漆、注射器、钢丝刷、皮老虎（吹灰尘）等不进行一一阐述，到具体情况再做说明。

（2）设备零件清洗。飞机长期处于恶劣环境飞行，难免有灰尘、锈蚀现象，飞行控制系统各设备质地各有不同，如钢制、胶木质地，维修人员需要根据材料质地选择合适的清洗方法和清洗工具对设备及其构件进行去污处理，见表 2-13。

表 2-13　设备零部件的清洗与烘干

零部件		清洗工具	清洗方法
钢制	粗糙度 <0.1	汽油浸泡 毛刷 洗耳球	将规定型号的汽油盛在清洗杯子中，用毛刷清洗带零件的底座及边沿清洗完后，用洗耳球将清洗部位吹干
	表面锈蚀或划伤	砂纸 汽油 毛刷 洗耳球	先用规定型号砂纸研磨或抛光，再按照上述方法进行清洗
橡胶零件		汽油 酒精 棉球	用棉球蘸汽油或清洁酒精擦拭
铝合金	表面无锈蚀	汽油浸泡 毛刷 洗耳球	将规定型号的汽油盛在清洗杯子中，用毛刷清洗带零件的底座及边沿清洗完后，用洗耳球将清洗部位吹干
	表面有锈蚀	重新表面处理	先用规定型号砂纸研磨或抛光，再按照上述方法进行清洗
铜制	表面无锈蚀	汽油浸泡 毛刷 洗耳球 柳木棍	先用毛刷刷洗零件上的孔眼，毛刷不易刷到的地方用削尖的柳木棍蘸氧化铬抛光膏抛光，然后用汽油清洗。当需要洗去零件上的明胶时，可用酒精擦拭
	表面有锈蚀	重新表面处理	先用规定型号砂纸研磨或抛光，再按照上述方法进行清洗
胶木		汽油或酒精	将规定型号的汽油盛在清洗杯子中，用毛刷清洗带零件的底座及边沿清洗完后，用洗耳球将清洗部位吹干
塑料、玻璃及非金属		酒精	将规定型号的汽油盛在清洗杯子中，用毛刷清洗带零件的底座及边沿清洗完后，用洗耳球将清洗部位吹干

（3）导线的焊接维护。飞行控制计算机系统由大型硬件电路和软件支撑构成，对其进行维护时避不开对硬件电路的维护。飞行控制计算机硬件电路包含大量的电缆导线、电子元器件或电缆，当其长期处于机械振动较大的飞行环境中时，硬件电路难免会出现焊点脱落、元件老化等现象，需要维修人员进行元件更换或电缆导线的更换。对电缆导线的焊点进行维修时，维修人员要注意选择规定使用的锡铅焊料或性能优于规定使用焊料的新型焊料，焊接维修前后一定要注意按照表 2-14 电缆导线焊接要求完成。

为避免因工具丢失造成意外，不管是航线维修人员还是航修企业维修人员，必须注意清点工具。清点工具通常采用“三清点”原则，即工作前清点、工作转移（产品需要按先后顺序实施维修时）清点、工作结束后清点，并填写工具清单。清点工具时，若需要将工具箱中的工具取出放在地面时，禁止将工具直接放在地面上，应在地面放置毛巾平铺工具或通过周转箱清点，以免工具滚落丢失。

表 2-14 电缆导线焊接工艺要求

电缆焊接处理过程	技术要求	
焊接前剥离导线绝缘层	线芯不允许有断丝及横向划伤	
焊接	焊锡	渗透并充满焊接点（包括插针、插孔的承涡、线芯等）
	焊点	清洁、干净；表面均匀、光滑不允许有毛刺、焊瘤、气孔、杂物、焊剂堆积、断丝、虚焊、假焊等现象；轻松拉导线，焊接应牢固可靠
	清洗	焊接后立即用酒精清洗焊点
焊接后标记	焊后按要求在焊点上涂标记	

填写工具清单时，清点人和复核人不能是同一个人，必须两人同时清点。清点工具时工具型号、工具颜色必须与工具清单一致。维修人员返还工具时，必须签署自己的名字和归还时间。

任务实施

某飞行控制计算机按照计划需要进行计划维修（每飞行 2 年或 7000 小时需计划维修一次），请根据以上内容，完成工卡 2-3。

考核评价

表 2-15 任务 3 考核评价细则

评分项	要求	分值 / 分	备注
学习资料浏览	要求阅读“飞机电子设备资源库”——“飞行控制系统与维护”课程的关于“飞行控制计算机维护”环节的学习资源	30	（1）要求提交作业或测验。 （2）要求提交相关笔记
工卡 2-3	正确填写工卡 2-3	40	
团结协作	积极参与资源库平台互动讨论；课上积极回答问题	30	

思考与练习

做一做

1．飞行控制计算机设备的维修包括 __________ 和 __________ 两个范畴。

2．飞行控制计算机设备维修的目的有两个：一是保持设备 __________，二是保证设备 ____________________。

想一想

1．如何避免前工序飞机维修人员因粗心导致产品内部存在的多余物继续留在产品内？

2．飞机维修人员移交需要维修的产品时，还必须移交哪些东西？

3．飞机维修后需要按照工艺文件实施“三清点”工作，请问具体是什么任务？

驾驶员操纵传动装置及维护

飞机驾驶员操纵传动装置主要包括中央（驾驶舱）控制装置以及指令传送结构，如图 3-1 所示。其中中央（驾驶舱）控制装置包括驾驶杆（盘）、脚蹬、操纵控制钮及附件，传送机构根据操纵指令形式的不同分为机械式传送机构和电气传送机构，形成相互兼容、相互补充的两条通路。那驾驶员操纵传动装置的工作机理如何？当驾驶员操纵飞机时，怎样进行气动力和气动力矩的控制呢？

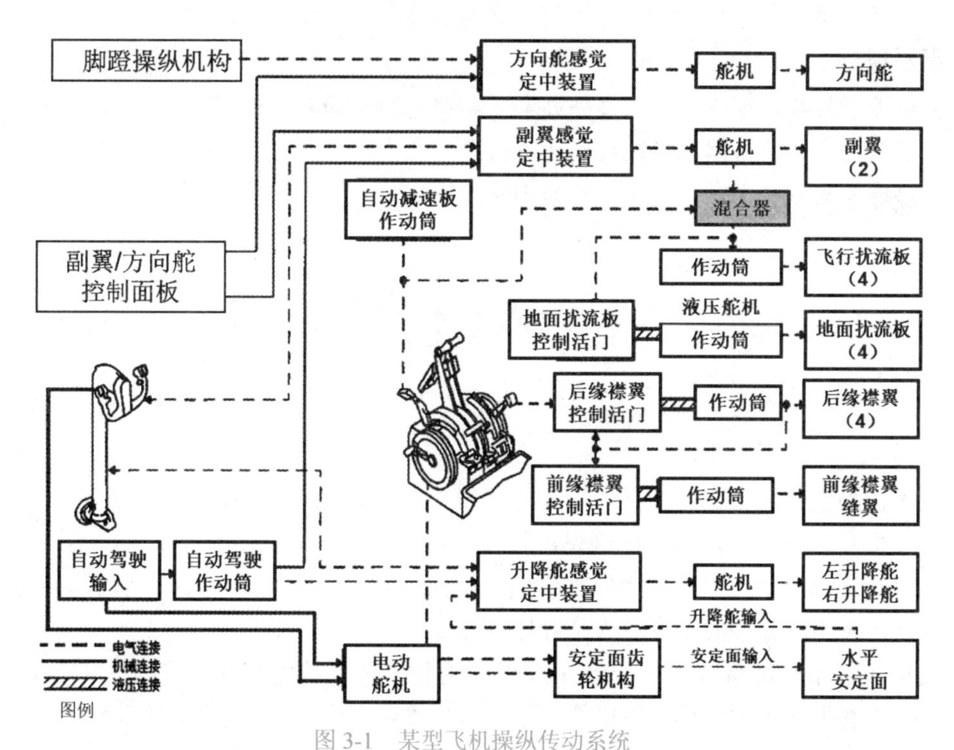

图 3-1　某型飞机操纵传动系统

教学目标

能力目标

★具备驾驶员操纵装置典型故障分析能力。

★具备维护典型驾驶员操纵装置的职业能力。

★了解典型驾驶员操纵装置一般维修过程。

★熟悉驾驶员操纵系统电气设备的典型电气性能的检测方法，掌握典型驾驶员操纵设备及附件的维护工艺。

知识目标

★理解驾驶员人工操纵飞机的操纵指令与姿态变化之间的关系。

★理解飞机在飞行过程中的空气动力与飞行速度的关系。

★了解飞机在飞行过程中的空气动力矩与飞机姿态的关系。

★了解飞机纵向姿态稳定控制与气动焦点的关系。

★了解飞机横侧向姿态稳定控制与气动焦点的关系。

★了解飞机纵向不稳定姿态的表现形式及产生的可能原因。

★了解飞机横侧向不稳定姿态的表现形式及产生的可能原因。

★了解典型驾驶员操纵装置的结构和基本工作原理。

素质目标

★培养“按技术资料、工艺文件办事”和规范操作的职业习惯。

★了解企业文化与课程思政之间的关系。

★培养学生敬畏生命、爱岗护岗的高尚情操。

任务1　飞机的操纵性与稳定性分析

任务描述

飞机作为人类为自己打造的一双翅膀，使人类脱离地球引力，使三维空间运动成为现实。飞机升力的主要来源——机翼，与副翼方向舵等多个舵面配合不仅把飞机托举到白云之上，还能控制飞机在空中实现纵向、横向、侧向三个方向的姿态转动、移动，从而确保飞机按照驾驶员的指令完成飞行任务。

飞机明显不可能像飞鸟一样自由地振动翅膀，那飞机怎样实现在空中的自由运动呢？如果驾驶员输入指令后，飞机的飞行姿态不符合飞行计划要求，如何判断故障？

任务要求

（1）了解驾驶员人工操纵装置的组成及工作原理。

（2）了解驾驶员操纵指令与飞机飞行姿态的关系。

知识链接

1. 飞行操纵传动系统

飞行操纵系统是飞机上用来传递操纵指令、驱动舵面运动的所有部件和装置的总和，用于飞机飞行姿态、气动外形、飞行品质的控制。所谓飞机的舵面是指飞机上可改变其气动外形的活动装置，这些活动舵面通过铰链连接在固定面上。驾驶员通过操纵飞机的各活动舵面偏转实现飞机绕飞机重心转动。为便于分析，我们将飞机绕其重心转动的运动沿飞机机体坐标系三轴分解为绕纵轴转动的滚转运动、绕横轴转动的俯仰运动和绕立轴旋转的偏航运动，如图 3-2 所示。

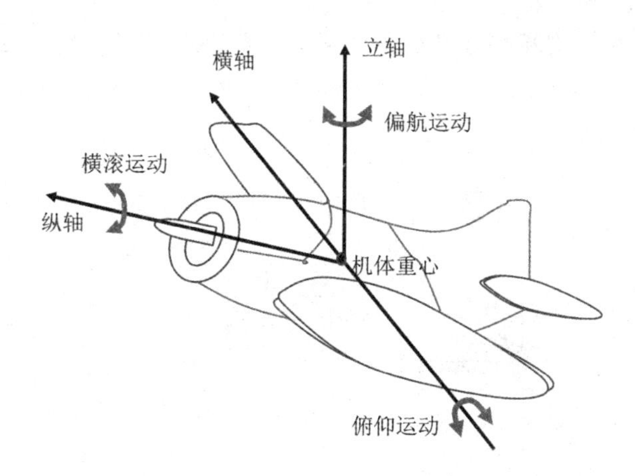

图 3-2　飞机的姿态与机体坐标系

飞机的活动舵面根据控制作用可分为主活动舵面和辅助活动舵面。其中主活动舵面包括升降舵、副翼、方向舵，是铰链在机翼、尾翼后部可活动的部分，在飞机的姿态控制中起主要作用。图 3-3 所示为升降舵与水平尾翼、调整片的位置关系。

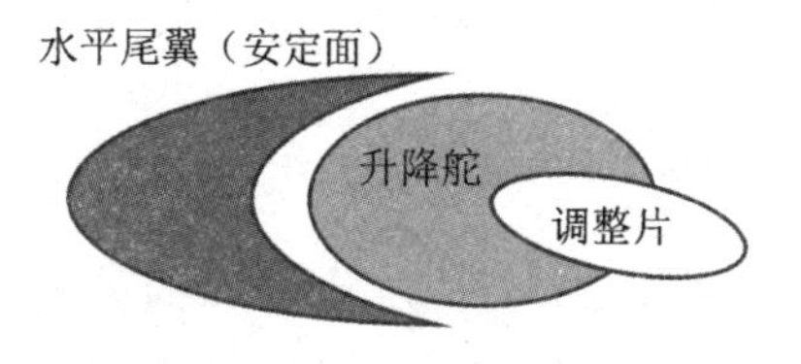

图 3-3　水平尾翼、升降舵与调整片铰链关系

辅助活动舵面包括扰流板、减速板、缝翼、襟翼，有的飞机水平安定面也可做细微的偏转，主要用于提高飞机升力并保持飞机飞行特性，属于辅助操纵机构，通过驾驶员

控制驾驶舱内操纵台上相关开关来实现控制，如图 3-4 所示。

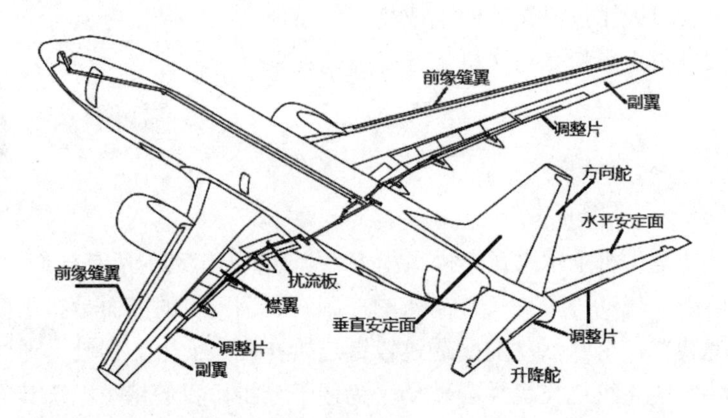

图 3-4 B747 的飞机操纵舵面布局

（1）驾驶员操纵控制装置及附件。驾驶员操纵控制装置位于驾驶舱内，由驾驶员直接操纵，包括手操纵机构和脚操纵机构两部分。其中手操纵机构包括驾驶杆（驾驶盘）和位于飞行控制面板上的控制开关电门（图 3-5）。本项目主要介绍驾驶杆（驾驶盘）及附件的组成与控制。

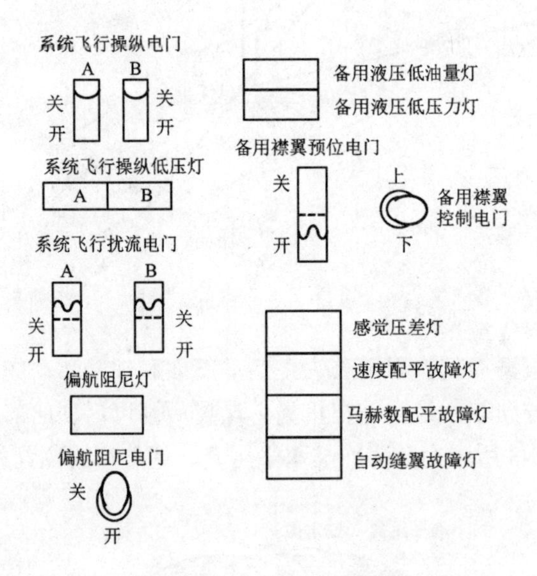

图 3-5 飞行操纵控制按钮

驾驶员通过控制驾驶杆（驾驶盘）的前后、左右移动实现对飞机升降舵和副翼的控制，如图 3-6 所示。其中横向控制针对飞机副翼进行差动偏转控制，纵向控制则对飞机升降舵同步偏转进行控制。

驾驶员脚操纵机构就是两个脚蹬，通过左、右脚在脚蹬上的前后差动移动实现对飞机方向舵偏转的控制，图 3-7 中的航向线位移传感器就是方向舵偏转控制指令传感器。

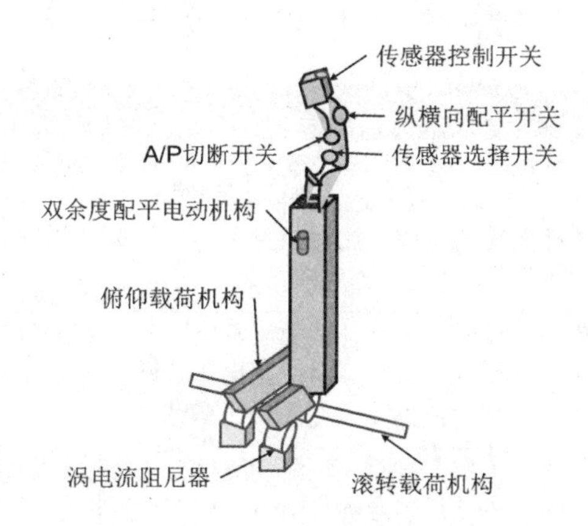

图 3-6　某型飞机驾驶杆组件示意图

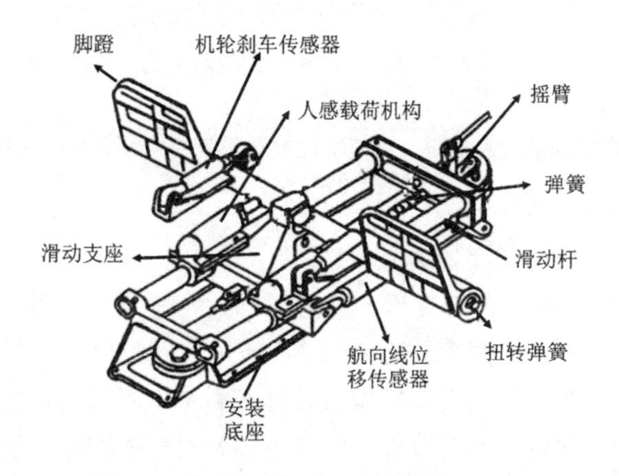

图 3-7　某型战斗机脚蹬组件结构示意图

根据图 3-6 和图 3-7 所示，飞机操纵系统中的驾驶员控制装置主要包括驾驶杆 / 脚蹬、载荷机构、涡电流阻尼器、驾驶员传感器、配平机构以及驾驶杆手柄上的开关、电缆、脚蹬位置调整机构等。以某型飞机为例，其中央驾驶舱内驾驶员操纵控制装置及附件的特点及作用见表 3-1。

表 3-1　某型飞机驾驶员操纵控制装置及附件

装置	装置特点		装置作用
驾驶杆	相互垂直的两个转动轴，上转动轴和下转动轴	前后移动（绕飞机横轴）时，绕下转动轴	实现飞机的俯仰控制
		左右移动（绕飞机纵轴）时，绕上转动轴	实现飞机的横滚控制
脚蹬	两种控制指令	脚前蹬脚蹬（不压板）	实现飞机的航向控制或飞机前轮转弯
		脚尖下压脚蹬	实现飞机刹车控制
载荷机构	分纵向、横向以及航向载荷机构，提供驾驶杆和脚蹬的力感觉，产生与杆位移或脚蹬位移成正比的力；刹车力感觉由扭力棒提供		

续表

装置	装置特点	装置作用
涡电流阻尼器	分纵向涡电流阻尼器和横向涡电流阻尼器：纵向涡电流阻尼器安装在驾驶杆上，其输出摇臂通过连杆与驾驶杆转盒的叉耳相连；横向涡电流阻尼器安装在驾驶杆横滚轴向。作用：提供与驾驶杆偏转速率成正比的阻尼力矩（横向、纵向），保证驾驶杆在中立位置附近具有良好的阻尼品质并满足动态响应要求	
驾驶员传感器	杆位移传感器	安装在驾驶杆辅助仪表板下，与驾驶杆转轴相连，包括驾驶杆纵向、横向位移传感器，测量驾驶杆纵向、横向位移，并将其转换为电压信号提供给飞行控制计算机
	脚蹬位移传感器	安装在脚蹬上，测量飞机在飞行过程中脚蹬向前位移，并将其转换为电压信号提供给飞行控制计算机
	前轮操纵指令电位计	安装在脚蹬上，在飞机滑行过程中测量脚蹬向前的位移，并将其转换为电压信号提供给前轮操纵系统
	刹车指令传感器	安装在脚蹬上，测量脚蹬向下的位移，并将其转换为电压信号提供给防滑刹车系统
配平机构	安装在驾驶舱前辅助仪表板下，主要实现纵向配平，一般安装在驾驶杆上，可以改变驾驶杆零杆力的位置，从而实现飞机的俯仰配平	

（2）驾驶员操纵装置与舵面的关联关系。

1）升降舵的操纵控制。分析飞机的受力时，通常采用前视法（即与飞机驾驶员同视角从机尾朝机头看），机头为观察前方。图 3-8 所示为驾驶杆与升降舵关联关系示意图，驾驶员通过前后推拉驾驶杆控制升降舵实现升降舵后缘上下偏转，规定驾驶杆推杆为正，升降舵后缘向下为正向偏转。当升降舵后缘向下偏转时，尾翼的升力增大，机头向下（向下偏转），飞机低头。

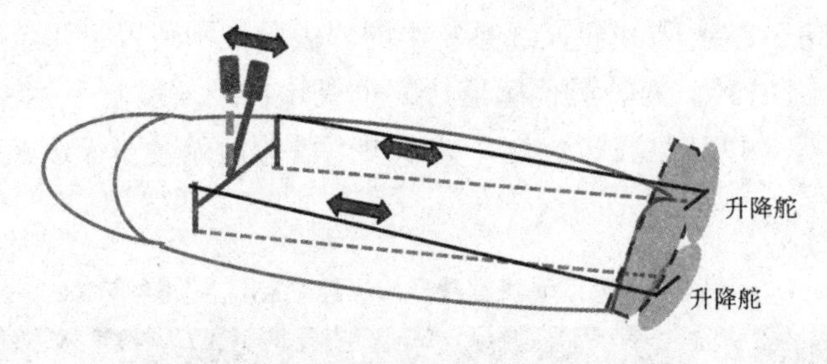

图 3-8　驾驶杆与升降舵关联关系示意图

2)副翼的操纵控制。图 3-9 为驾驶杆与副翼的关联关系示意图(图中驾驶杆向右压)，当驾驶员左右推拉驾驶杆时，左右副翼后缘呈现差动偏转，使得飞机左右机翼升力大小不一，产生升力差，飞机在左右升力差作用下产生滚转力矩，实现机身绕纵轴滚动。通常规定左压杆为正，左副翼后缘向上、右副翼后缘右下为正向偏转，此时飞机左机翼升力减小，右机翼升力增大，飞机绕机体坐标系纵轴倾斜向左滚动。

3）脚蹬的操纵控制。图 3-10 为脚蹬与方向舵的关联关系示意图，驾驶员控制左脚蹬前移时其输入指令极性为正，方向舵正向偏转（后缘向左），垂直尾翼产生向右的侧力，飞机机头左偏，产生向左偏航运动。

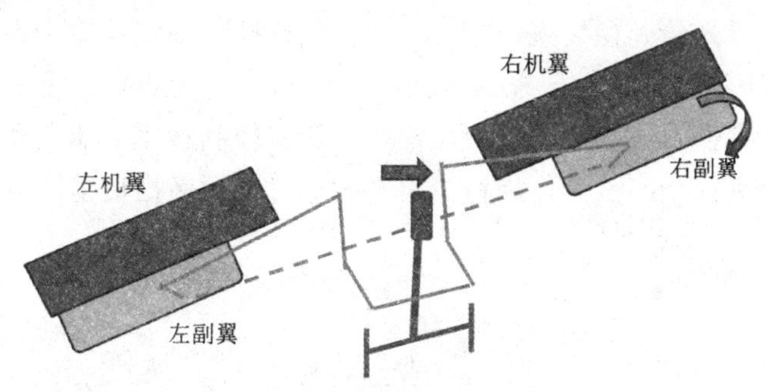

图 3-9　驾驶杆与副翼关联关系示意图

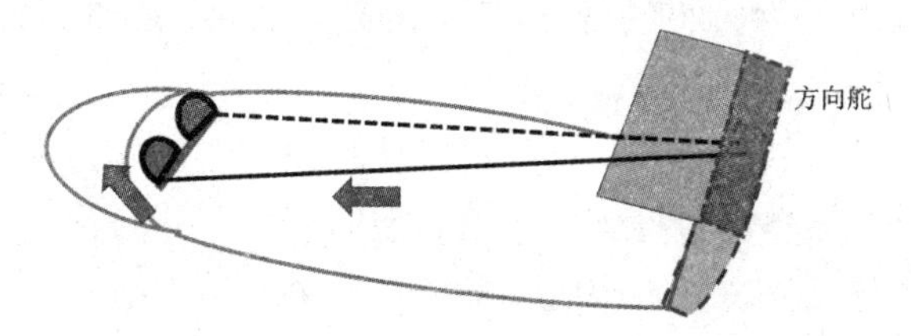

图 3-10　脚蹬与方向舵关联关系示意图

（3）传动系统。现代飞机的驾驶员操纵传动装置几乎都是硬式拉杆（近距离控制）和电缆 / 光纤两种方式并存的传动方式，如图 3-11 所示。

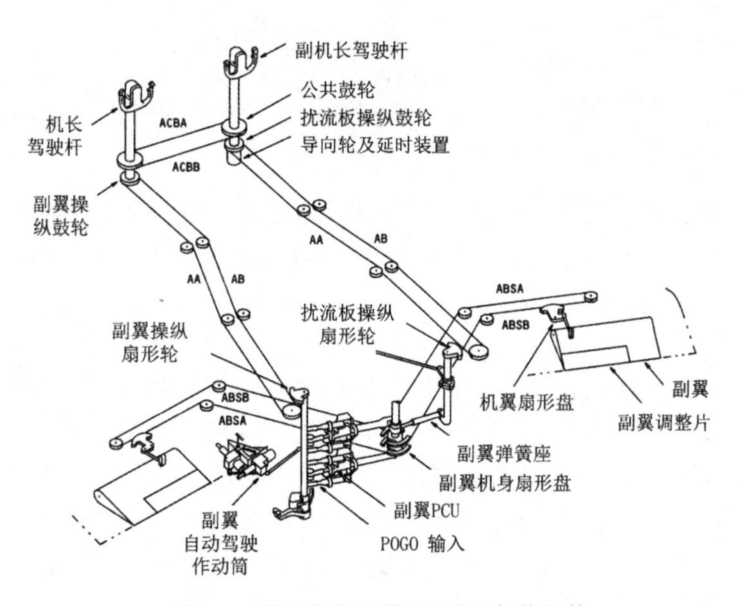

图 3-11　某飞机的副翼操纵传动机构组件

硬式拉杆属于机械式传动系统，适合近距离、小舵面的控制，飞机活动舵面只需较小的面积就能提供飞机飞行所需的升力，主要组件包括成对出现的钢索（软式）、金属拉杆（硬式）、摇臂以及导向轮等，主要用于人工飞行控制阶段，飞机活动舵面偏转所需的能量（转动力矩）全部由飞机驾驶员提供。

建立在电传（或光传）操纵系统之上的现代飞行控制系统其指令为电信号（或光信号），电信号（或光信号）通过电缆（或光纤）传输到液压助力系统，控制液压助力系统的控制活门，使其打开或关闭某些液压油路，达到控制液压油流向和流量的目的，实现对综合操纵指令进行功率放大，使得飞机驾驶员可以轻轻松松地驾驶具有大舵面的飞机快速飞行。

2. 飞机飞行中的空气动力与空气动力矩

低速气流的能量与质量变化

高速气流的能量与质量变化

飞机在飞行过程中会受到各种作用力，如飞行过程中的升力、前方气流的迎面阻力、飞机自身的重力以及发动机推动飞机前进的推力等，这些作用力大小的变化和作用点位置的不定将会影响飞机的飞行性能（稳定性、操纵性）。

飞机的稳定性是指飞机在飞行中偶然受外力干扰后不需要驾驶员的干预，靠自身特性恢复原来状态的能力，分静稳定性和动稳定性。静稳定性是飞机在外界瞬时扰动的作用下偏离平衡状态时，在最初瞬间产生恢复力矩，使飞机具有自动恢复到原来平衡状态的趋势的能力。而动稳定性是指飞机在外界瞬时扰动作用下能自动恢复基本运动状态的能力。不管是静稳定性还是动稳定性，按其恢复能力都分为三类，即稳定性、中立稳定性以及不稳定性。静稳定性的三种不同表现如图 3-12 所示。

（a）静稳定性

（b）静中立稳定性

（c）静不稳定性

图 3-12　静稳定性的三种不同表现

对于飞机飞行过程而言，其动稳定性是指以给定运动姿态进行基准运动的飞行（如飞机的滑行、以一定姿态角起飞爬升；舵面以一定运动方向进行偏转等）；而飞机飞行过程中的静稳定性是指飞机或某活动机构处于平衡位置（对于舵面就是保持给定舵偏角，对于飞机就是保持给定姿态角、保持计划航向、计划高度等）的特性。

所谓飞机的操纵性是指飞机在驾驶员操纵驾驶杆或脚蹬改变主操纵舵面（升降舵、副翼、方向舵）的偏转方向、角度时，飞机改变飞行姿态快速性、可靠性。驾驶员对驾驶杆或脚蹬进行操纵时，升降舵、副翼以及方向舵是否能按照驾驶员输入指令的要求进行偏转以及偏转的角位移大小是否符合要求直接影响飞机的飞行性能。

当飞机舵面偏转运动和角度稳定性增强时，其舵面的操纵性必然降低；而舵面偏转的操纵性增强时，其稳定性也必然降低。飞机的操纵性和稳定性受飞机在飞行过程中所受的力和力矩的影响，因此飞机维修人员判断和分析飞行控制系统故障时，首先应了解飞机驾驶员操纵飞机舵面时，飞机所受空气动力及动力矩的变化规律。

（1）飞机飞行过程中的空气动力。飞机在空中飞行或地面滑行时不可避免地受到空气动力，通常将总的空气动力沿气流坐标系分解成飞机的阻力 D、侧力 Y 和升力 L，并规定阻力指向飞机机尾为正，侧力指向飞机右侧为正，升力指向飞机上方为正。根据飞行控制系统有关空气动力经验公式，可知当飞机的升力系数、阻力系数以及侧力系数一定时，飞机的升力、侧力以及阻力与飞机飞行速度、飞行高度以及飞机的气动外形有关（阻力系数、升力系数以及侧力系数的定义式分别表示如下）。

$$\text{阻力系数（沿机体纵轴的分量）}=C_D=\frac{D}{QS_W}\text{，向后为正}$$

$$\text{升力系数（沿机体立轴的分量）}=C_L=\frac{L}{QS_W}\text{，向上为正}$$

$$\text{侧力系数（沿机体横轴的分量）}=C_Y=\frac{Y}{QS_W}\text{，向右为正}$$

其中：Q（$=\frac{1}{2}\rho V^2$）为动压，S_W为机体参考面积，ρ为空气密度，V为空速。

（2）飞机飞行过程中的空气动力矩。驾驶员通过协调控制主操纵面（升降舵、方向舵和副翼）和油门，实现飞机的俯仰、航向和滚转（倾斜）姿态操纵（图3-13）。当飞机的气动舵面在驾驶员的操纵下发生偏转时，舵面的气动外形发生变化，作用在飞机上的总空气动力发生发生。变化的总空气动力必然导致变化的总气动力矩。

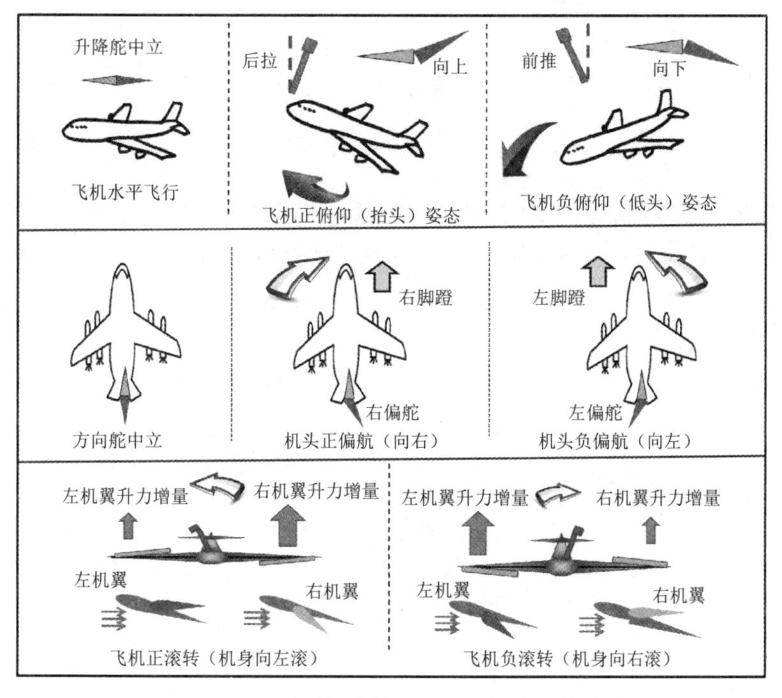

图3-13　主舵面的偏转方向与飞机姿态的关系

我们将作用在飞机上的总空气动力力矩（包括发动机推力力矩）沿机体坐标系三个轴分解为俯仰力矩、偏航力矩和滚转力矩，正力矩引起飞机姿态角向正极性方向，如图3-13所示，飞机以抬头为正，则俯仰力矩为驱使飞机绕机体坐标系横轴旋转时机头向上运动为

正，同理，偏航力矩使飞机绕机体立轴旋转时机头向左运动为正，滚转力矩则是使飞机机身绕机体纵轴旋转时左机翼向下、右机翼向上运动为正。实际飞行过程中，飞机所受的升力、侧力的作用点（气动焦点）与飞机的重心不重合，它们对重心所形成的空气总动力矩迫使飞机绕重心产生各种姿势角运动（俯仰、偏航、滚转）。分析飞机在机体坐标系三个轴向的力矩时除了要知道舵面的受力外，还需知道飞机的气动焦点（压力中心）。

（3）气动焦点与飞机重心的位置。飞机的气动焦点也称为压力中心，是飞机空气总动力增量的作用点，通常不随迎角 α 大小而改变。以机翼升力的气动焦点为例，如图 3-14 所示，图中飞机重（质）心到平均几何弦前缘点的距离为 x_{cg}，机翼的气动焦点（机翼翼弦线与升力增量的交点）到平均几何弦前缘点的距离 x_{acw}。当飞机的重心位于气动焦点之前（$x_{cg}<x_{acw}$）时，机翼向上的升力增量绕飞机重心产生使飞机低头的转动力矩（低头力矩）。

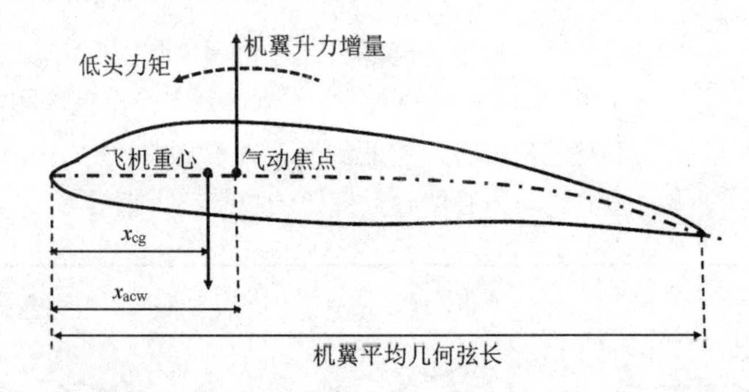

图 3-14　机翼气动焦点与飞机重心的位置关系对俯仰力矩的影响

图 3-15 所示为具有静稳定性常规气动布局的飞机各个部位产生升力增量的作用点位置与飞机重心位置的相对位置关系。根据飞机的空气动力判断动力力矩方向时的右手方法：掌心面对飞机的重心（质心），大拇指平行于机体旋转轴，则四指弯曲的方向即为该力产生的力矩方向。

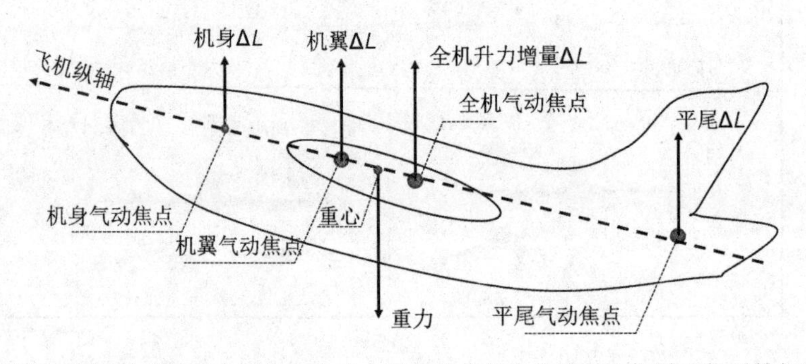

图 3-15　常规气动布局的飞机各个部位产生升力增量的作用点位置与飞机重心位置的相对位置关系

3. 飞机纵向操纵性与稳定性分析

假设飞机处于低速飞行状态，空气为不可压缩流体。根据不可压缩流体力学理论可知，当物体形状发生改变时，流体流过物体所形成的流线谱形状也发生改变，如图 3-16 所示。根据流体连续性原理，流体流过物体表面时，若表面凸起，流线谱密度增大，流过物体表面的空气速度快（称为动压增加）。此时若驾驶员操纵升降舵或全动平尾后缘向下偏转（相当于平尾上表面凸度增大），平尾上表面流线谱密度增大，流速增大。又根据伯努利定理，流体作用于物体时，流速慢的地方产生的压力大于流速快的地方产生的压力，平尾上表面流速增大的地方受到的空气压力减小，即静压减小，平尾上下表面压力差 $\Delta P=P_{下}-P_{上}$增大，即平尾向上的升力增大。

固定翼飞机机翼产生升力的机理

纵向运动两个主要稳定性因素

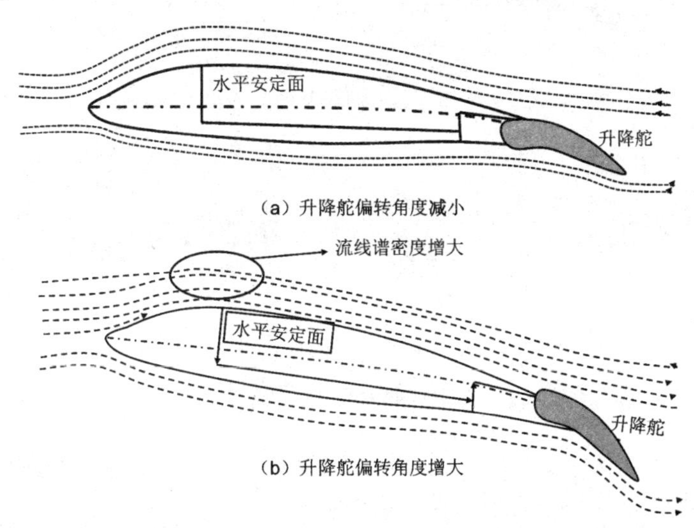

图 3-16　升降舵后缘向下偏转角度变化时的流线谱

【结论】飞机在飞行过程中，升力一直都存在；舵面的偏转改变飞机升力的变化量 ΔL，且正方向指向飞机上方；飞机的升力增量 ΔL 与舵面的偏转角度和偏转方向有关。全动平尾或升降舵后缘向下偏转角度越大，平尾上表面凸度也越大，升力 ΔL 平尾变化也越大；同理飞机机翼上的副翼后缘向下偏转，将使机翼上表面凸度增大，机翼向上的升力 ΔL 机翼增量也增大。

（1）纵向姿态的操纵性分析。

1）纵向操纵杆力与升降舵偏转角度关系。当飞机驾驶员对驾驶杆或驾驶盘向前或向后施加作用力（即杆力）时，驾驶杆（或驾驶盘）的前后移动必然带动升降舵后缘向上或向下偏转，如图 3-17（a）所示。假设驾驶员对驾驶杆施加向后的拉力，升降舵在与驾驶杆相连的拉杆带动下绕转轴（与水平尾翼铰接的连接点）产生转动，后缘向上偏转，形成向下的相对气流，舵面相对转轴产生向下的空气动力（附加升力）。根据图 3-17（b）可知，驾驶员施加杆力方向不同，升降舵偏转方向不同，升降舵偏转方向的不同，产生的附加空气动力（升力增量）方向也不同，该附加升力绕铰链转轴形成气动铰链力矩，总是阻止升降舵的偏转，迫使升降舵回归中立位置，该阻止作用也将带动驾驶杆向中立

位置运动。因此为保持升降舵舵面和驾驶杆的角位移位置，驾驶员必须保持与之相匹配的杆力才能平衡气动铰链力矩的作用。

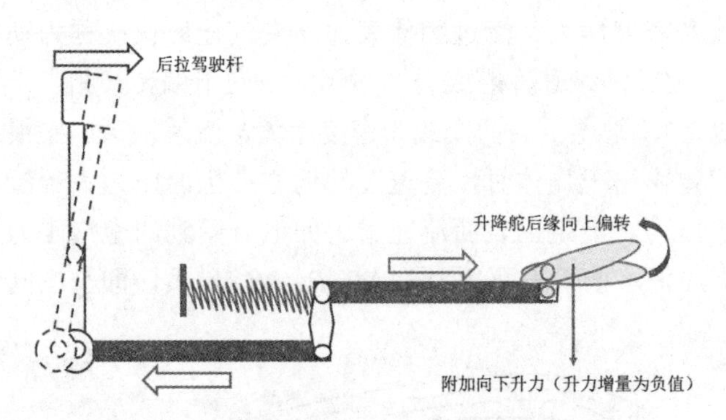

（a）驾驶员施加杆力方向与升降舵的附加升力方向

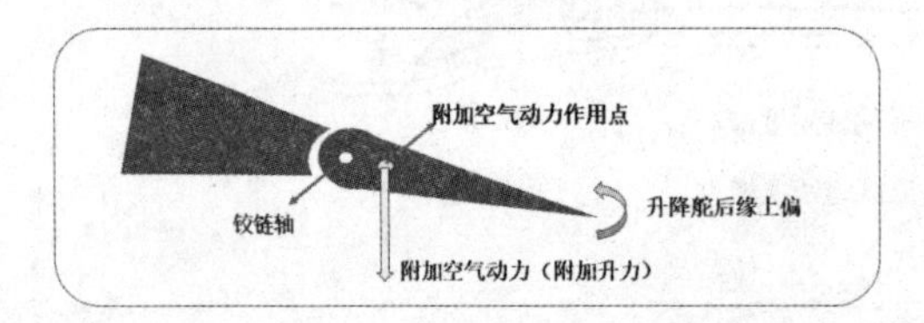

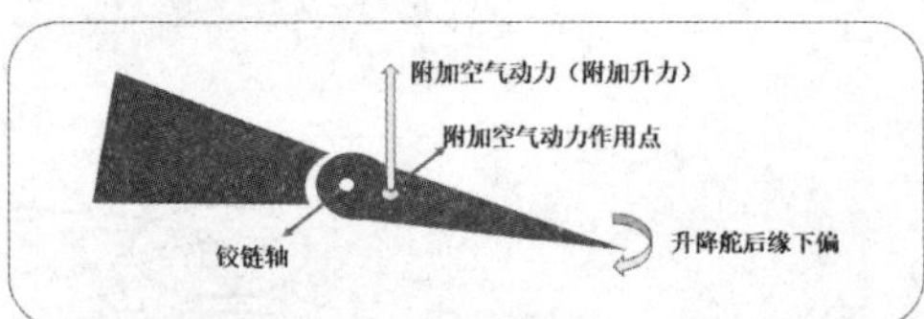

（b）升降舵的附加升力方向与舵面偏转方向关系

图 3-17　驾驶员施加杆力方向与升降舵的附加升力方向关系示意图

如图 3-18 所示，在飞机直线飞行过程（巡航期间）中，驾驶杆向前或向后移动任意一个角度（角位移），升降舵都有一个角度对应。

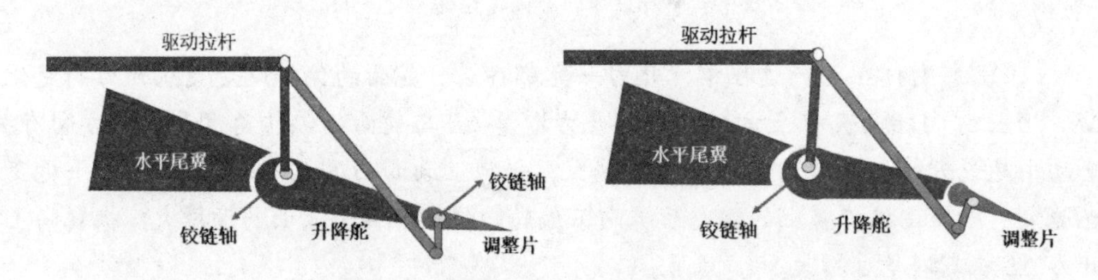

（a）驾驶杆处于中立位置时升降舵的位置　　（b）驾驶杆小位移后拉时升降舵的位置

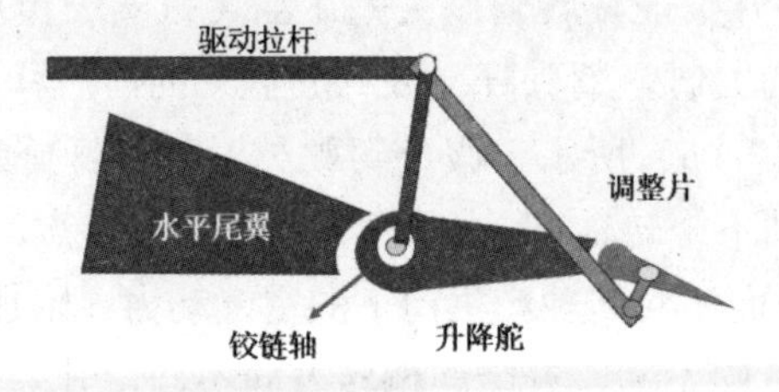

（c）驾驶杆大位移后拉时升降舵的位置

图 3-18　驾驶杆位移大小与升降舵偏转角度大小关系示意图

2）飞机迎角与空气动力的关系。当升降舵发生偏转时，飞机纵向俯仰姿态也发生偏转，飞机俯仰姿态的变化随之而来的就是飞机机翼与迎面气流的相对夹角的变化，也就是说驾驶杆每个角位移都对应一个迎角，每个迎角对应着飞机的瞬时空气动力（升力）的变化，也就是附加升力的变化。根据定义“飞机的迎角为飞机纵轴或机翼翼弦线与相对气流方向的夹角”，飞机的升力主要来自飞机机翼，机翼迎角的变化直接导致飞机升力发生变化（相对气流方向指向机翼上表面时，为负迎角；相对气流方向与翼弦重合时，迎角为零），如图 3-19 所示。飞机飞行中，驾驶员可通过前后移动驾驶杆改变迎角的大小或者正负。正常飞行中经常使用正迎角。

图 3-19 中 AB 线段为机翼翼弦线延长线，机翼迎角为迎面气流与 AB 线段之间的夹角 α。因为机翼的气动结构，当飞机机翼翼弦线与迎面气流重合时已经具有了一定的升力系数，如图 3-19（a）所示；当飞机机翼迎角增大时，机翼上表面凸度增大，机翼上表面流线谱密度增大，流速增大，压力减小，机翼产生的向上的升力增量 ΔL 增大，但随着迎角的增大，迎面气流可能不能流动到机翼上表面，流线上的动压全部变化为静压，如图 3-19（b）中的 S 点，而机翼上表面的流线谱密度减小，形成涡流区，反而使机翼上表面的前缘流线谱密度减小，流速下降，上表面的压力增大，从而机翼上、下表面压力差减小，即升力下降。

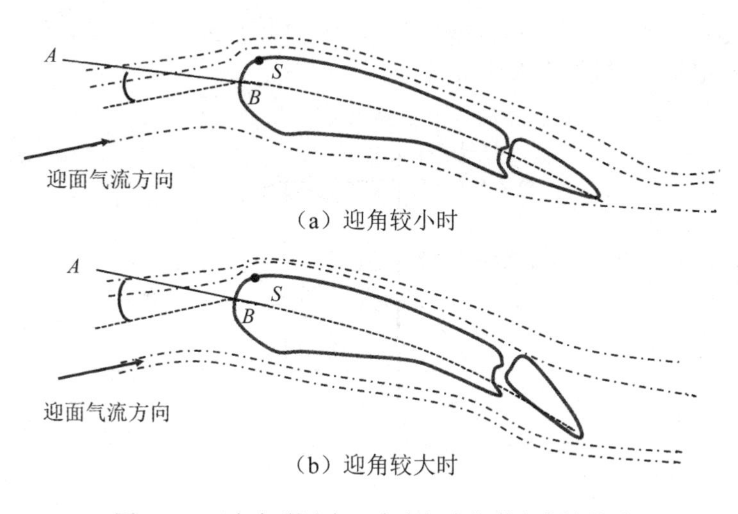

图 3-19　飞机机翼迎角 α 大小与流线谱密度的关系

【结论】机翼能够产生升力是因为机翼上下存在着压力差，但前提要保证上翼面的气流不分离。

当飞机的迎角在安全范围内时，如图 3-20 所示，迎角增大，空气动力向后倾斜，沿纵轴负方向的分力增加，如果飞机的动力系统输出同等功率的推力保持一定，相当于飞机飞行时的阻力增大。根据牛顿第二定律，力改变速度的大小和方向，可知随着迎角的增大，飞行速度在减小。

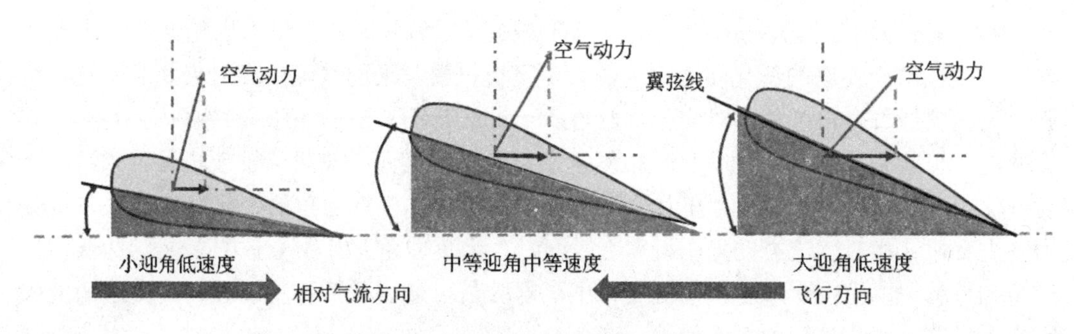

图 3-20　迎角大小与飞行速度大小关系示意图

综上所述，驾驶杆受到的后拉杆力越大，向后的位移也越大，升降舵后缘向上的偏转角度也越大，飞机对应的迎角也越大，当然此时升降舵因为偏转产生的附加升力形成的铰链力矩也越大。反之，驾驶杆受到的前推杆力越大，向前的位移也越大，升降舵后缘向上的偏转角度也越小（甚至向下偏转），飞机对应的迎角也越小；飞机飞行速度越大，具有同样尺寸的升降舵要想达到同样的偏转角度，驾驶员需要克服升降舵偏转而产生的铰链力矩输出的杆力也越大。

3）影响飞机升力的几个因素。影响飞机升力的因素主要包括迎角、马赫数。

图 3-21 所示为飞机迎角与飞机升力系数的关系曲线，从曲线中可以看出机翼的升力系数在迎角 α 变化的一定范围内，与机翼迎角成线性关系，当超过图中的失速迎角后，升力系数不升反降，飞机处于失速状态。

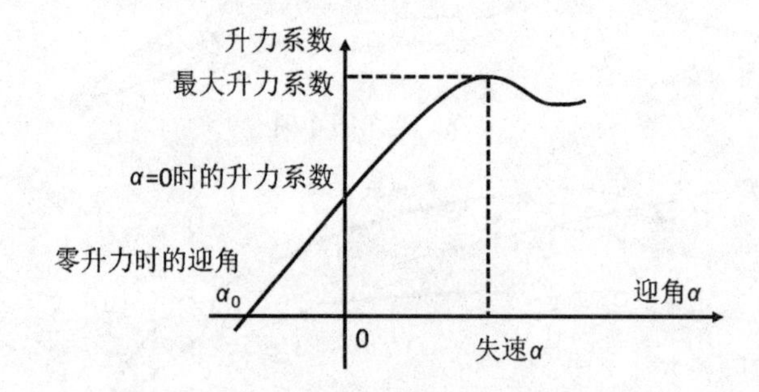

图 3-21　机翼迎角与升力系数关系曲线图

图 3-22（a）所示为某超声速飞机在加速过程中升力系数的变化趋势，当飞机处于低声速飞行时，飞机升力系数基本不变，随着飞行速度的增大，越接近声速，升力系数也越大，而当飞机处于超声速飞行状态时，升力系数不升反降，急剧减小。

其实不仅仅飞机的升力系数与迎角、马赫数有关，飞机的阻力也与迎角、马赫数有关，为了直观地表示性能，我们通常引入升阻比来衡量飞机的飞行效率。升阻比就是飞机飞行中，在同一迎角的升力与阻力的比值。比值随迎角的变化而变化，在同样重量的情况下，以同样速度飞行升阻比大的飞机所需发动机的推力小，即飞行效率高，如图 3-22（b）所示。

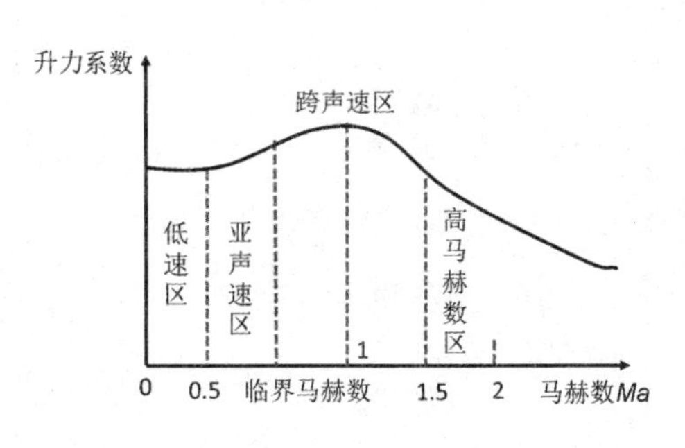

（a）某超声速飞机马赫数与升力系数关系

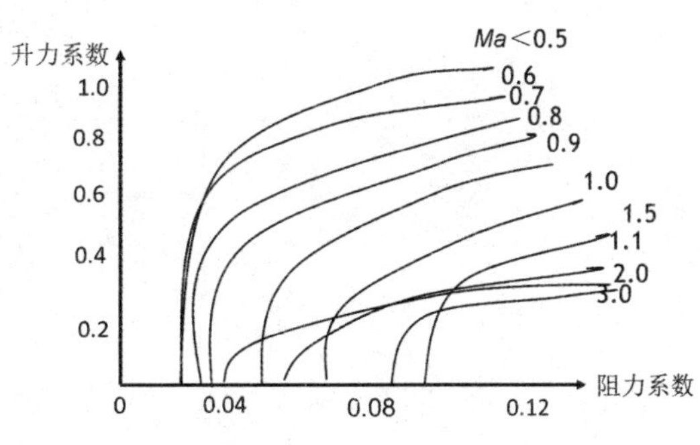

（b）某超声速飞机马赫数与升阻比关系

图 3-22　马赫数对飞行空气动力的影响

（2）纵向稳定性分析。飞机在飞行中，飞机飞行平衡状态经常会因为各种因素（如燃油消耗、收放起落架、收放襟翼、发动机推力改变或投掷炸弹等）的影响遭到破坏，从而使飞机合外力以及合外力矩发生变化。此时，驾驶员可以通过偏转相应的操纵面（形成操纵力矩）来保持飞机的平衡，即配平。所谓配平，就是保持飞机在机体坐标轴方向的力矩平衡，从而确保飞机飞行过程中的稳定性。所谓保持纵向平衡也就是保持所有纵向合空气动力和合纵向力矩都为 0。

当飞机的重心位于气动焦点之后时，飞机机身的升力增量、机翼的升力增量相对飞机重心产生抬头力矩，若有扰动使飞机抬头，该力矩会加剧迎角的增大，为静不稳定力矩，如图 3-15 所示；而平尾的升力增量相对飞机重心为低头力矩，若有扰动使飞机抬头时，该力矩将遏制迎角的增加，为静稳定力矩。若平尾产生的稳定力矩大于机翼、机身所产生的不稳定力矩，飞机属于静稳定状态；反之，属于静不稳定状态。

【结论】水平尾翼的重要作用之一就是保证飞机具有纵向静稳定性。

当飞机处于亚声速飞行状态时，机翼、机身、尾翼的焦点具有不随迎角大小改变的特性，也就是飞机的焦点不随迎角而改变。若飞机重心位于焦点之前，在飞机受到外界扰动后，例如迎角增加 $\Delta\alpha$，由于升力系数与迎角成线性关系，在飞机的焦点上向上的升力增量 ΔL 将会增大，对飞机重心形成使机头下俯的静稳定力矩，使飞机具有逐渐消除 $\Delta\alpha$ 而自动恢复到原来平衡迎角的趋势，即飞机具有静稳定性，如图 3-23 所示。

【结论】飞机的重心位于飞机焦点之前，飞机具有纵向静稳定性；否则便不具备纵向静稳定性。

1）纵向空气动力矩。飞机的纵向空气力矩根据飞机各部位产生的升力增量对飞机纵向（俯仰）姿态影响，可分为纵向操纵力矩、稳定力矩、纵向阻尼力矩以及铰链力矩 4 类。

a．飞机的纵向（俯仰）操纵力矩主要产生部位为升降舵或全动平尾，主要发生在爬升和下滑以及保持悬停等需要改变飞机姿态的操纵阶段，其信号来源是驾驶杆或自动驾驶仪输入按钮。如当人工操纵飞机时，驾驶员前后移动驾驶杆迫使升降舵后缘向上或向下偏转来改变全机升力增量的大小，进而改变俯仰力矩，实现机头上抬或下俯。

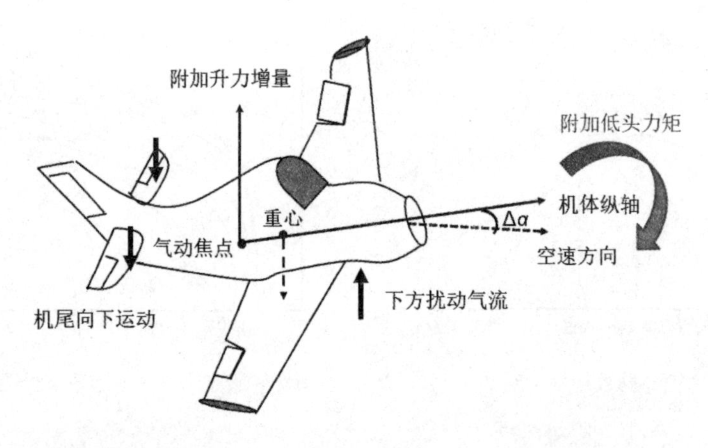

图 3-23　具有静稳定性的飞机出现扰动产生 +Δα 后，纵向力矩的变化

b．飞机的稳定力矩是指使飞机恢复原运动姿态或基准运动的力矩，主要产生部位是水平尾翼。假设飞机处于定常直线平衡飞行状态，下方突然有瞬时扰流影响使飞机突然抬头，产生 +Δα 变化，如图 3-24 所示。此时飞机受机头上扬的影响，机尾向下运动，相当于机尾下方迎面气流增加，机尾下表面空气压力增大，产生向上的升力增量 $\Delta L_{机尾}$，该增量的作用点位于飞机重心之后，形成纵向低头恢复力矩，促使飞机恢复原来迎角飞行，回到开始的基本运动状态。

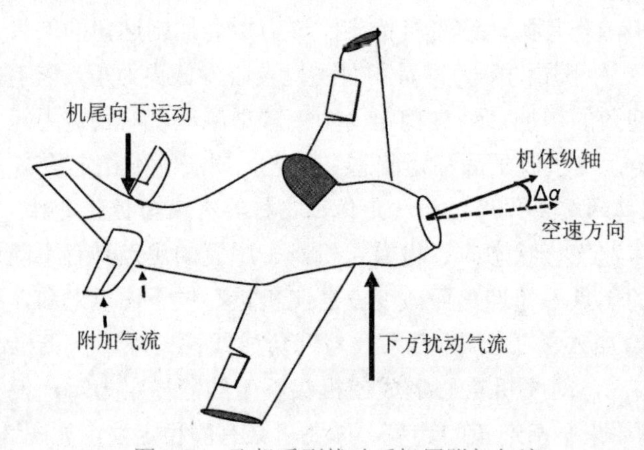

图 3-24　飞机受到扰动后机尾附加气流

c．飞机的阻尼是指飞机在飞行过程中减少飞机因外来因素引起的振荡，提高飞行品质的能力。纵向阻尼力矩的产生部位是机身、机翼及平尾，它能减缓飞机的运动变化但不阻止运动。

d．纵向铰链力矩也就是升降舵的气动负载，是指作用在舵面上的空气动力的合力对舵面铰链转轴所形成的力矩，取值大小与舵面的类型和几何形状、马赫数、迎角（或侧滑角）、舵面的偏转有关，其中舵面的偏转（转动惯量）占主要原因。在舵面类型与几何形状一定的条件下，相同舵偏角产生的铰链力矩将随飞行状态的变化而变化。在同一飞行高度以亚声速飞行时，飞行速度越快，铰链力矩也越大；当飞机以同一速度飞行时，飞行高度越高，铰链力矩越小。铰链力矩的符号与舵面的气动焦点位置有关，当舵面转轴的位置在舵面的气动焦点之后时，如图 3-25 所示，空气动力合力产生的力矩使舵面后缘上偏为负铰链力矩，与之相反的负向升力增量产生的铰链力矩使舵面后缘下偏，为正向铰链力矩。

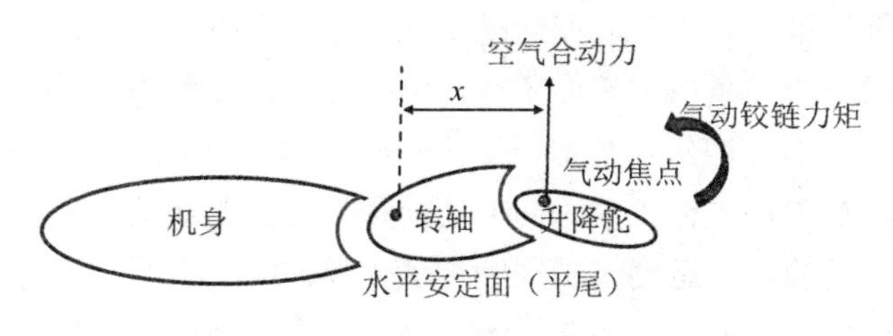

图 3-25　铰链力矩

2）纵向不稳定的表现形式。飞机纵向稳定性被破坏后的纵向运动主要表现为迎角的变化和速度的变化两个部分，因此纵向稳定性也分为迎角稳定性和飞行速度稳定性。

a．影响迎角稳定性的主要因素。影响迎角稳定性的主要因素为飞机重心的位置变化和气动焦点的位置变化。当飞机重心位置因为起落架的收放、燃料的消耗等导致重心后移时，飞机的迎角稳定性将会下降。随着飞机速度的提高，尤其是飞机空速从亚声速变化到超声速阶段，激波的出现将导致气动焦点位置前后移动。在飞机重心位置不变的情况下，气动焦点位置越向前移，迎角稳定性越差。

b．影响飞行速度稳定性的主要因素。所谓飞行速度稳定性就是飞机受到扰动偏离平衡状态下的飞行速度，在扰动消失之后，不需要驾驶员干预，飞机能自动恢复原来平衡状态下的飞行速度的特性。

如图 3-26 所示，当飞机的纵向力矩出现不平衡时将会导致飞机纵向的浮沉运动。假设飞机平衡被小扰动破坏导致速度增大，此时若升力也增加，则飞机进入上升的运动轨迹。在飞机的上升过程中，飞机重力沿运动轨迹方向的分力，使飞行速度减小，从而恢复飞行速度。一般说来，影响飞行速度稳定性的两个主要因素是升力变化率和速度变化率，当两种变化率符号相同时，飞机具有速度稳定性；当两种变化率符号相反时，飞机就不具备飞行速度稳定性。

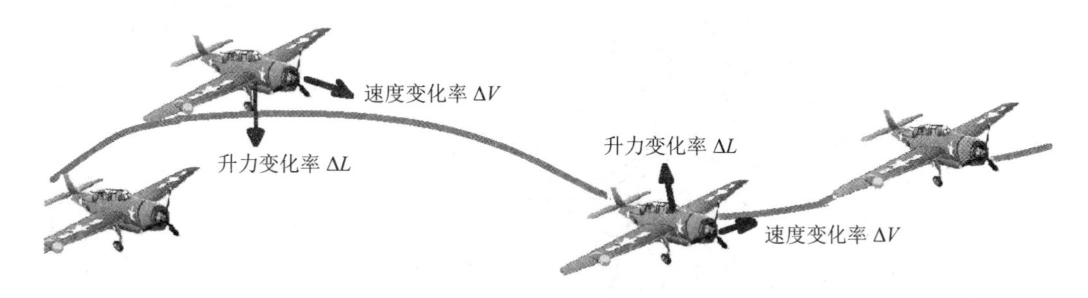

图 3-26　浮沉运动中速度的变化和升力增量的变化

当飞机因为外界扰动（如驾驶员输入指令或外界扰动气流的影响）脱离其基准运动或基准姿态后将经历两种变化过程。首先是迎角（主要原因是操纵力矩变化的瞬时效应）或俯仰角速度发生剧烈变化，但该剧烈变化时间不长，属于短周期运动；此阶段空气总动力的影响还没反映在飞机运动效果上，飞行速度基本不变，其运动主要表现为纵向点头运动；然后飞机进入第二阶段长周期运动变化状态，飞机的飞行速度在空气总动力的影响下产生变化，同时俯仰角也因俯仰角速度的瞬时变化的累积而形成航迹倾斜角 μ 的变化，即飞机重心时升时降，迎角 α 基本不变（$\alpha=\theta-\mu$），其运动主要表现为纵向浮沉运动。

所谓短周期运动是指在飞机扰动瞬间前期的短时间振荡运动现象，并且该振荡运动幅度衰减极快，如飞机的点头运动；长周期运动主要在扰动瞬间后期，主要表现为运动周期长，振荡周期衰减慢，如飞机纵向浮沉运动。它们出现的主要原因都是飞机受到外界扰动后形成的不平衡纵向力和纵向力矩。

后掠翼与横向稳定性

上反角与航向稳定性

4. 飞机横侧向操纵性与稳定性分析

（1）航向姿态的操纵性分析。飞机的航向控制是指飞机驾驶员通过操纵脚蹬控制方向舵偏转（图 3-10）后，飞机绕立轴旋转并影响侧滑角等参量的飞行特性。飞机的航向控制只适用较小航向角的偏转，不能实现飞机的大转弯控制。飞机的航向姿态发生变化的实质是飞机的侧力发生变化。

1）飞机因侧滑运动而产生的侧力。根据前述可知，侧力是总空气动力沿气流坐标系 Z_q 轴的分量，向右为正，通常飞机的外形沿 OX_tY_t（包含纵轴和立轴的平面）对称，只有在不对称的测量气流作用下才会产生侧力。如图 3-27 所示，当飞机出现右侧滑（指空速 *TAS* 向量与飞机对称平面的夹角）即 $\beta>0$ 时，机尾左偏（垂尾后缘在最左），飞机垂尾左边与相对气流的夹角增大（向垂尾法线方向变化），左边压力比右边增加得大些，相当于飞机产生了向左的侧力。机头的右侧滑导致右边凸度增大，流线谱比左边的流线谱密，根据流体连续性原理和伯努利定理，谱线越密，流速越大，静压越小，机头右边的压力比左边小，产生使飞机机头左偏航的侧力。

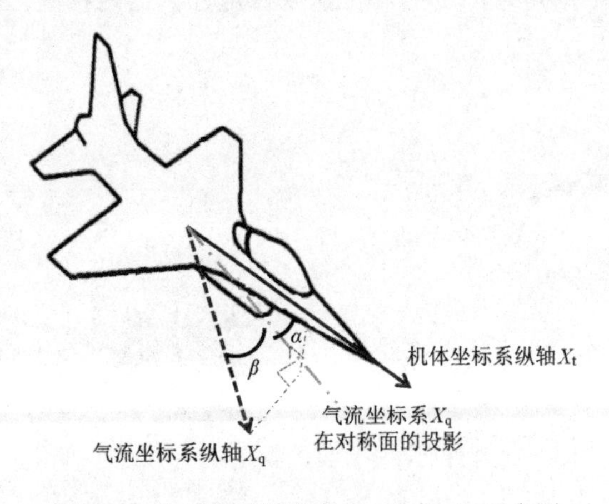

图 3-27　气流角（侧滑角 β、迎角 α）示意图

【结论】右侧滑产生使飞机左偏航的侧力，侧力为负。

当存在侧滑角即当侧滑角 $\beta \neq 0$ 时，对于具有普通气动布局的飞机，由于垂尾和机身的存在不可避免地将产生侧力，其中垂尾为产生侧力的主要部位。

2）驾驶员操纵方向舵偏转而产生的侧力。当飞机需要进行小角度转弯时，驾驶员通过两脚差动前蹬脚蹬控制方向舵偏转，导致垂直尾翼左右两边气动布局不再对称，总空气动力将超机身左边或右边倾斜，形成指向飞机机身两侧的侧力，如图 3-28 所示。

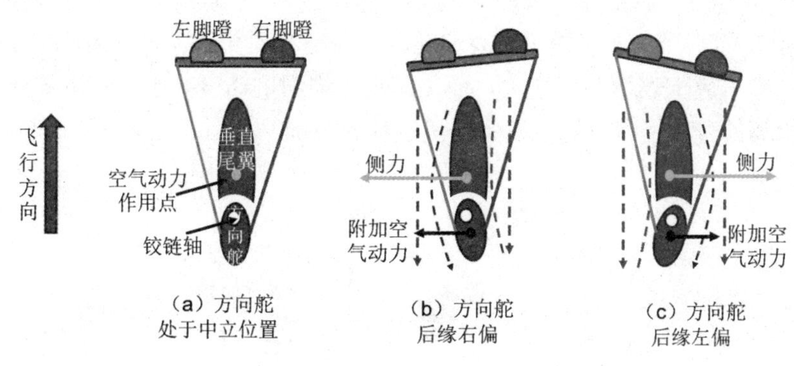

图 3-28　方向舵偏转产生侧力示意图

当驾驶员发出指令使右脚蹬超前移动（蹬右舵），使方向舵后缘右偏（为负），垂尾左边的凸度增大，如图 3-28（b）所示，流线谱密度增大，静压减小，垂直尾翼产生向左的附加空气动力（侧力），导致飞机形成指向机身右边的正侧力，飞机机头向右偏转，形成右侧滑。反之，左脚蹬前移，方向舵后缘左偏，飞机产生左侧滑。脚蹬前移的每一个位移对应着唯一的侧滑角，如图 3-29 所示。

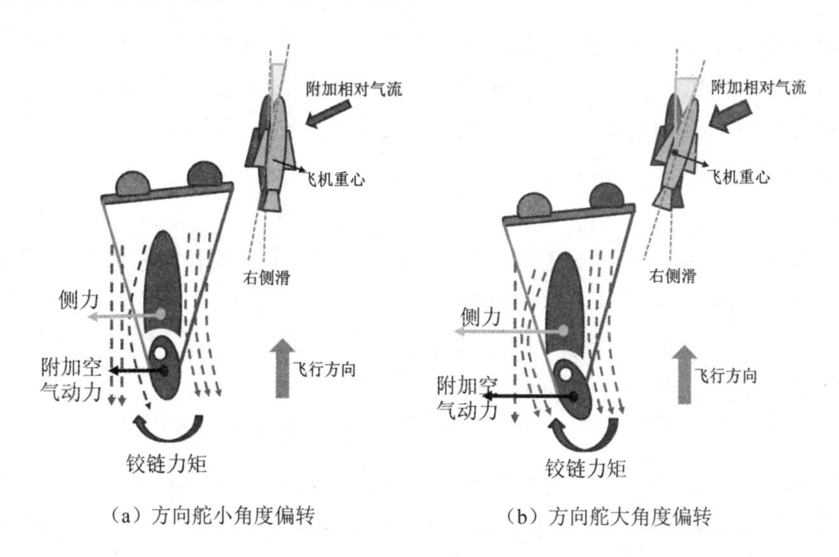

图 3-29　方向舵后缘右偏角度大小与侧滑角大小关系示意图

方向舵后缘偏转产生的附加空气动力绕铰链转轴产生方向舵铰链力矩，阻止方向舵

按照驾驶员操纵指令方向偏转。为了克服铰链力矩，驾驶员必须持续保持脚蹬力来保持方向舵偏转角不变。方向舵偏转角度越大，形成的气动铰链力矩越大，驾驶员输出的脚蹬力也就越大。

（2）横向操纵性分析。飞机的横向操纵性是指飞机驾驶员通过左、右压驾驶杆控制左右副翼差动偏转后，飞机绕机体纵轴旋转改变滚转（倾斜）角度（也称坡度）、滚转角速度等飞行参量的特性。驾驶员通过横向操纵结合方向舵的协调控制可以实现飞机的大角度转弯。

如图 3-30 所示，当驾驶员操纵副翼偏转时，控制右副翼后缘向下偏转，左副翼后缘将向上偏转，右机翼上表面凸度增大，而左副翼上表面的凸度减小。右机翼向上的升力增量大于左机翼的升力增量，飞机发生左滚运动。

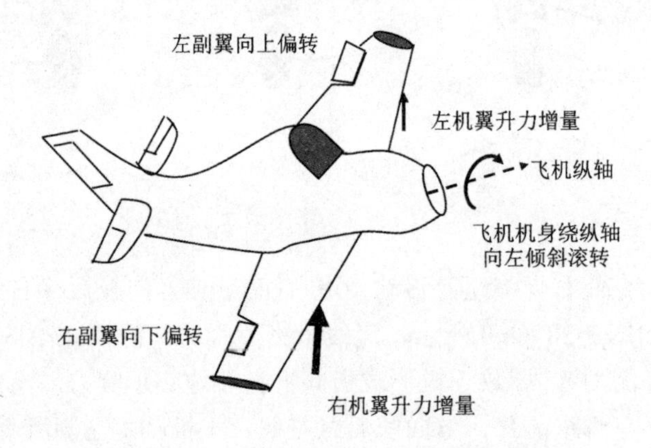

图 3-30　副翼的差动偏转与滚转方向

驾驶员可以通过操纵左右副翼偏转角度的大小和偏转速度控制飞机的滚转方向和滚转速度。通常规定飞机右滚为正，而副翼的偏转为左翼后缘向上、右翼后缘向下为正。

与飞机方向舵偏转角度类似，当飞机发生没有侧滑的滚转运动时，驾驶杆每向左或向右一个角度，都有唯一稳定的滚转角度对应，而且驾驶员左、右压杆速度越快，飞机滚转角速度也越大。

（3）航向操纵性与横向操纵性的相互影响。飞机横向操纵和航向操纵并非独立，而是相互影响的，如图 3-31 所示，当飞机机头受到外来气流扰动发生右滚动作时，整个飞机的空气动力向右倾斜，形成向右的侧力，飞机在该侧力影响下空速向右偏转，即产生右侧滑，同时机头在侧力形成的力矩作用下向右转动（气动焦点位于飞机重心之前），出现右偏航。也就是说飞机的右滚动（倾斜）将引起飞机的右偏航。

当飞机发生右滚运动时，左、右机翼都与迎面气流产生附加的相对运动，形成附加气流，如图 3-32 所示。左机翼等效气流减小，右机翼等效气流增大，也就是右机翼升力增大，左机翼升力减小，整个飞机的机翼形成合力产生飞机滚转运动的阻尼稳定力矩，该力矩总是与飞机的扰动运动或操纵运动方向相反。

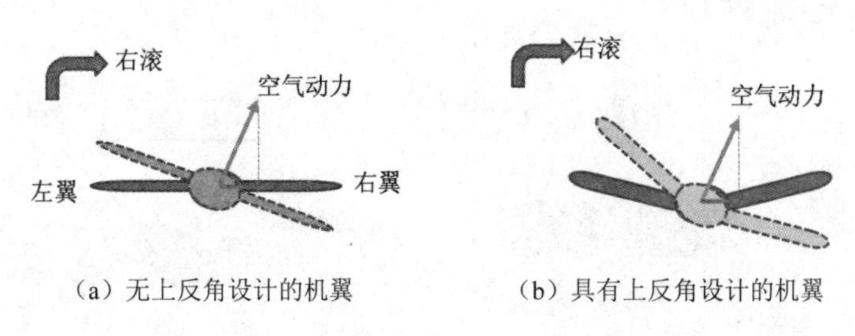

（a）无上反角设计的机翼　　（b）具有上反角设计的机翼

图 3-31　飞机受扰右滚空气动力倾斜示意图

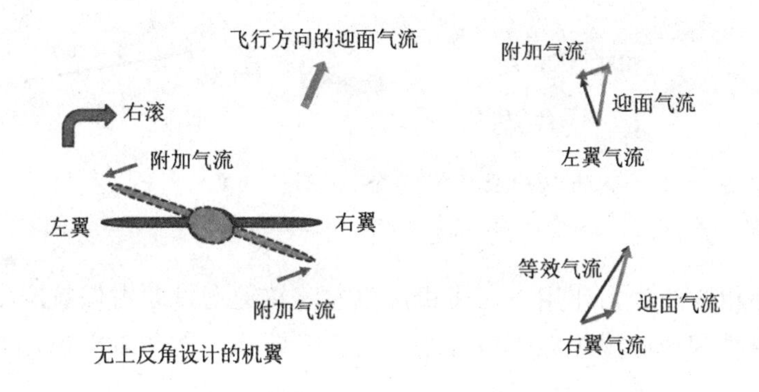

图 3-32　飞机受扰右滚两机翼等效气流大小变化分析

当飞机发生如图 3-33 所示的左偏航运动时，左机翼产生相对于机翼前缘垂直向后运动，产生与实际迎面气流相反方向的附加气流，如图 3-33 所示，等效气流流速减小，左机翼的升力减小。右机翼的迎面侧滑气流同样由于垂直右翼前缘附加气流（提高迎面气流流速）影响，等效流速增大，右机翼升力增大。

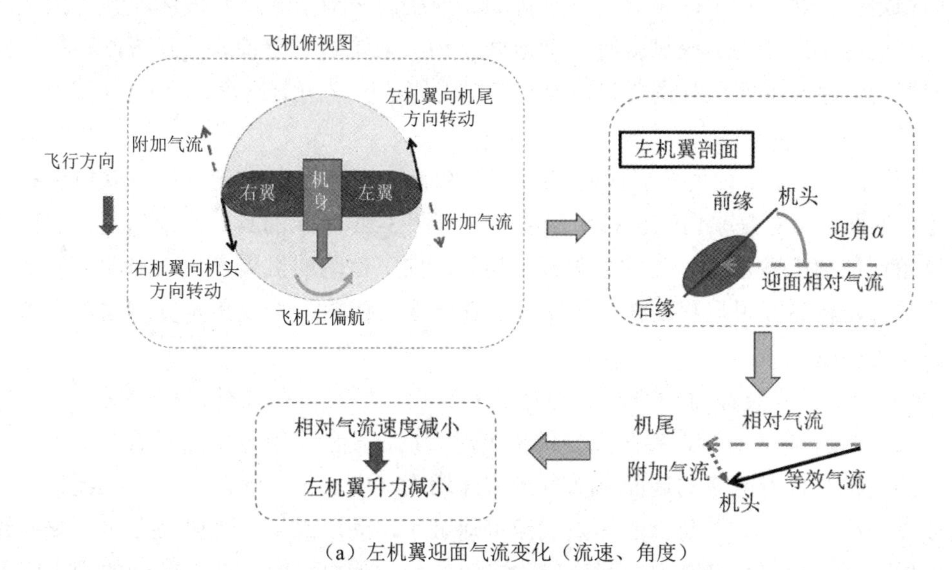

（a）左机翼迎面气流变化（流速、角度）

图 3-33　飞机左偏航后左、右机翼相对气流侧滑角的变化图

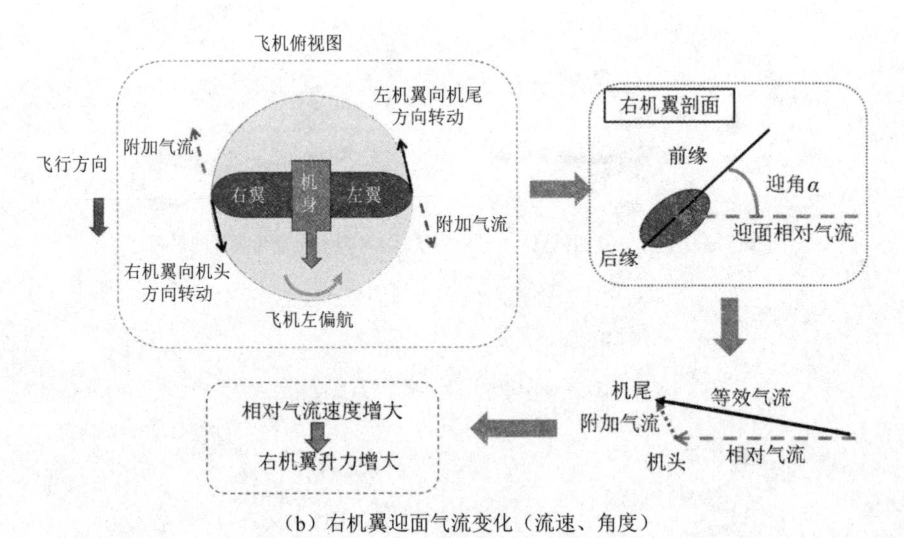

（b）右机翼迎面气流变化（流速、角度）

图 3-33　飞机左偏航后左、右机翼相对气流侧滑角的变化图（续图）

在两机翼不相等的升力作用下，飞机产生左滚转运动，即右偏航产生左滚转。因为飞机航向操纵性和横向操纵性不可分割，飞机横向稳定性和航向稳定性合称横侧向稳定性。

（4）横侧向稳定性分析。飞机的横侧向稳定性分横向稳定性和航向（侧向）稳定性。其中横向稳定性是指在飞行中，飞机受微小扰动而使横向平衡状态遭到破坏，并在扰动消失瞬间，飞机不经驾驶员操纵就具有自动地恢复到原来横向平衡状态的趋势，则称飞机具有横向静稳定性；反之，就没有横向静稳定性。横向稳定性主要保证部位是机翼和垂直尾翼。

航向稳定性是在飞行中，飞机受微小扰动而使航向平衡状态遭到破坏，并在扰动消失瞬间，飞机能不经驾驶员操纵就有自动地恢复到原来航向平衡状态的趋势，则称飞机具有航向静稳定性。飞机上对横侧向稳定性起作用的是机翼的上反角、后掠角以及垂尾。

（5）横侧向稳定性措施。

1）上反角机翼设计对飞机横侧向稳定性的影响。飞机通常情况下都是以抬头姿态水平飞行，迎面气流总是来自飞机机头的前下方。图 3-31 所示的具有上反角设计的机翼与无上反角设计的机翼相比，当发生滚转运动时，向下运动的机翼产生的附加气流更明显，流速更大，机翼的阻尼稳定作用更明显。在一定范围内，上反角角度越大对飞机横向稳定性作用也越大。

2）机翼的后掠式设计对横侧向静稳定性的影响。当飞机在飞行过程中受到扰动出现右偏航时，如图 3-34 所示，参照上反角机翼对飞机偏航的影响分析可以看出，采用后掠翼设计的飞机左机翼前缘的迎面等效气流流速增大（向机翼前缘法线方向靠拢）更明显，动压显著增大，右机翼前缘的等效气流流速减小，动压减小，飞机在左右机翼前缘压力差作用下形成指向机身左方的稳定侧力，该侧力促使机头产生向左转动的稳定阻尼力矩。在安全范围内，后掠角越大，稳定性越高。

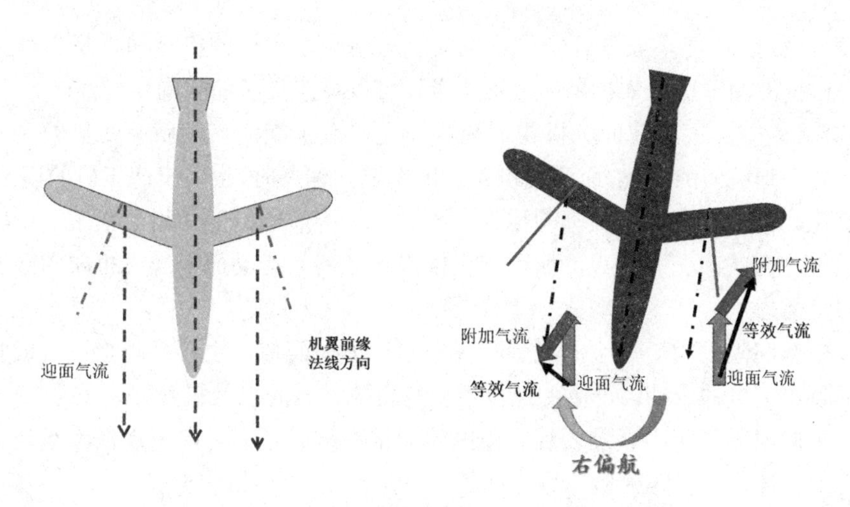

图 3-34　具有后掠翼的飞机等效气流的变化示意图

3）垂直尾翼对飞机横向稳定性的影响。假设飞机在定常直线飞行，受到扰流影响，右翼向下滚转运动时，垂直尾翼顶端也随之向右偏转，如图 3-35 所示，垂直尾翼右表面迎面气流流速明显大于左表面迎面气流流速，使得垂直尾翼右表面受到的空气压力大于左表面的空气压力，两表面的压力差推动垂直尾翼顶端向左偏转，迫使飞机恢复原飞行姿态。

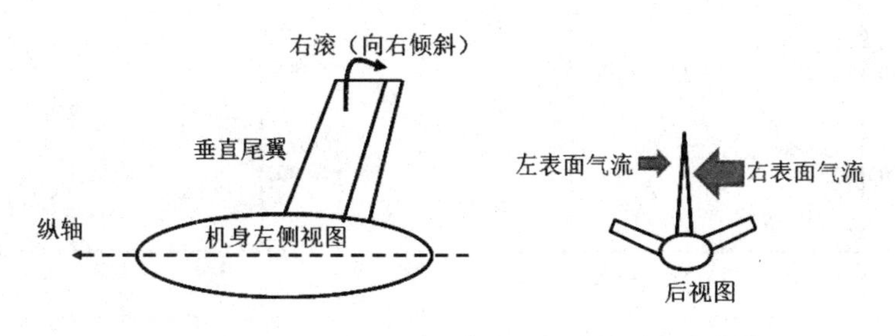

图 3-35　垂直尾翼左右表面在飞机滚转时气流变化

（6）横侧向力矩。在飞机进行横侧向动作时，根据飞机部件对飞机横侧向姿态的影响，可以将横侧向力矩分为：横向操纵力矩、横向稳定力矩、横向阻尼力矩；航向操纵力矩、航向稳定力矩、航向阻尼力矩；交叉力矩。

1）横向操纵力矩。飞机的横向操纵力矩主要发生在飞机执行滚转动作时，产生部位为副翼。通过驾驶员左右移动驾驶杆迫使左、右副翼后缘差动偏转改变两机翼升力增量的大小，从而改变整个飞机的横滚力矩，使飞机实现机身左滚或右滚。

2）横向稳定力矩。当飞机受扰发生横滚（倾斜）时，飞机的机翼和垂尾将产生当前滚转角姿态的稳定力矩。根据前面分析可知机翼的上反角设计可以增强飞机的横向稳定性。

3）航向操纵力矩。飞机的航向操纵力矩主要发生在飞机航向偏离计划航线时，产生部位为方向舵。通过驾驶员脚踩左右脚蹬，迫使方向舵后缘向左、向右偏转改变垂尾两侧空气动力大小，从而改变整个飞机的航向力矩，使飞机实现机头的左、右偏航。

4）航向稳定力矩。当飞机受扰发生偏航运动时，飞机的机翼和垂尾将产生航向稳定力矩。根据前面分析可知机翼的后掠角设计可以增强飞机的航向稳定性。

5）交叉力矩。根据前面分析我们知道当飞机发生横滚（倾斜）姿势的改变时，不可避免地会引起航向的变化，而当飞机受扰出现航向偏离时，也会引起飞机的横滚（倾斜）姿势的变化。这种两者的相互影响称为交叉影响。因航向改变而引起横滚（倾斜）姿势变化的力矩称为航向交叉力矩，而因飞机横滚（倾斜）运动而引起飞机航向改变的力矩称为横向交叉力矩。

飞机横侧向阻尼力矩产生的原因与纵向阻尼力矩类似，主要是阻止飞机横侧向的摆动，但不阻止飞机的运动，产生的部位主要是机翼、垂尾以及机身。

（7）横侧向不稳定因素及表现。横侧向稳定性被破坏后可能出现横滚运动、荷兰滚运动以及螺旋运动。影响横侧向稳定性的因素主要是马赫数、迎角。

1）马赫数的影响。飞机处于亚声速阶段，横向稳定性基本不随 *Ma* 变化，在跨声速阶段，稳定性先增强再减弱，变化比较剧烈，超过声速较多后，稳定性随马赫数增大而减小，如图 3-36（a）所示。航向（侧向）稳定性与横向稳定性相似。

2）迎角的影响。飞机的横向稳定性在飞机处于小迎角飞行时较差而处于大迎角飞机时增强。而飞机的航向（侧向）则是在飞机处于大迎角飞行时减弱，如图 3-36（b）所示。

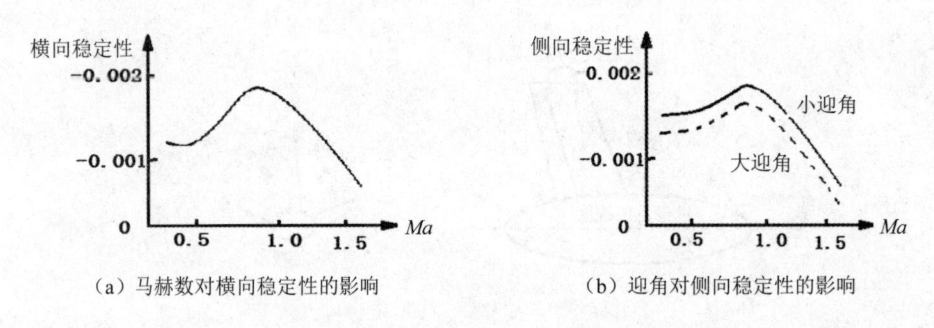

（a）马赫数对横向稳定性的影响　　（b）迎角对侧向稳定性的影响

图 3-36　马赫数、迎角对飞机横侧向稳定性的影响

横侧向不稳定性的表现形式如下所述。飞机横侧向受到外界扰动的瞬间初期，因其外形结构（面对称结构）导致飞机的横滚转动惯量比偏航转动惯量要小，飞机更容易产生滚转运动，不容易产生偏航运动，同时常规布局的飞机其滚转阻尼通常都较强，其扰动运动主要表现为快速衰减的横滚阻尼运动，属于短周期运动。

当进入扰动瞬间中期后，飞机的横滚阻尼运动基本结束，扰动运动首先表现为滚转角轨迹周期变化，然后偏航角以及侧滑角也随时间周期性变化，飞机将进行如图 3-37 所示的荷兰滚运动，其主要现为横侧飘摆。所谓荷兰滚就是当飞机在升力大于重力时，机翼呈现规律性、大幅度摇摆，从飞机后面看就像钟摆一样，从飞机上面看呈蛇行路线，类似荷兰人滑雪时的运动模式，此时飞机的横滚稳定性强于偏航稳定性。其主要原因是飞机横侧向总动力矩的不平衡使飞机产生与外动力矩同极性的倾斜运动，该倾斜方向导致飞机受到的外动力随之同方向倾斜形成沿飞机机身向左或向右的侧力，而侧力的出现必然使飞机机头产生与之同极性的侧滑运动。根据前面知识可知，正向侧滑产生反向侧力，在该反向侧力的作用下飞机将产生与侧滑极性相反的倾斜和偏航运动；如此往复，导致飞机的飞行轨迹呈现弯曲的 S 型，也就是通常所说的荷兰滚（荷兰人滑雪的动作）运动，该运动周期短、参数变化快，驾驶员基本上无法干预，飞机最终只能靠自身较好的阻尼恢复其稳定的横侧向稳定运动状态。

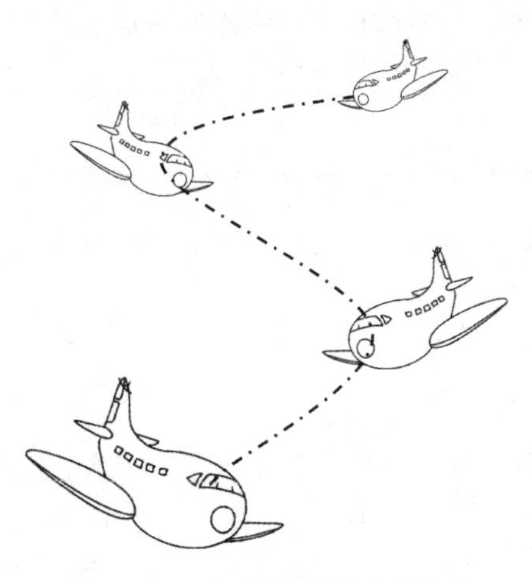

图 3-37　飞机的荷兰滚运动模式

当飞机进入扰动瞬间后期，飞机首先出现偏航角轨迹的长周期运动模式，然后才出现飞机的滚转角缓慢单调变化，则飞机可能进入螺旋运动状态，如图 3-38 所示。所谓螺旋运动是指当飞机的偏航稳定性强于横滚稳定性时，飞机飞行轨迹呈现的飞螺旋线现象，且螺旋线的直径不断减小，直至进入尾旋，该运动需要驾驶员强制干预才能恢复横侧向稳定运动状态，否则飞机将不可避免地进入尾旋运动状态，如图 3-39 所示。

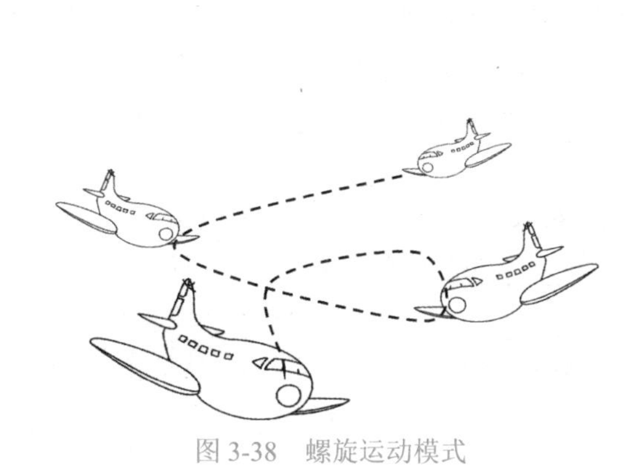

图 3-38　螺旋运动模式

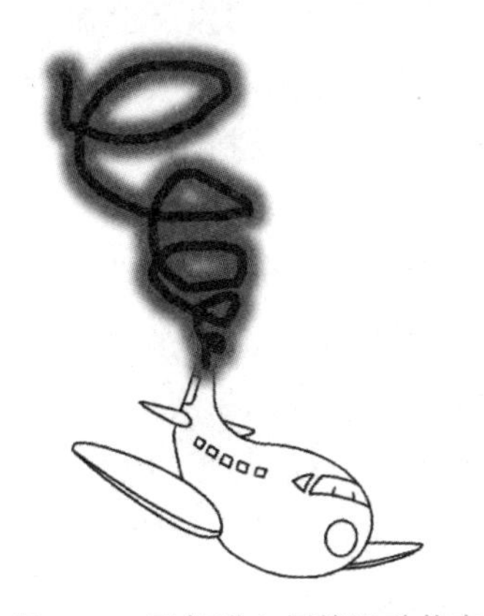

图 3-39　飞机进入尾旋运动状态

任务实施

根据以上内容，完成工卡 3-1。

考核评价

表 3-2　任务 1 考核评价细则

评分项	要求	分值 / 分	备注
学习资料浏览	要求阅读“飞机电子设备资源库”——“飞行控制系统与维护”课程的关于“飞机操纵性与稳定性分析”环节的学习资源	30	（1）要求提交作业或测验。 （2）要求提交相关笔记
工卡 3-1	正确填写工卡 3-1	40	
团结协作	积极参与资源库平台互动讨论；课上积极回答问题	30	

思考与练习

做一做

1．飞行操纵系统主要完成对飞行器的 __________、__________ 和 __________ 控制。

2．飞机的人工操纵系统通常由 __________ 装置和 __________ 两部分组成。其中 __________ 装置位于驾驶舱内，由驾驶员直接操纵，包括 __________ 操纵机构和 __________ 操纵机构两部分。

3．传统飞行操纵系统的传动机构主要采用 __________ 传动和 __________ 传动。

4．飞机的稳定性是指飞机在飞行中 ______________________________ 的能力，分静稳定性和动稳定性。静稳定性是飞机在 ____________________ 作用下偏离平衡状态时，在 __________ 时期产生恢复力矩，使飞机具有 ____________________ 的能力。动稳定性是指飞机在 ____________________ 作用下能自动恢复 __________ 状态的能力。

5．飞机的气动焦点也称为 __________ 中心，是 __________________ 作用点。

6．根据飞机的空气动力判断动力力矩方向时可以采用 __________ 方法，掌心面对 __________，大拇指平行于 __________，四指弯曲的方向即为该力产生的力矩方向。

7．所谓飞机的配平，就是保持飞机沿机体坐标轴方向的 __________ 平衡，从而确保飞机飞行过程中的 __________ 性。

8．纵向稳定性被破坏后的纵向运动主要表现为 __________ 变化和 __________ 变化两个部分，因此纵向稳定性也分为 __________ 稳定性和 __________ 稳定性。

9．产生纵向稳定力矩的主要部位是 __________。

10．当飞机超声速飞行时，机翼的气动焦点将朝 __________ 方向移动。

看一看

1．飞机舵面面积越大，飞机的操纵性越好。（　　）

2．同一架飞机在任何时候任何状态下气动焦点位置都不变。（　　）

3．民航飞机都是具有常规气动布局的飞机。（　　）

4．同等条件下，飞机的操纵性越好，飞机的稳定性越差。（　　）

5. 荷兰滚运动属于飞机横侧向的标准运动。（　　）

6. 飞机的横向稳定性和侧向稳定性都是在飞机处于小迎角飞行时较差而处于大迎角飞机时增强。（　　）

7. 飞机的左侧滑将引起左滚转（倾斜）运动。（　　）

8. 飞机的垂尾产生的空气动力力矩属于静稳定力矩。（　　）

9. 横向力矩包括横向操纵力矩、横向稳定力矩、横向阻尼力矩以及横向交叉力矩。（　　）

10. 影响飞机纵向、横侧向稳定性的因素主要是马赫数、迎角。（　　）

试一试

根据通常规定和飞行员驾驶指令完成表 3-3。

表 3-3　飞行操纵指令与飞行姿态的关系

驾驶员指令	方向与极性		舵面偏转和极性		飞行姿态	
	极性	方向	舵面偏转	极性	方向	极性
前后推拉驾驶杆	正					
	负					
左右压驾驶杆	正					
	负					
左右前踩脚蹬	正					
	负					

想一想

1. 飞机增强纵向稳定性的措施有哪些？

2. 什么是静不稳定性布局？目前服役的飞机哪些是静稳定性布局，哪些是静不稳定性布局？

3. 上反角和下反角机翼对于增强飞机横侧向的性能作用是一样的吗？前掠翼和后掠翼呢？

4. 当飞机从亚声速飞行变为超声速飞行时，飞机的迎角如何变化？俯仰角如何变化？

任务 2　典型驾驶员操纵控制装置的拆装与维护

任务描述

飞行控制系统属于机电一体化的综合控制系统，其设备能遇到的危害元器件的情况有几种，如设备的磨损、设备的腐蚀，当然不可避免地会遇到电气设备、电子设备的信号传输故障或电气参数不标准的问题。在飞行控制系统典型设备的维护工作中占大比例的是设备的磨损现象，通常表现为金属磨损，如齿轮和连杆之间（磨损将导致驾驶员指令数据传递精度的降低）；而设备的腐蚀主要是水气的腐蚀（最常见）、大电流的通过或火花造成的，如继电器的触点的腐蚀以及外场经常受天气影响的部分（如起落架）的腐蚀等。

为了准确对设备进行维护，需要从以下几个方面了解设备的使用情况。

1. 飞行控制系统设备在空中的工作情况

飞行控制系统设备在空中的工作情况包括飞行控制系统在空中的工作状态，各种指示器、信号灯的工作情况，即操作飞行控制系统的情况；必要时还需要了解飞行中的飞机高度、相对目标的位置以及当时的气候条件。

2. 飞行控制系统设备的外部状况

通过观察外部，检查电缆插销是否松脱、保险管是否松动或熔断等以发现设备故障；有的外部缺陷如减振垫不好易损坏角位移传感器、机器外壳变形会导致内部元件或电路短路等。还需关注经常活动、容易松动的部分等。

3. 飞行控制系统设备的工作情况

特殊故障可能必须在飞机飞行中显现，但大部分故障在地面通电检查时就可发现。通过运用仪表设备（如电流表、电压表、各种指示器）测试数据，结合眼看、手摸、耳听、鼻嗅等方法发现故障。

4. 飞行控制系统设备的历史情况

查看履历表和工作日记，了解本设备曾发生哪种故障，哪些部位容易发生故障以及故障特点和排除情况；是否刚做过定期检修、拆装过机器、调整过性能数据，以便结合可能出现的故障预兆进行定性分析。

任务要求

（1）了解飞行控制设备维修的一般方法。

（2）了解驾驶员典型操纵装置及附件的基本工作原理。

（3）了解驾驶员典型操纵装置及附件的维护方法。

知识链接

1. 驾驶员操纵指令传感器

驾驶员传感器属于位移传感器。位移传感器是把物体的运动位移转换成可测量的电学参数的装置。现在飞机上常用的位移传感器根据工作原理可分为电位计式位移传感器（RVDT）、差动变压器（电感式）位移传感器、电容式位移传感器（如油量信号器）、自整角机等；按照运动方式分可分为直线位移传感器、角度位移传感器等。我们这里只关注差动变压器位移传感器（LVDT）和电位计式位移传感器（RVDT）。

（1）差动变压器位移传感器（LVDT）。差动变压器位移传感器（LVDT）基于变压器原理，主要由一个线框和一个铁芯组成。在同一线框上绕有一组一次（初级）输入线圈和两组次级输出线圈，并在线框中央圆柱孔中放入铁芯，如图3-40所示。当一次线圈加以适当频率的电压激励时，根据变压器原理，在两个次级线圈中就会产生感应电势，此时若铁芯向左或向右移动，在两个次级线圈内所感应的电势一个增加一个减少。如果输出线圈接成反向串联，则传感器的输出电压等于两个次级线圈的电势差。当铁芯位于中央时，传感器的输出电压为0，当铁芯移动偏离中心位置时，传感器输出电压与铁芯偏离中心位移成正比。

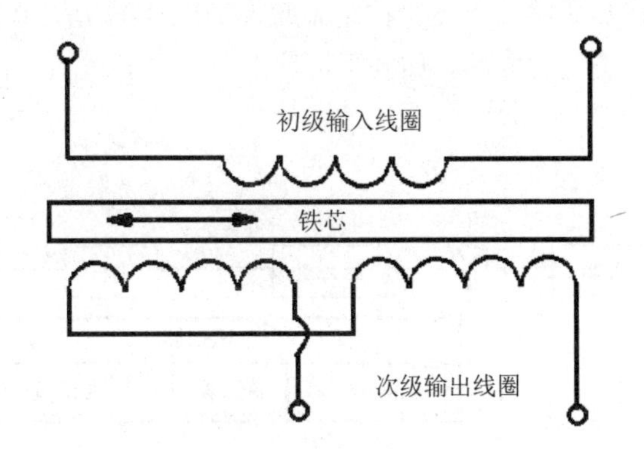

图3-40　差动变压器位移传感器原理结构

（2）电位计式位移传感器（RVDT）。飞机的中央操纵装置中油门杆、驾驶杆等装置以及副翼、平尾、方向舵等舵面上都配备了电位计式位移传感器。电位计式位移传感器的敏感元件采用精密线绕电位器绕组，当某活动机构被输入指令操纵产生角位移时，操纵连杆带动传感器上的电刷在电位器绕组产生相应的角位移，使其输出与角位移成正比的电压。如图3-41所示，图中加粗线段为控制装置可运动的范围，两端都有限定装置。

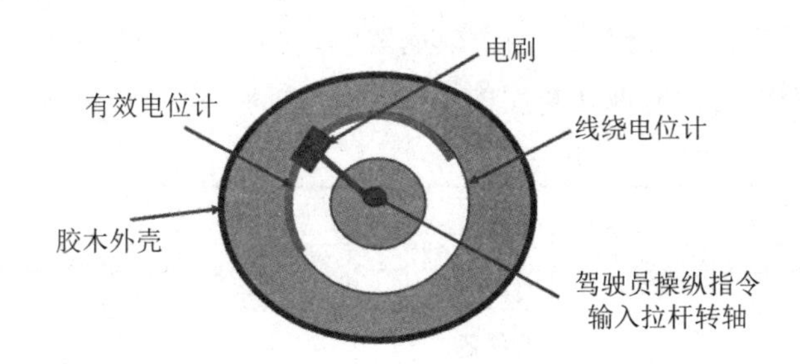

图3-41　电位计式位移传感器内部结构示意图

2. 涡电流阻尼器

当飞机驾驶员操纵驾驶杆前后、左右移动控制副翼、升降舵偏转时，考虑到驾驶员

操纵过程，例如推、拉杆时，若用力过猛，可能会产生纵向短周期的振荡，即所谓的纵向点头而影响飞行品质，为保证操纵具有良好的阻尼特性，驾驶杆系统在俯仰和横滚方向各配置了一个涡电流阻尼器，来提供阻尼。

同时随着飞行速度与飞行高度的变化范围（飞行包线）不断扩大，飞机的性能也会急剧变坏。随着高度的增加，空气越来越稀薄，导致飞机自身的阻尼力矩越来越小（静压减小），使飞机出现摆动现象。为改善飞机及机上测量设备的角运动性能，阻尼增稳设备成为机上测量、驱动装置必不可少的机构。

（1）阻尼系统。所谓阻尼系统，是以飞机姿态角运动（角速度、角加速度）作为反馈信号，稳定飞机的姿态角速率，增大飞机运动的阻尼，抑制振荡，从而改善飞机三个轴向的短周期运动飞行品质的简单飞行控制系统，如图 3-42 所示。阻尼器与飞机（不是飞行控制系统）构成姿态稳定回路，如同阻尼比改善了的新飞机，称为飞机—阻尼系统，简称阻尼系统。

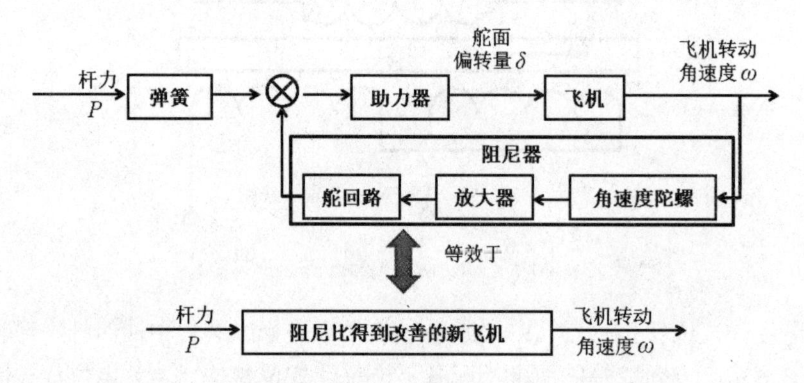

图 3-42　阻尼系统原理框图

飞机的角运动通常可以分解为绕机体坐标系三轴的角运动，因而阻尼器分俯仰阻尼器、倾斜阻尼器和偏航阻尼器。

如图 3-43 所示，阻尼器一般由角速率陀螺、飞行控制计算机（含高通滤波网络、放大器）、舵机和舵面（舵回路）组成。图中阻尼器的反馈控制系统来源于飞机的姿态角速度，经过计算处理后输出驱动舵偏转角度的电信号。

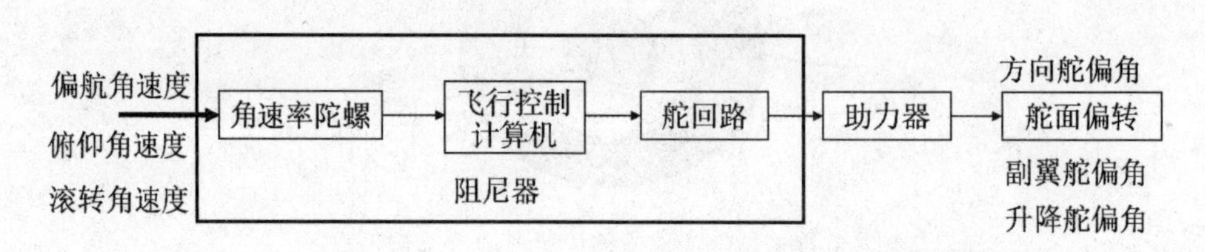

图 3-43　阻尼器的基本组成

（2）涡电流阻尼器。涡电流阻尼器是利用电磁作用原理产生阻尼效应。所谓涡流就是当缠绕在金属导体上的线圈中通以交变电流（或带电线圈靠近金属物体时），相当于闭合电路的部分导体在做切割磁感应线运动，使得金属中产生感应电流，如图 3-44 所示。由于线圈中的导体在圆周方向可以等效为一圈圈的闭合回路，在闭合回路中的磁通量在不断变化，因此导体的圆周方向也会产生感应电动势和感应电流，电流方向沿导体的圆周方向转圈，就像一圈圈的旋涡，这种现象称为涡流现象。

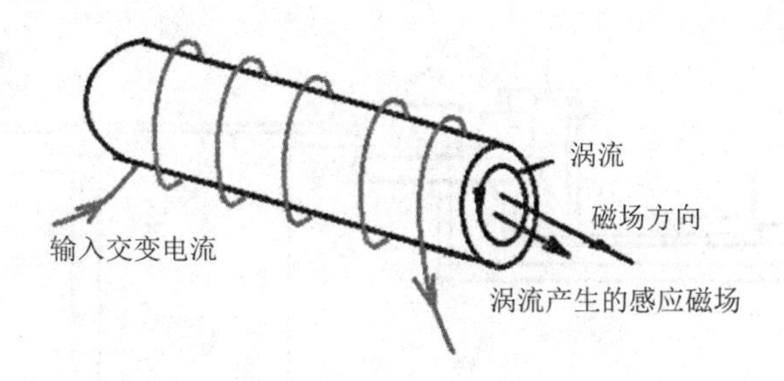

图 3-44　涡电流产生原理

当驾驶员操纵驾驶杆前后或左右移动时，驾驶杆通过连杆和摇臂与涡电流阻尼器的输入轴相连，将驾驶员指令经齿轮增速器放大加速后，带动涡电流阻尼器的金属阻尼杯在稀土永磁体产生的磁场中旋转，使阻尼杯在磁场中切割磁力线产生感应电动势，形成涡电流。该涡电流与磁场作用，产生与转速成正比的阻尼力矩，经增速器放大作用在驾驶杆上，阻尼驾驶杆的移动。

3. 操纵力感觉装置

某些大型飞机如现代运输机进行飞行操纵时一般采用主舵面操纵系统，驾驶员发出的仅仅是操纵信号，为防止操纵过量，系统中设置操纵力感觉装置，提供定中力和模拟感力。根据工作原理，操纵力感觉装置可以分为弹簧式感力定中装置（载荷机构）和动压式感力装置两大类，除此以外操纵力感觉装置还包括感力计算机等组件。

以动压式感力装置为例，驾驶员或舵机在操纵舵面时，为保持飞机的飞行姿态或飞行状态，需要克服因舵面偏转引起空气动力产生附加相对运动所造成的气动负载即铰链力矩。铰链力矩与舵面的气动布局、马赫数、迎角（或侧滑角）以及舵面的偏转角都有关系。在舵面的气动布局一定的情况下，相同的舵面偏转角产生的铰链力矩随飞行状态而改变，即飞机的动压越大，驾驶员操纵舵面偏转需要克服的铰链力矩也越大，也就是说当飞行高度一定时，飞行速度增大，感力越大；飞行速度一定时，高度增大则感力随空气密度减小而减小。图 3-45 所示为某型战斗机的动压式感力装置。

1）力臂调节器。力臂调节器用来使飞机在整个飞行范围内获得良好的操纵性，属于电动舵机装置，随飞机的飞行速度和高度的变化自动改变驾驶杆至平尾和驾驶杆至弹簧载荷机构之间的传动比。具体的应用在后面学习。

2）载荷机构。载荷机构（最简单就是弹簧）确保驾驶员在操纵飞机时有力的感觉，在松开驾驶杆时使驾驶杆自动准确回中，同时克服纵向舵机的反传力。

3）动压式感力装置工作原理。图 3-45 中空速管及周围组件构成如图 3-46 所示的动压式感力装置，当某飞机在同一高度加速飞行时，静压基本不变，全压随飞行速度的增大而增大，使得活塞两边的压力差改变，活塞杆向右产生位移，带动摇臂绕转轴逆时针转动，带动驾驶杆下端向右移动，使驾驶杆绕转轴产生逆时针运动，驾驶员就可以根据驾驶杆的运动趋势进行纵向控制。

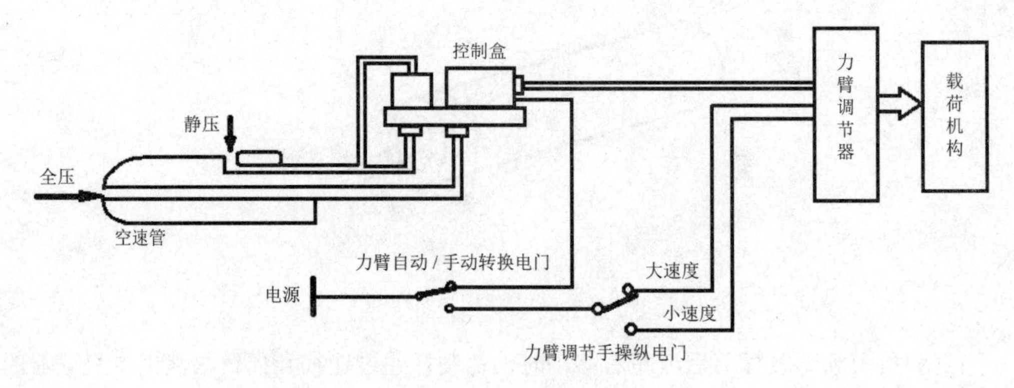

图 3-45　动压式感力装置

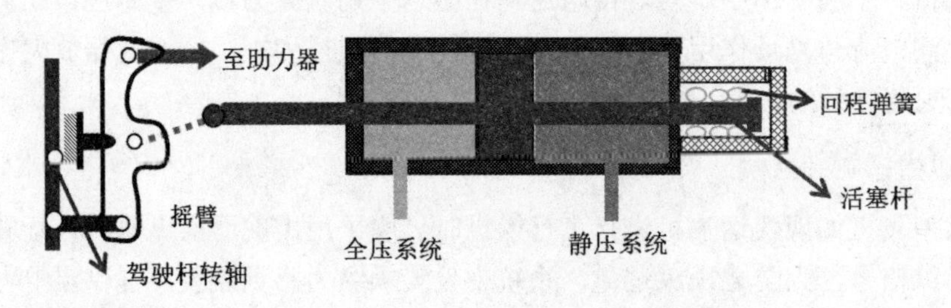

图 3-46　动压式感力装置原理结构图

4）感力计算机。感力计算机提供的模拟感力与舵面气动载荷成一定比例，感力随飞行速度、高度和舵偏角变化，较为真实，常用于升降舵操纵系统中，其输入输出信号如图 3-47 所示。

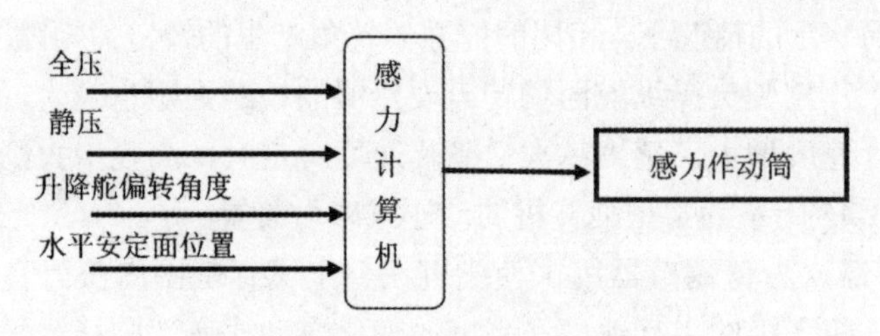

图 3-47　感力计算机输入输出信号

任务实施

图 3-48 所示的角位移传感器需要进行维修，请仔细阅读以上内容，完成工卡 3-2。

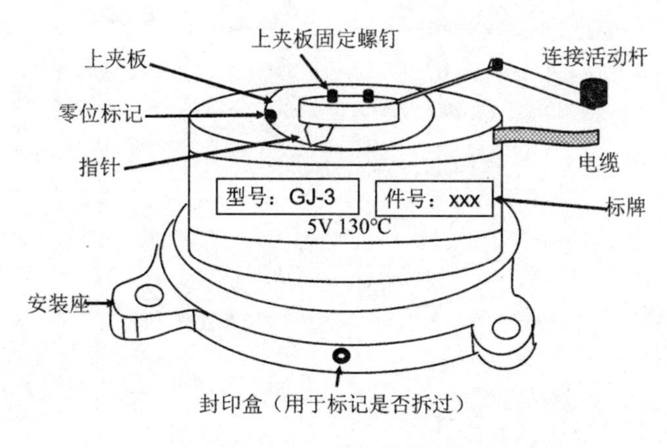

图 3-48 角位移传感器

考核评价

表 3-4 任务 2 考核评价细则

评分项	要求	分值 / 分	备注
学习资料浏览	要求阅读“飞机电子设备资源库”——“飞行控制系统与维护”课程的关于“飞驾驶员操纵装置的维护”环节的学习资源	30	（1）要求提交作业或测验。 （2）要求提交相关笔记
工卡 3-2	正确填写工卡 3-2	40	
团结协作	积极参与资源库平台互动讨论；课上积极回答问题	30	

思考与练习

想一想

1. 驾驶员操纵装置及附件维护前应注意什么？
2. 涡电流阻尼器的工作原理是什么？
3. 人感装置的作用是什么？定中机构的作用是什么？

随手笔记

舵面伺服驱动设备及维护

项目导读

图 4-1 所示为某型战斗机横向操纵系统，驾驶员人工操纵指令和自动驾驶仪飞行控制计算机输出指令通过复合机构（摇臂）综合后，液压助力器放大后直接控制左、右两边副翼差动偏转，实现飞机横向姿态的控制。图中调整片效应机构为电动机构，驱动铰链在机翼后部的调整片，用于横向力矩的配平；横向舵机采用电液复合舵机机构，主要用于自动飞行控制时接收系统的控制指令驱动舵面的偏转。当进行人工操纵时，舵机被锁住可视为硬式拉杆，带动助力器的滑阀打开或关闭油路，对驾驶员操纵杆力进行功率放大以便驾驶员很轻松地操纵舵面的偏转来控制飞机的飞行状态。

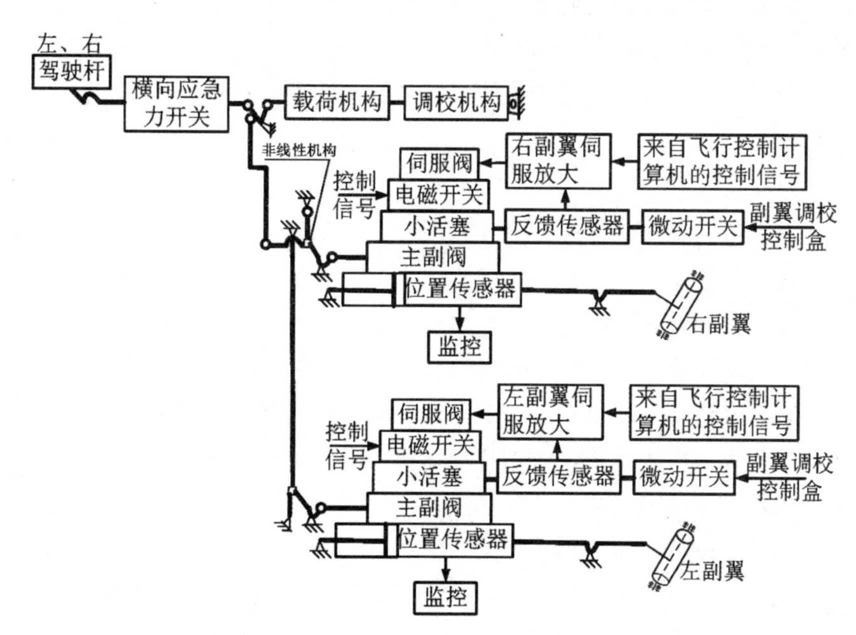

图 4-1　某型战斗机横向操纵系统

根据图 4-1 可知，舵面的偏转既接收人工操纵命令，也能接收自动飞行控制系统的指令，通常我们称驱动舵面偏转的系统为舵面伺服驱动系统。带助力器的飞机主操纵系统框图如图 4-2 所示。根据系统框图可以看出不管是人工操纵系统还是自动飞行控制系统，都需要液压系统提供能源驱动主操纵舵面的偏转，我们称之为液压助力系统。对于舵面而言，直接驱动舵面的信号来自结合了驾驶员指令信号以及当前飞机的飞行状态信号的飞行控制计算机信号。

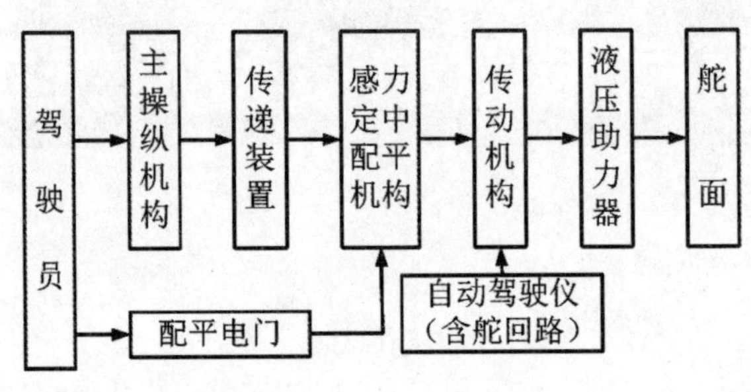

图 4-2　带助力器的飞机主操纵系统框图

教学目标

能力目标

★具备舵面伺服驱动设备典型故障分析能力。

★具备维护电动舵机的职业能力。

★具备维护电液复合舵机的职业能力。

★了解舵面伺服驱动系统典型设备及附件的维护工艺。

知识目标

★理解舵回路的分类及实质。

★理解电动舵机的一般组成及应用。

★了解液压助力系统的组成及特点。

★熟悉电液复合舵机的一般组成及应用。

★了解配平系统的作用，理解并联舵机的特点及应用。

★理解串联舵机的特点及应用，了解串联舵机操纵权限的含义。

★了解阻尼系统、增稳系统、控制增稳系统的联系，熟悉控制增稳系统的发展。

★了解电传操纵系统的组成及典型技术。

★了解光传操纵系统的组成及优越性。

素质目标

★培养“按技术资料、工艺文件办事”的职业习惯和“遵章守纪”的职业素养。

★培养学生的民族自豪感。
★培养学生的团结协作精神。

任务 1　液压助力器的结构与维护

任务描述

自古以来就有“读万卷书，行万里路”的说法，特别是现代，旅游、出差成为司空见惯的事实。为满足市场需要，飞机不仅走入各行各业，也成为人们出门远行的首选快捷运输工具。飞机不仅用作商用运输工具，还成为援救、侦察、喷洒农药等行业的强力辅助帮手，飞机驾驶员在操纵飞机的同时还需要承担的其他任务也越来越多样化。为提高飞机驾驶员的工作效率，自动飞行控制系统逐渐取代人工操纵系统，帮助驾驶员逐渐脱离飞行控制这一项繁重的工作，只需在监控飞机的飞行状态的同时完成其他简单任务。自动飞行控制系统怎样控制舵面偏转？它与人工操纵系统怎样实现共存却不互相干扰？自动飞行控制系统与液压助力系统的关系如何？液压油如何进入助力器？

任务要求

（1）了解液压助力系统的组成及作用。
（2）了解液压助力器的功能结构及工作原理。
（3）了解液压助力器的主要分类及应用。

知识链接

液压助力器基础认知

1. 液压助力系统

液压助力系统作为飞机的肌肉组织，与作为飞机心脏的发动机共同为操纵系统提供能源。液压助力系统将飞行控制系统的驱动信号放大后对舵面的偏转进行方向控制、位移控制以及速度控制，确保某些需要作用力大和快速动作的部件正常运转，促使飞机的飞行操纵正常工作。

飞机液压系统通常由高压油箱组件、液压泵、控制阀门、油滤（滤网）、电信号控制电路等组成，如图 4-3 所示。图中节流阀用于实现液压系统的油压控制，通过节流阀开孔大小控制高压油的油量；溢流腔实现对高压油压力的控制，当油路中高压油压力过大，高压油将通过溢流腔回流至高压油箱；电磁换向阀实现对高压油流入伺服驱动装置的方向控制，该图中电磁换向阀为双向电磁阀，确保高压油能根据输入电信号极性通过相应油路流入执行机构内活塞的左、右油腔。

图 4-3 中的液压泵用于实现机械能或电能到液压能的转换，目前常用的液压泵有齿轮泵（主要用于中低压、小流量系统，结构简单、体积小、重量轻、可靠性高）和柱塞

泵（常用于中高压、大流量系统，流量可调节）两大类。

电信号控制电路包括电磁活门和伺服断开控制电路，主要实现对助力器、舵机等执行机构（或伺服驱动机构）工作状态的接通 / 断开控制。根据被控制高压油进入伺服机构的参量不同，可将电磁活门或控制阀门分为压力控制阀、流量控制阀、方向控制阀等。

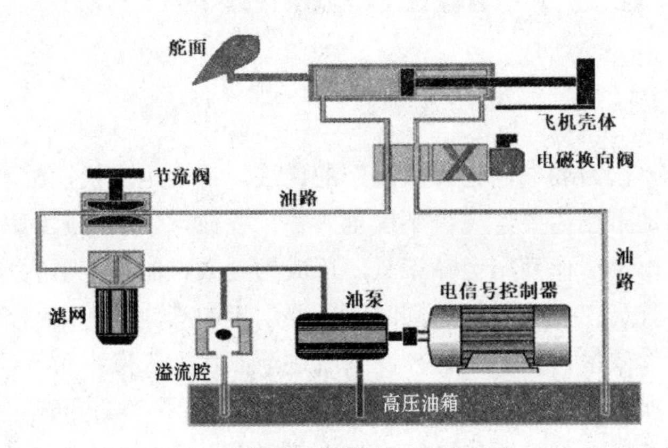

图 4-3　模拟液压系统原理结构

油滤主要用于避免高压油被金属或其他杂质污染以免影响液压助力系统的工作性能。

液压助力系统的实质就是实现能量转换，利用液压油的不可压缩特性将驱动机构的机械能（如驾驶杆的扭矩和转速）转换成液压能（如液压压力或流量），再经过液压系统内部的执行机构将液压能转换成机械能，输出驱动力和驱动速度，推动被操纵对象（如活动舵面）偏转，最终实现对飞机姿态的控制。图 4-4 所示为典型的液压助力式舵面伺服驱动系统。

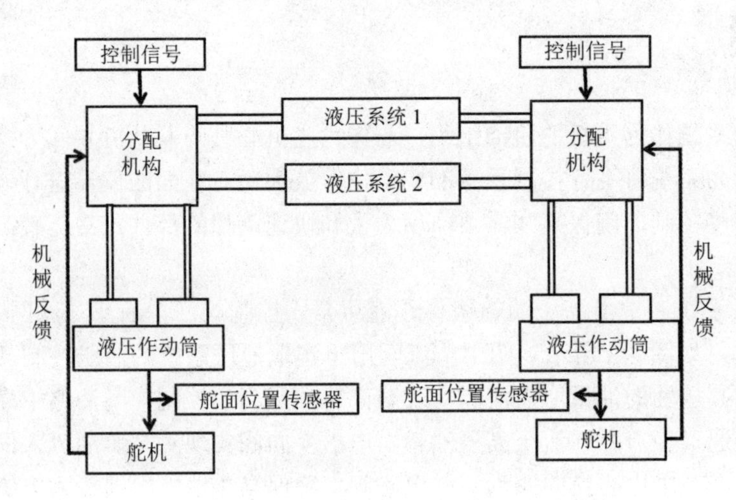

图 4-4　某飞机的液压助力式舵面伺服驱动系统

在早期的飞机发展史中，飞机速度较慢，机型较小，飞机舵面的偏转只需驾驶员的体力就能克服铰链力矩，其操纵信号和操纵力同时由机械传动机构直接传递到舵面使其按要求偏转，如图 4-5 所示。

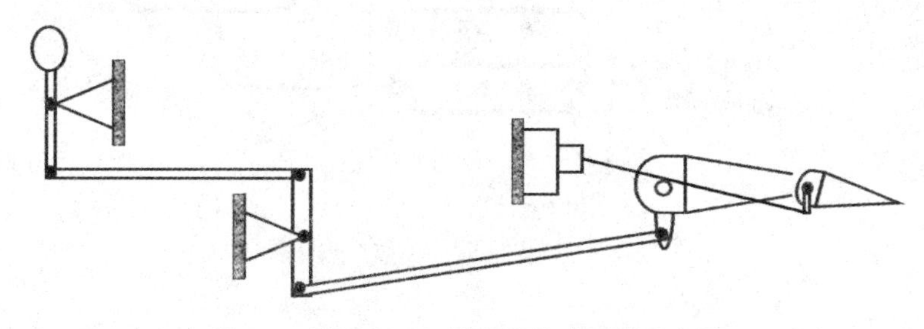

图 4-5　简单人工机械操纵传动系统示意图

随着飞行包线的扩大，民航事业的发展，军事战争需求的提出，飞机机翼或平尾面积比早期飞机扩大了很多，这就需要更大的操纵力才能实现飞机舵面的偏转，驾驶员的体力已经不足以满足较长时间的飞行任务要求，助力机械式操纵系统逐步取代了简单机械操纵系统，如图 4-6 所示。

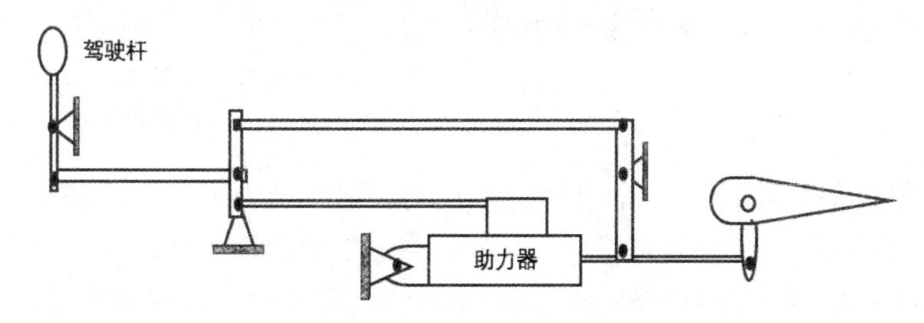

图 4-6　简单可逆式助力操纵传动系统示意图

内反馈式液压助力器的工作过程

可逆式助力器与不可逆式助力器

外反馈式液压助力器的工作过程

2. 液压助力器

（1）液压助力器基本组成。助力器利用外部能源（如液压能、电能等）将驾驶员的操纵指令放大到舵面，其信号流程如图 4-7 所示，其功能结构主要包括控制机构和传动机构两大部分。对于液压助力器而言，其控制部分起两个作用：一是驾驶员操纵指令对液压油输入油路进行控制；二是舵面运动（角位移或角速度）反馈信号与驾驶员操纵指令信号比较、运算后形成运动偏差信号。根据控制信号的来源，可将控制机构分为分配机构和反馈比较机构；传动机构在助力器综合输入指令（驾驶员操纵指令 + 反馈比较后形成的运动偏差控制指令）作用下相对于助力器的固定端产生相对运动，带动与之相连的舵面偏转。

综上所述，液压助力器按照功能模块由分配机构、反馈比较机构和执行机构组成，如图 4-8 所示。其中分配机构分配油路和改变滑阀开度，同时具有功率放大的作用；执行机构将液压能转换为机械能带动负载运动；反馈比较机构反馈输出信号，并对输入、输出信号进行比较，使负载的位移量能符合操纵指令要求。

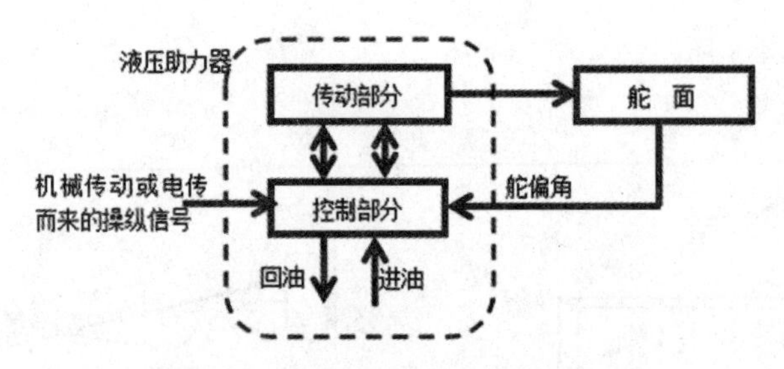

图 4-7　助力器简单工作原理框图

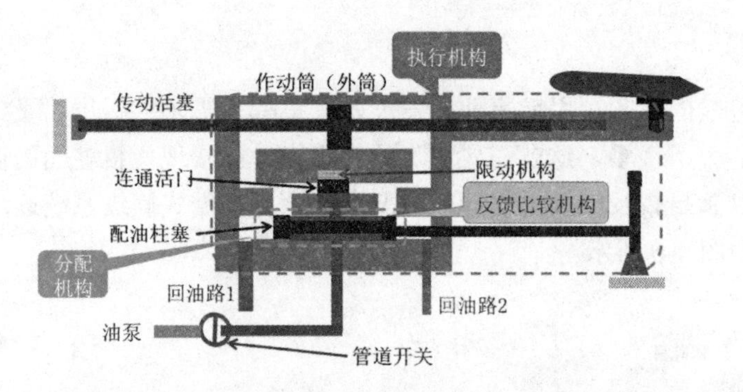

图 4-8　驾驶杆处于静止中立位置时，助力器活塞左右压力关系

助力器的控制信号通常来源于机械传动系统或电传系统传递而来的控制信号（机械位移信号或电信号）。助力器的控制信号分两路进入液压助力器，其中一路控制助力器电磁阀或其他控制开关，另一路与液压助力器传动部分输出的位移反馈信号（舵偏角）进行比较，形成的偏差信号推动液压伺服活门，控制液压系统与助力器之间油路内液压油的油量大小、流向，使液压系统输出与偏差信号成正比的液压功率至助力器。液压油系统的高压油根据控制信号极性流入助力器活塞两侧的油腔，推动壳体内活塞相对助力器壳体产生相对运动而形成位移。

助力器的执行机构根据其安装方式可能是活塞也可能是壳体，当助力器外壳固定在飞机上时，其执行机构为活塞；若活塞被固定在飞机壳体上（图 4-8），其执行机构为助力器外壳。执行机构上自动敏感测量其运动位移的位置传感器自动将执行机构的机械运动转换为与之一一对应的电反馈（舵面偏转）信号，送至飞行控制计算机，与助力器输入控制信号进行比较，形成综合控制信号（偏差信号）推动伺服机构控制活门，使伺服系统输出与综合控制信号成正比的驱动功率到作动筒，带动舵面按照驱动信号极性及大小进行偏转，确保助力器执行机构输出与其综合控制输入一一对应，即助力器的输出机械位移与输入指令的机械位移量成正比，其本质就是功率放大装置。

目前使用较多的助力器有电助力器和液压助力器两种。电助力器的工作速度和输出力较小，一般只应用于辅助操纵的备用形式或运动速度较缓的系统；液压助力器可承受较大载荷，并能提供较高的工作速度，用于飞机的主操纵系统及辅助操纵系统。我们这里以液压助力器为例进行分析说明。

（2）液压助力器分类。

1）内反馈式助力器。图 4-8 所示液压助力器处于中立位置的内反馈式助力器，主要由外筒、传动活塞、配油柱塞（控制活门）、连接活门、限动结构及管道开关组成。活塞固定在机身上，传动杆连接在外筒上。外筒可沿活塞杆运动，通过传动机构带动舵面偏转；配油柱塞在活塞外，驾驶员通过操纵杆控制配油柱塞；连通活门在应急操纵时使用；限动结构包括限动片（如弹簧）和限动架，限定配油柱塞的运动；油路开关（油泵）打开时，助力器才能工作。反馈部件位于作动筒内。

当驾驶杆中立静止时，配油柱塞堵住油路，系统没有压力差，传动活塞不能运动。驾驶员操纵驾驶杆移动时，假设配油柱塞向右的位移 x，缸筒的右腔通过配油柱塞连通油路，右油腔压力增加，左油腔压力不变。外筒在两侧压力差的作用下有向右的位移 y，使左腔内的高压油从回油路流出，同时舵面在传动机构的带动下前缘向下偏转，如图 4-9 所示，舵面达到预定位置，油泵的控制阀门回到中立位置，堵塞油路，控制过程结束。

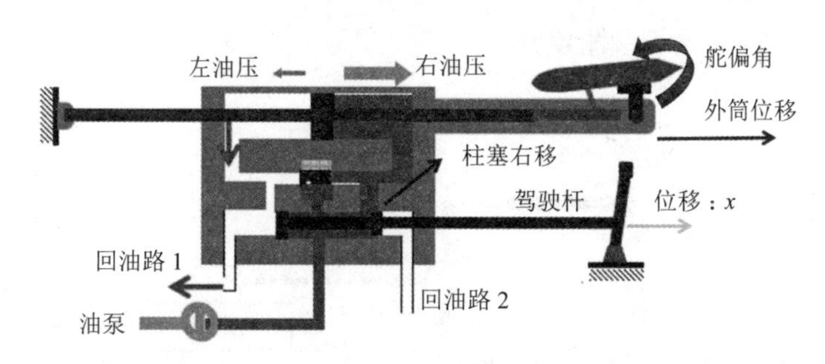

图 4-9　驾驶杆向右移动时，助力器活塞左右压力关系

当驾驶员停止操纵时，外筒继续移动，当配油柱塞再次堵住油路时，系统达到稳定状态，此时配油柱塞与外筒（相当于活塞）的相对位置回到初始状态，系统的输出位移 y 大小与 x 一样（当驾驶员操纵配油柱塞右移时，工作过程类似）。

当液压系统因故不能正常工作时，可以关闭液压助力器的油路开关，将进油路堵住。此时连通活门由于两端都是低压，在限制装置（弹簧）的作用下油路被打开（活塞两边油腔的油路被连通），外筒移动时，两边始终没有压力差。操纵时，分为两个阶段：第一阶段驾驶杆开始移动直到与限动片接触，该阶段传动外筒不动；第二阶段驾驶杆通过限动片带动限动架运动，使活塞向相同的方向运动，实质和机械操纵系统一样，驾驶员通过机械结构带动舵面偏转。

2）外反馈式助力器。外反馈式助力器的反馈部件位于作动筒外，如图 4-10 所示。当驾驶杆处于零位时，分油阀的凸肩堵住了高压油进、出作动筒的油路，当驾驶员操纵驾驶杆顶端向右运动时，分油的凸肩也向右移动，与分油阀相连的左边回油油路和中间的供油油路打开，高压油进入作动筒活塞右边的油腔，使得活塞右边的压力增大，推动活塞向左运动，同时左边油腔的高压油通过回油油路流出。活塞的向左运动带动负载产

生同向运动的同时通过相连的转轴带动驾驶杆也向左运动，驾驶杆作为刚体向左运动的同时带动分油阀的凸肩回到原位，驾驶杆的 AB 段承担了反馈作用。

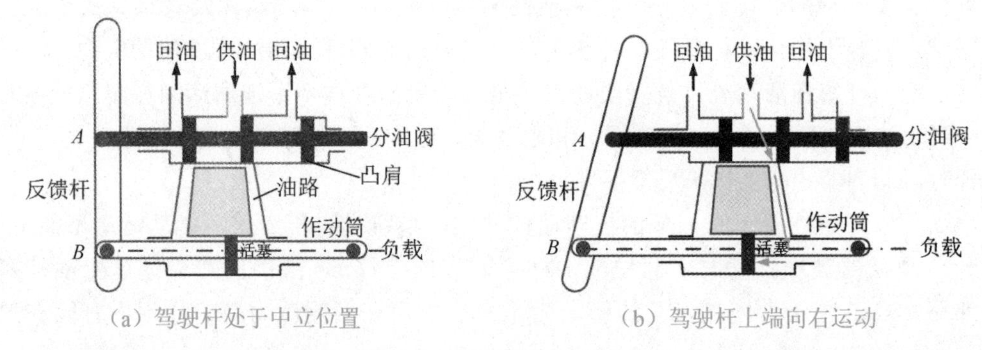

（a）驾驶杆处于中立位置　　（b）驾驶杆上端向右运动

图 4-10　外反馈式助力器

（3）液压助力系统的分类。

1）无回力（不可逆式）液压助力系统。无回力液压助力系统的助力器串联在系统中，称为不可逆式液压助力系统（图 4-11）。

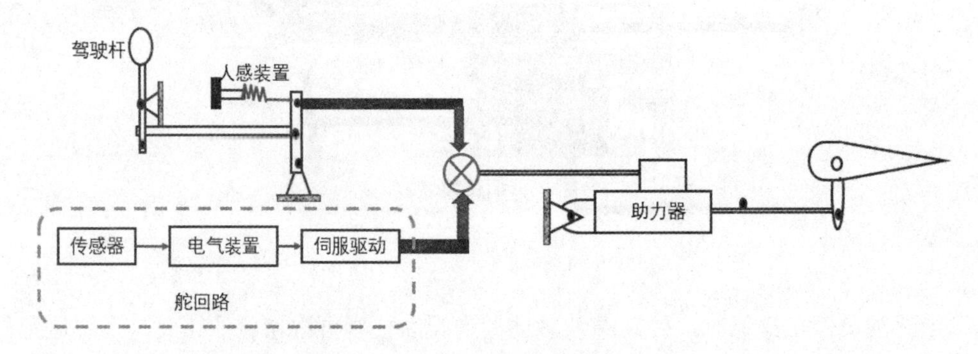

图 4-11　无回力（不可逆式）助力系统

舵面传来的载荷全部由助力器承受。驾驶员感受的力全部由载荷感觉器（图中的人感装置弹簧）产生。载荷感觉器和其他一些附件配合工作，能使驾驶杆力随舵面偏转角、飞行速度、高度等条件的变化而变化。无回力液压助力系统通常用于大型飞机，尤其大、重型直升机旋翼操纵系统，因为直升机旋冀旋转时旋翼系统产生的操纵载荷不仅数值大，而且变化复杂，因而不能让其通过操纵线系等反传到驾驶操纵机构上导致误操纵。

2）有回力（可逆式）液压助力系统。有回力液压助力系统的助力器与回力拉杆并联，也称可逆式液压助力系统，通常用于小型、低速飞行的飞机。图 4-12 所示的外反馈式助力器属于有回力液压助力器。

假设初始驾驶杆处于中立位置，高压油路被分油阀的凸肩堵塞，作动筒活塞两边压力相等。当驾驶杆输入指令（假设底端向右移动），带动分油阀向左移动，高压油路打开，作动筒活塞左边高压油压力增大，推动活塞向右移动，带动舵面偏转，如图 4-12（a）所示。舵面偏转后产生的铰链力矩通过舵面到输出杆之间传动链形成对助力器的反作用力，反作用力的一部分分力通过回力杆反传给输入杆（驾驶杆）（力的反传），推动驾驶杆回到原位，如图 4-12（b）所示。图中 A 与 C 距离 B 点（输出量）的比例决定助力系统中回力连杆与助力器承受力的比例，比例越大，即 B 点越靠近 A 点，助力器承受的力越大，而回力连杆传递的力就越小。如果 B 点和 A 点重合，舵面偏转后产生的反作用力全部由助力器承受，回力连杆不起作用。这样，有回力（可逆式）液压助力系统就成了无回力（不可逆式）液压助力系统。

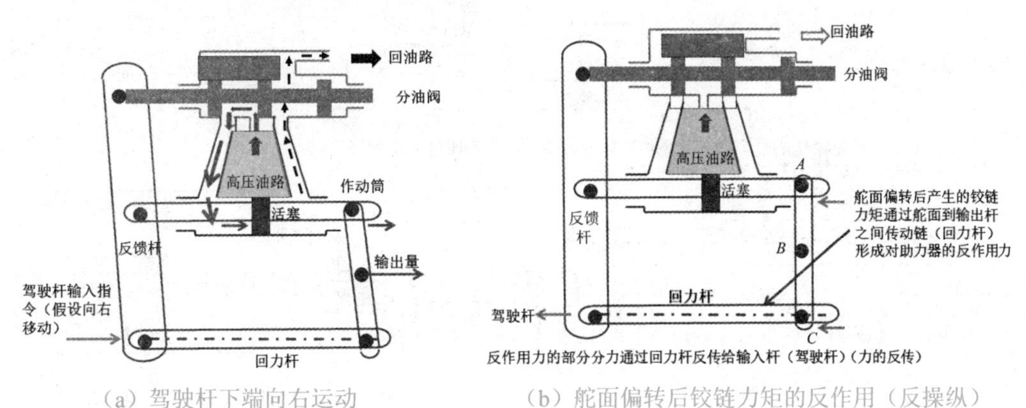

（a）驾驶杆下端向右运动　　（b）舵面偏转后铰链力矩的反作用（反操纵）

图 4-12　有回力液压助力系统工作原理

3. 液压助力系统的维护

表 4-1 所列为某飞机的双余度液压传动系统，油箱的高压油液通过管路、部件及附件提供给操纵系统的助力器油腔，推动助力器壳体内活塞产生位移，对飞机实现助力操纵。液压系统性能的好坏直接影响飞机的操纵性能。

表 4-1　某飞机的双余度液压传动系统

第一套液压系统控制部件	共同控制部件	第二套液压系统控制部件
左进气道调节板	平尾	右进气道调节板
左进气道保护装置	襟副翼	右进气道保护装置
收放起落架	方向舵	减速板
机轮自动刹车	前缘襟翼	主刹车
强刹车，应急刹车	航向阻尼器电液传动装置	襟副翼电传执行舵机
前轮转弯	前缘襟翼电传执行舵机	极限状态限制通道舵机
脚蹬行程限制		驾驶杆坡度行程限制

每次飞行前维修人员都需对液压系统进行检测，在排除飞行控制计算机自检测正常的前提下，检查液压系统工作是否正常。如果液压系统不能正常工作，首先应在地面检查其内部蓄压器和低压警告装置是否正常。

如某次在地面检测时发现液压助力系统不能正常工作，驾驶杆出现自动左偏，维修人员在排除自动飞行控制系统正常的情况下，根据液压助力系统的工作原理和基本结构特点，可得到图 4-13 所示的故障分析图（故障树）。

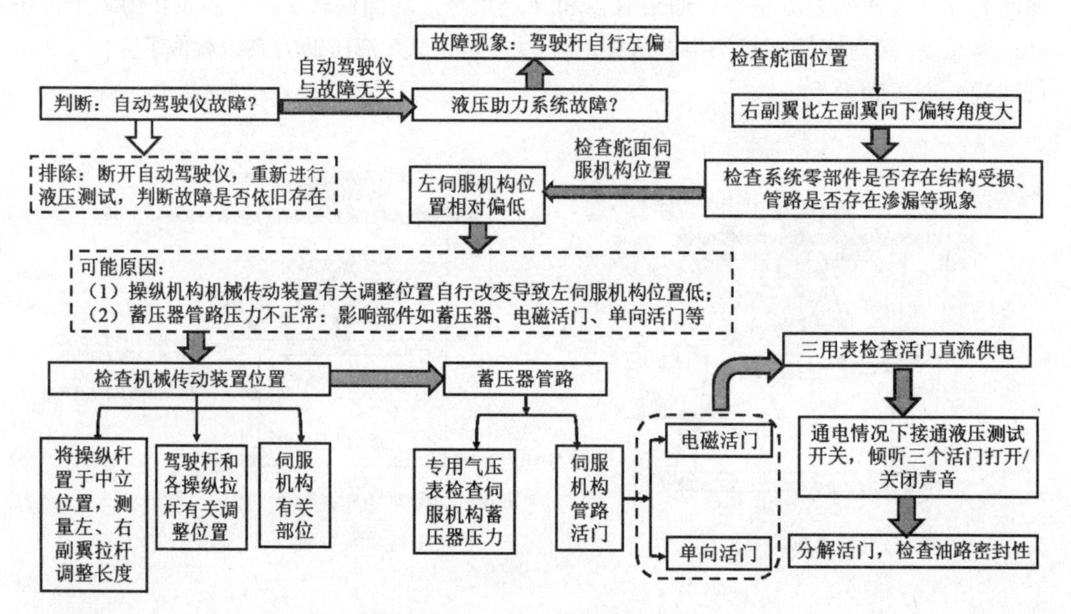

图 4-13　驾驶杆自动左偏故障分析图（故障树）

根据故障树，地面人员对舵面伺服驱动系统进行维修时，首先应排除自动驾驶仪是否正常。在自动驾驶仪、液压系统、操纵装置工作都正常的情况下，首先对操纵装置的机械传动装置位置进行检查，然后检查伺服机构的执行机构输出量（位移）是否正常。当机械位移都正常时，检查蓄压器管路。对蓄压器管路进行检查时，首先应先用专用气压表检查各个伺服机构的蓄压器压力是否符合技术指标，若气压参数在正常范围内无压力不正常的现象，则仔细检查管路中的控制活门供电是否正常，其次检查活门性能是否正常，最后检查活门结构是否正常、是否严密，有无卡滞等现象。

液压助力系统常见的故障主要有渗油故障、虚故障、回中故障等。

（1）渗油故障。如图 4-14 所示，液压助力系统的执行机构中作动筒壳体和主控阀壳体裂纹，以及胶圈质量不良、螺钉预紧力不足和装配问题使密封圈在高压冲击下损伤，都可导致渗油故障发生。当液压助力系统发生渗油故障时，油路内的油压将发生变化，可能导致液压执行机构的机械位移不能达到输入控制指令的要求。

（2）虚故障。所谓虚故障也就是误报故障，其产生原因主要有三个：其一是液压油内存在气体或杂质；其二是液压油的压力出现波动；其三是插头接触不良。当液压系统的油路中存在气体、设备进行修理时试验时间不充分导致残存气体或者液压油中存在杂质时，不纯净的液压油有可能会影响液压助力设备的工作性能，对其进行故障检测，可能产生虚报故障现象；液压助力器或液压舵机都属于液压敏感设备，如果液压系统的液压油压力稳定性差，出现起伏，很容易引起虚报故障，这种故障多体现在舵机上；当液压助力器或液压舵机的电缆插头接触不牢靠时，极易受到飞机较强振动的影响，导致出现短时间的信号接触不良而误报设备故障。

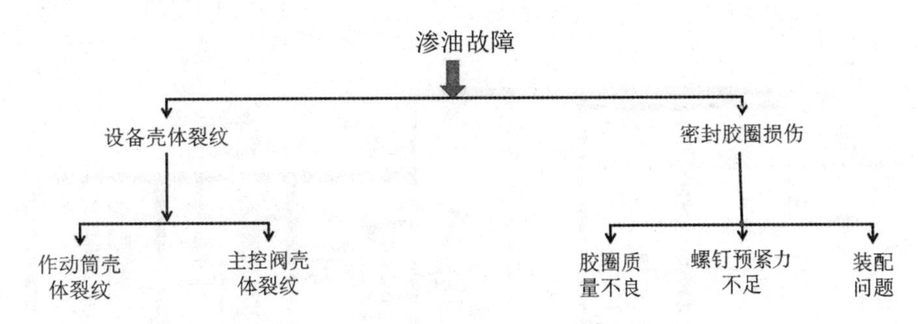

图 4-14　渗油故障分析图

虚故障是比较隐蔽的故障，类似电路焊接出现的虚焊现象，很难发现故障产生部位，维修人员对设备进行维修时应该细心谨慎。如果出现了虚故障，飞行控制计算机的故障清单内出现的故障代码多以作动器（如助力器、舵机）单独报故，如伺服阀故障、主控阀位置故障等，外场维修人员如果依靠故障代码进行故障定位，极有可能出现作动器的无故障维修（返修），而不能正确排除故障。

（3）回中故障。当液压助力系统的执行机构及附件端头没有紧密压紧弹簧垫圈，使确保锁紧回中机构的薄后锁紧螺母出现松动，将导致执行机构的机械零位与其电气控制零位不相符，设备回中性能不稳定，导致反馈回飞行控制计算机的位移信号出现异常，飞行控制计算机对该信号与输入控制信号进行比较处理后将形成误控制信号给舵面，出现与实际控制信号不相符的舵偏角。

维修人员对飞机电子设备进行检测或维修时，最害怕“地面试车一切正常”，因为飞机在实际飞行时，有可能出现无法预料的飞行故障。如当驾驶杆带动液压助力器控制升降舵（或全动平尾）偏转到达指定角度时，由于升降舵（或全动平尾）的惯性和油液的弹性等因素影响，与阀芯相连的传动活塞在惯性力作用下将压缩油液继续运动，该惯性位移有可能打开反向油路，使传动活塞做反向运动影响驾驶杆的位置（力反传）。当传动活塞的位移呈现较高频率的反复变化时，驾驶杆必然随之呈现来回摆动现象，最终将导致升降舵出现上下摆动现象。若在地面试车时平尾出现抖动现象，飞机在空中飞行时必然出现其纵向飘摆故障。为保证飞机能安全返航，地面维修人员一定要谨慎又谨慎，全部的维修操作都必须严格遵守技术手册，不能心存侥幸。

任务实施

据某综合航电维修反馈：已知某飞机液压系统（图 4-15）由液压油箱组件、电磁活门（4 个）、液压泵、调压活门、油滤、单向活门（4 个）、低压警告灯、蓄压器（3 个）、伺服机构（4 个前、左、右、尾）、液压测试电路、伺服断开电路等组成。某次在地面试

车时，操作人员接通机上操纵台的液压测试电门，操纵驾驶杆释放蓄压器能量时，突然出现驾驶杆自动向左偏移现象，起初驾驶杆的操纵人员力图将其恢复，但保持不住，一分钟后才能将驾驶杆拉回中位（如果飞机在飞行过程中出现此问题，若驾驶员处理不好将会严重影响飞行安全）。

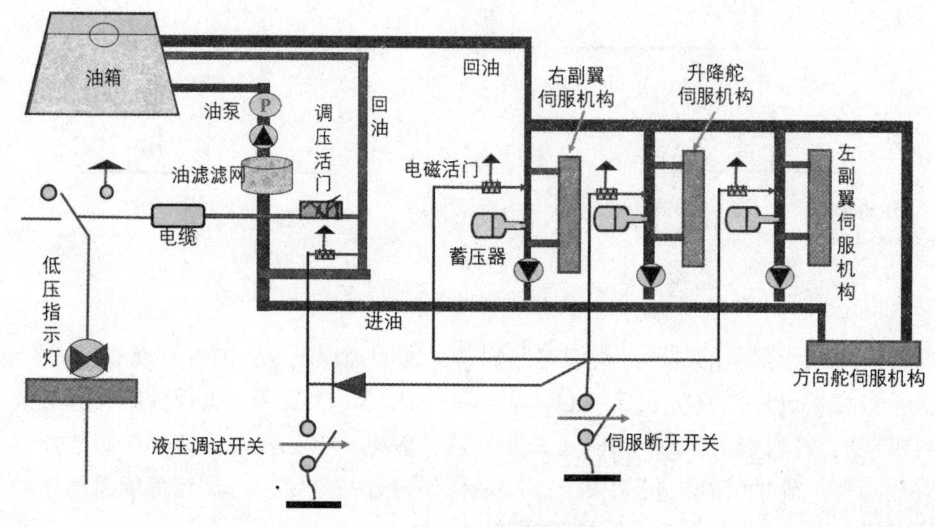

图 4-15　某飞机液压系统

据某综合航电维修反馈：某次进行地面飞机试车时，维修人员发现停止操纵驾驶杆后，驾驶杆并不立即静止下来，反而有来回摆动现象甚至出现平尾有轻微抖动现象，停止移动后，助力器在反馈作用下，阀芯关闭油路，活塞杆停止移动，助力器基本机构如图 4-16 所示。

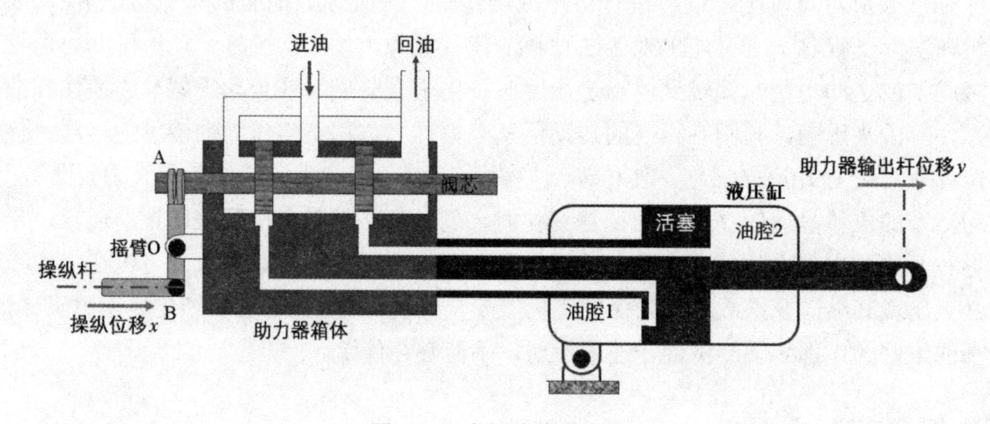

图 4-16　案例液压助力器

根据以上内容，完成工卡 4-1。

考核评价

表 4-2　任务 1 考核评价细则

评分项	要求	分值 / 分	备注
学习资料浏览	要求阅读“飞机电子设备资源库”——“飞行控制系统与维护”课程的关于“液压助力系统及助力器”环节的学习资源	30	（1）要求提交作业或测验。 （2）要求提交相关笔记
工卡 4-1	正确填写工卡 4-1	40	
团结协作	积极参与资源库平台互动讨论；课上积极回答问题	30	

思考与练习

做一做

1．液压助力器的执行机构具有将 __________ 能转换为 __________，并带动 __________ 运动的能力。

2．电助力器因工作速度和输出力较 __________，一般只应用于 __________ 操纵备用形式或运动速度 __________ 的系统。

3．液压助力器因为可承受较大载荷，并能提供较高的工作速度，用于 __________ 操纵系统和 __________ 操纵系统。

试一试

1．助力器的实质是（　　）。

A．电压放大器　　B．力矩放大器

C．电流放大器　　D．功率放大器

2．助力器的输出机械位移与（　　）的机械位移量成正比。

A．驾驶员操纵机构

B．电液伺服阀的节油孔

C．电压伺服阀的滑阀左右移动

3．舵面的负载是指（　　）。

A．操纵力矩　　B．铰链力矩

C．作动器　　D．相对气流

想一想

1．试用案例说明内反馈式助力器和外反馈式助力器的不同。

2．试用案例说明有回力助力器和无回力的助力器的不同，并说明其应用。

任务2　舵机的结构与维护

任务描述

自动飞行控制作为飞行控制系统的发展方向，正逐步全方位解放飞机驾驶员的双手和双脚。驾驶员对飞机进行人工操纵控制时，其操纵指令通过机械通道、液压机械通道或电动液压通道传输至舵面伺服驱动装置驱动舵面运动，如助力器装置。当对飞机采用自动飞行控制方式时，舵面偏转的综合控制指令通过各种类型的舵机来推动。为便于实现自动飞行控制方式和人工操纵方式的无缝转换，现代飞机将助力器融入舵机中，作为舵机的执行机构直接驱动活动舵面的偏转。人工操纵飞机时，舵机除了助力器的活动部件能随输入指令运动外，其他部分可视为硬式机械连接构件；当飞机进入自动飞行控制方式时，舵机自动根据综合控制指令对舵面进行相应控制。舵机作为两种飞行控制方式的执行机构，将自动飞行控制系统和人工操纵系统有机结合起来，舵机的工作性能决定了飞机飞行控制系统的工作效率和功率，为改善舵机工作性能，舵回路成为自动飞行控制系统不可缺少的核心回路。

了解舵回路的组成特点、应用方式是理解舵机信号来源的前提，有助于对舵机相关资料进行阅读和理解。

任务要求

（1）了解舵回路的组成及作用。

（2）了解电动舵机的功能结构及工作原理。

（3）了解电液复合舵机的功能及工作原理。

知识链接

舵回路的作用与分类

1. 舵回路的认知

活动舵面铰接在飞机机身上，当活动舵面绕铰链轴转动（偏转）时，必然产生与偏转方向相反的气动铰链力矩阻止舵面偏转。气动铰链力矩大小受舵面面积、飞行速度、飞行高度等参量的影响，当飞机进行大机动（大转弯、高速度）飞行时需要克服的铰链力矩也大。为消除气动铰链力矩对舵机工作的影响，飞行控制系统人为地引入反馈支路构成舵回路抵消铰链力矩的影响，而不是直接控制舵机来操纵舵面的偏转。舵回路的引入可以保证输出与输入成一定的比例关系并能减小铰链力矩对舵机工作性能的影响，是自动飞行控制系统必不可少的伺服系统。

舵回路按照指令模型装置或敏感元件输出的电信号驱动铰接在舵面转轴处的舵机输出杆伸出或缩短，输出杆的伸缩运动直接操纵舵面产生相应偏转。舵回路是由放大器、舵机、反馈装置组成的闭合回路，如图 1-13 所示，其中反馈装置与其附件构成反馈通路。

根据舵机内部引入的反馈装置的不同，可以将舵回路分为速度反馈舵回路（软反馈）、位置反馈舵回路（硬反馈）和均衡反馈舵回路。

（1）速度反馈舵回路。当反馈支路的敏感元件为测速电机等速度传感器时，反馈量为与舵机的输出速度（角速度或线速度）成正比的电信号，舵回路的输入电信号与反馈电信号相比较后，通过电气放大器实现电压（或电流）的综合比较、放大或变换后，输出一定功率的信号来控制电机，该类舵回路称为速度反馈舵回路，也称为软反馈舵回路，如图 4-17 所示，其中 K_1 为反馈系数，δ 为舵偏角。

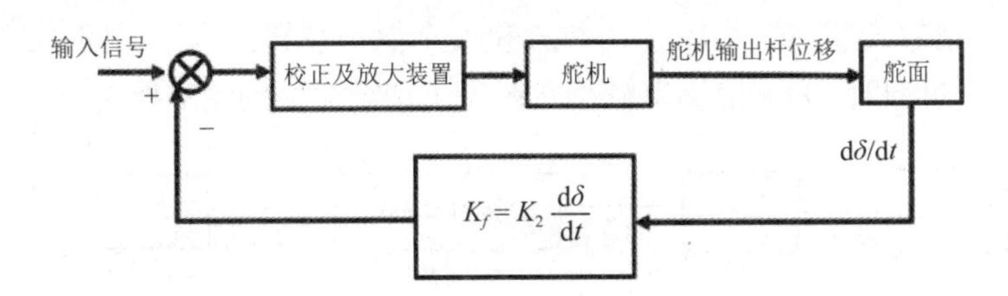

图 4-17　速度反馈舵回路（软反馈舵回路）

（2）位置反馈舵回路。当反馈支路的敏感元件为线性旋转变压器、角自整机、电位计或线位移传感器等位置传感器时，反馈量为与舵机的输出杆位移（舵面的偏转角）成正比的电信号，该类舵回路称为位置反馈舵回路，也称为硬反馈舵回路，如图 4-18 所示，其中 K_2 为反馈系数。

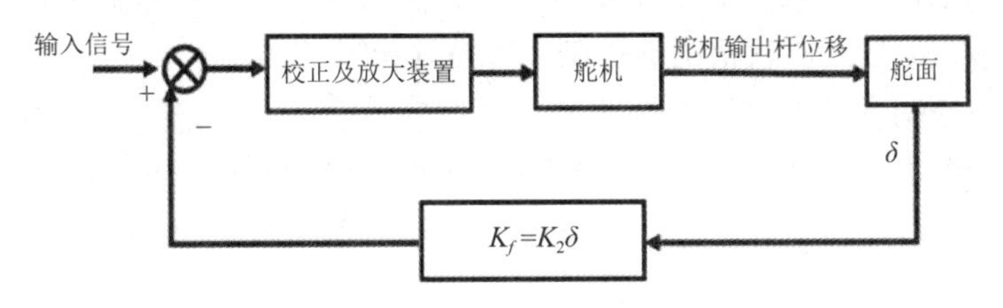

图 4-18　位置反馈舵回路（硬反馈舵回路）

（3）均衡反馈舵回路。尽管速度反馈舵回路和位置反馈舵回路两种不同形式的舵回路为飞机的飞行控制提供了具有针对性的控制律，但在实际飞行控制中，自动飞行控制系统通常采用兼容两种反馈支路的均衡式舵回路，如图 4-19 所示。实际飞机根据应用选择两种反馈在均衡式舵回路中的地位，如军机注重飞机的操纵，位置反馈占较大的比例；民航公司则更注重飞行的稳定性、安全性，速度反馈舵回路占主导地位。

舵机作为舵回路中的执行元件，其输出力矩（或力）和角速度（或线速度）与舵回路的输出电信号成线性关系。目前飞机上采用的舵机主要有电动舵机和液压舵机两种，它们直接驱动升降舵、副翼、方向舵或调整片、减速板等各种舵面按照舵回路的输出指令偏转，但不管是何种舵机都属于伺服助力系统。

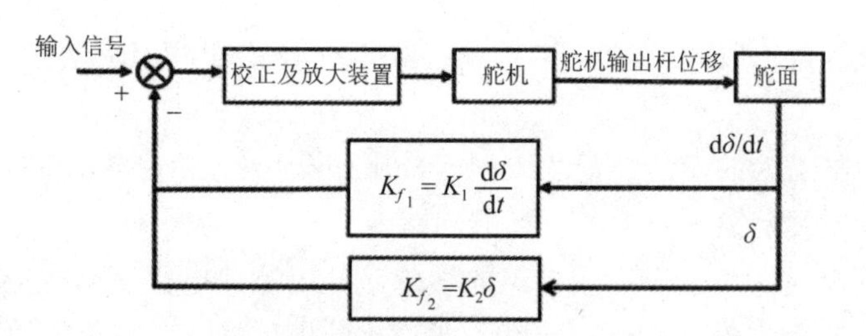

图 4-19 均衡反馈舵回路（弹性反馈舵回路）

电动舵机的基本结构

2. 电动舵机的认知

电动舵机是以电为能源的舵机，通常由直流 / 交流电机、测速装置、位置传感器、齿轮传动装置和安全保护装置组成，如图 4-20 所示。电动舵机因为输出功率较小一般用于辅助舵面的调节控制。

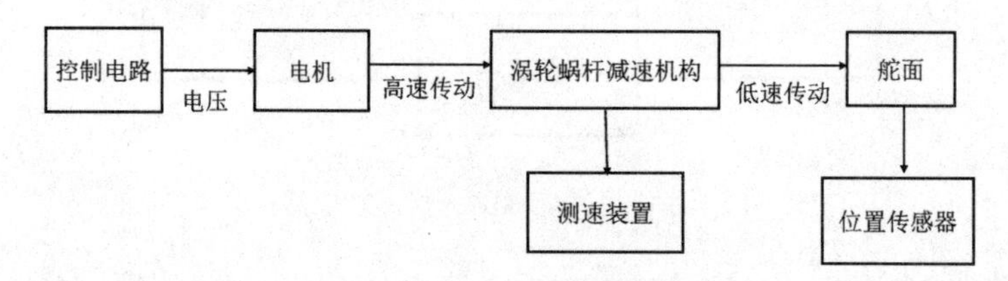

图 4-20 电动舵机一般工作原理流程框图

简单电动舵机包括集成直流电机、电机控制器和减速器等，并封装在一个便于安装的外壳里的伺服单元。能够利用简单的输入信号比较精确地控制转动角度的机电系统。舵机内部有一个电位器（或其他角度传感器）用于检测输出齿轮箱输出轴转动角度，控制板根据电位器的信息能比较精确地控制和保持输出轴的角度。

电动舵机的控制方式有直接控制式和间接控制式两种。直接控制式电动舵机是通过改变电动机的电枢电压或激磁电压，直接控制舵机输出轴的转速与转向。间接控制式电动舵机是在电动机恒速转动时，通过离合器的吸合，间接控制舵机输出轴的转速和转向，如图 4-21 所示。

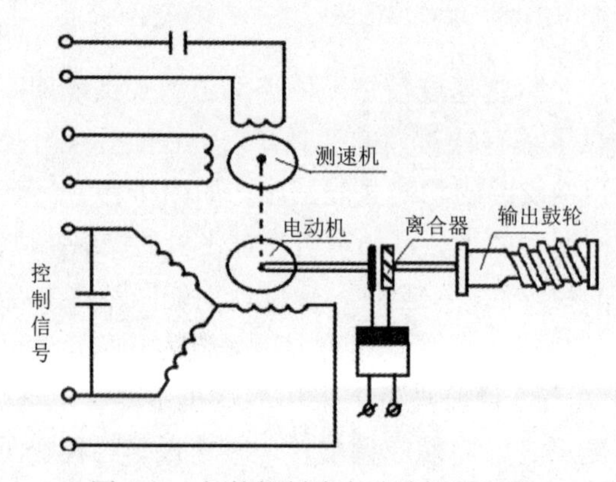

图 4-21 间接控制式电动舵机原理图

（1）磁滞式间接控制电动舵机基本工作原理。图 4-22 所示为间接控制式电动舵机原理图。主动部分的电磁离合器壳体内有控制绕组和磁粉，壳体与齿轮 Z4 的端面固连，并随电动机输出轴一起恒速旋转。从动部分的杯形转子和磁粉离合器的输出齿轮 Z5 一起旋转。当电流流过磁粉离合器的控制绕组时，主动部分壳体内的磁粉被磁化，按磁力线方向排成链状，链的两端分别与主动部分、从动部分相连。在磁力线的作用下，磁粉与主动部分、从动部分之间产生正比于控制电流的摩擦力矩，带动杯形转子和齿轮 Z5 联动。

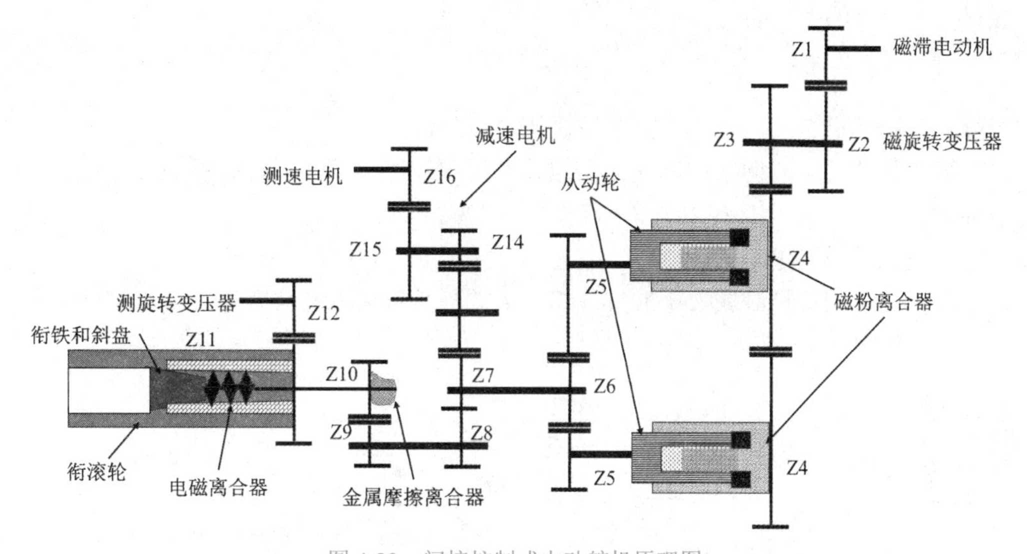

图 4-22　间接控制式电动舵机原理图

磁滞电机的输出轴经齿轮 Z1/Z2、Z3/Z4 两级减速，带动两个磁粉离合器的主动部分以相反方向恒速转动。根据流过磁粉离合器控制绕组的电流极性，总有一个磁粉离合器工作产生正比于控制电流的摩擦力矩，驱动从动部分，经齿轮 Z5/Z6、Z7/Z8、Z9/Z10 三级减速，金属摩擦离合器带动鼓轮恒速旋转，输出正比于控制电流的力矩，驱动舵面偏转。根据以上分析，图 4-22 所示的磁滞式间接控制电动舵机原理框图如图 4-23 所示。

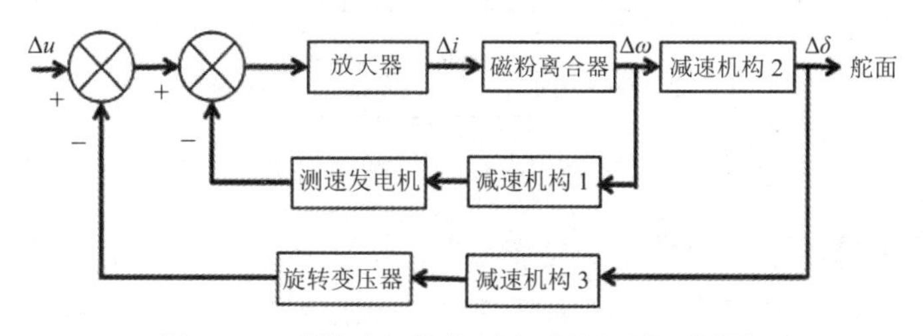

图 4-23　磁滞式间接控制电动舵机原理框图

（2）磁滞式间接控制电动舵机组成部件。

1）线性旋转电压器和测速电机。线性旋转电压器和测速电机分别经过齿轮转动装置随鼓轮联动，各自输出相位取决于鼓轮方向，大小正比于鼓轮转角和角速度的电信号。

2）电磁离合器。电磁离合器是鼓轮与输出齿轮 Z10 的连接装置。自动控制时，磁粉离合器的激磁绕组通电，电磁离合器吸合，输出齿轮 Z10 与鼓轮连接，鼓轮随齿轮 Z10 联动；人工控制时，磁粉离合器不通电，输出齿轮不与鼓轮相连，由驾驶员直接操纵舵面。

3）金属摩擦离合器。金属摩擦离合器利用金属片之间的摩擦传递力矩实现对飞行的安全保护。当磁粉离合器工作时，齿轮 Z10 经金属摩擦离合器带动鼓轮，当负载力矩超过某值时，金属片打滑，从而限制舵机的最大输出力矩。在紧急情况下，驾驶员还可以强行操纵，确保飞机的飞行安全。

3. 电液复合舵机的认知

（1）液压舵机。液压舵机主要利用高压液压油的不可压缩性和油量、流向来控制舵面的偏转，根据控制舵面方式可以分为直接控制式液压舵机（图 4-24）或间接控制式液压舵机（图 4-25）。不管是直接控制式液压舵机还是间接控制式液压舵机，其基本结构都包括电液伺服阀、作动筒和信号反馈装置等，如图 4-26 所示。

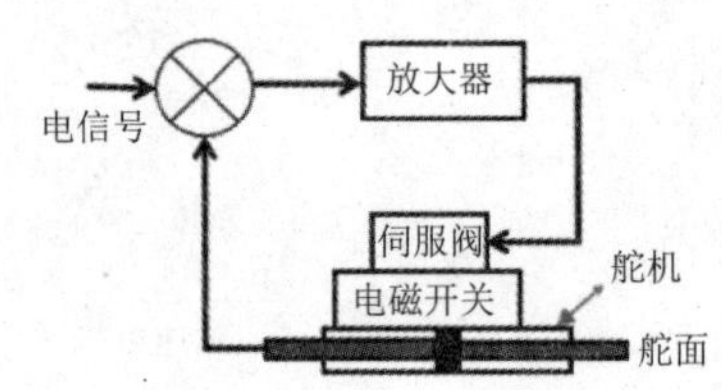

图 4-24 直接式液压舵机工作原理

电液复合舵机的基本结构

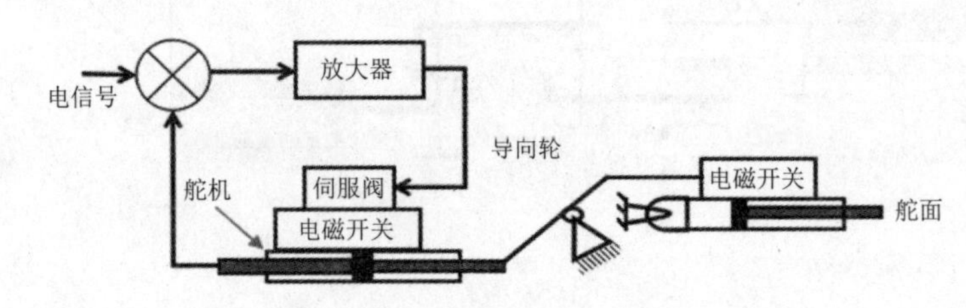

图 4-25 间接控制式液压舵机工作原理

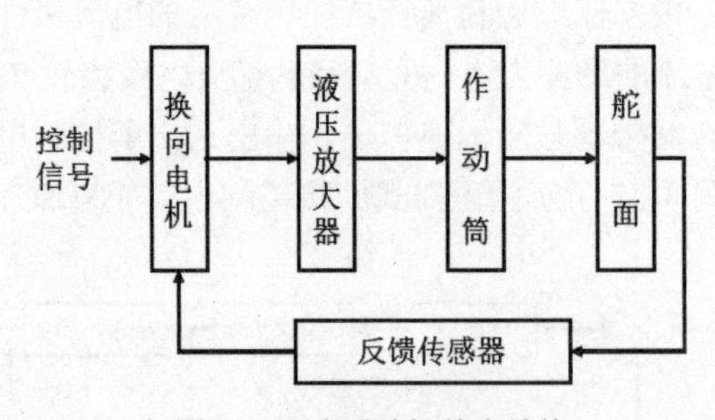

图 4-26 液压舵机基本结构

液压舵机具有体积小、重量轻、功率增益大，输出功率与转动惯量的比值大，快速性好，控制功率小，灵敏度高等优点，但加工、装配较困难，生产成本较高，要另加能源——油源。

电液复合舵机的工作过程

（2）典型电液复合舵机（挡板 - 喷嘴型电液复合舵机）。目前纯液压舵机使用不多，主要使用电液复合舵机。电液复合舵机集电气控制和液压传动于一体，是实现机电一体化的典型伺服机构，现已广泛应用在现代飞行控制系统中。

图 4-27 所示为挡板 - 喷嘴型电液复合舵机，包含电液伺服阀（力矩电机、液压放大器）、作动筒、敏感作动筒内活塞的位移传感器。当电液伺服阀无外来电信号输入或两输入电流大小相等时，滑阀、衔铁都处于中立位置，此时只有挡板左右的两喷嘴腔被液压系统的高压油充满，所有油路被关闭。

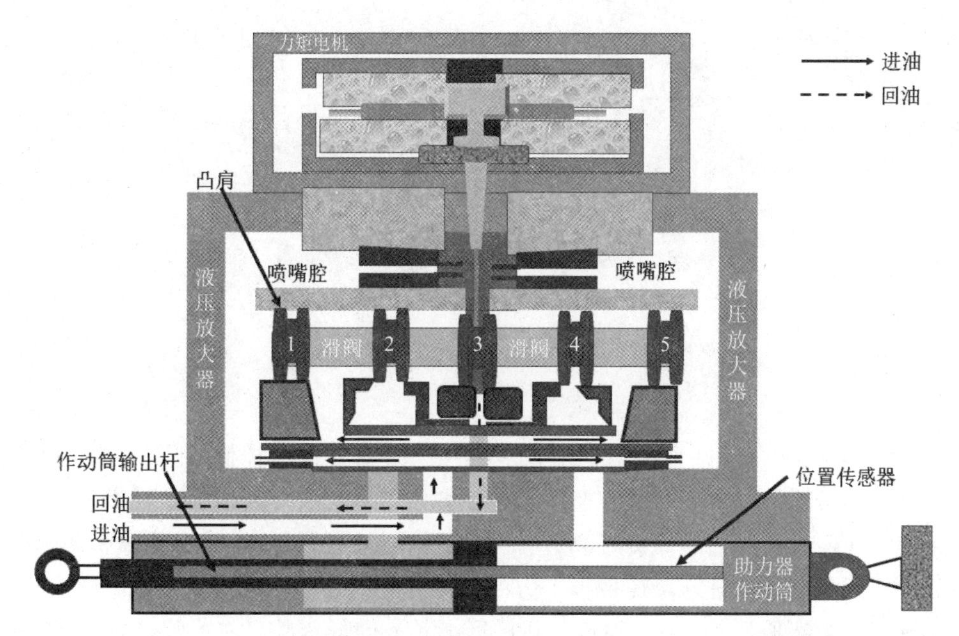

图 4-27　挡板 - 喷嘴型电液复合舵机结构示意图

1）力矩电机。电液伺服阀中的力矩电机是将输入电流转换成与输入电流成比例的位移，实现电气—机械之间的转换的装置，也称为电磁阀、电磁活门，主要包括永久磁铁、导磁体、线圈、转轴、衔铁等，以图 4-28 所示的力矩电机为例说明其工作原理。

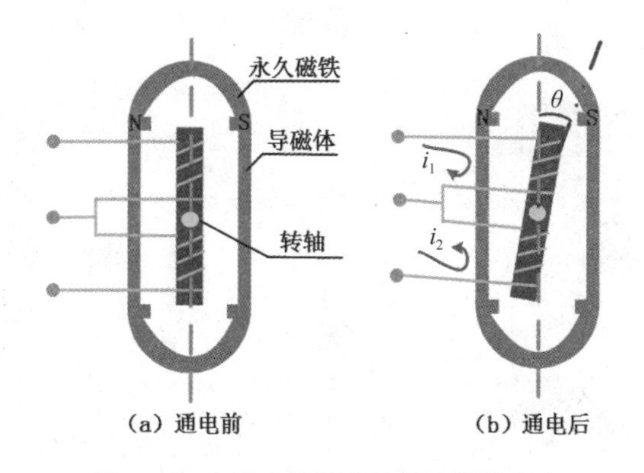

图 4-28　力矩电机通电前后位置的变化

当衔铁上的线圈通电时，衔铁磁化，上下两端形成不同的磁性。而衔铁处于导磁体极掌产生的磁场内，在两磁场的作用下，衔铁受吸力或斥力作用绕转轴旋转。衔铁的转

轴是具有一定刚度的扭轴（类似弹簧），当衔铁受到的电磁力矩与扭轴的反力矩平衡时，停止转动。通电电流之和的大小决定永磁铁产生的磁性大小，也就是决定了使永磁铁转动的转动力矩的大小，所以衔铁旋转的角度与线圈内的电流成一一对应关系。

若衔铁的下端与主控制阀的阀芯（上有活塞）相连，当衔铁绕轴心转动时，带动控制阀的阀芯连动，从而控制后级设备的工作，如图 4-29 所示。

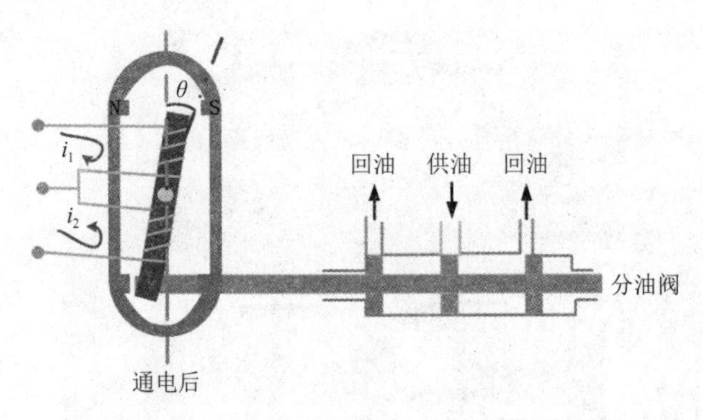

图 4-29　力矩电机驱动分油阀的原理结构图

2）挡板 - 喷嘴力反馈型电液伺服阀。挡板 - 喷嘴力反馈型伺服阀如图 4-30 所示，当两控制电信号输入 i_1-$i_2 \neq 0$ 时，衔铁发生偏转，带动挡板一起偏转，挡板与一侧喷嘴的距离增大（假设与左边的喷嘴距离近），喷嘴腔内油压降低；与另一侧喷嘴距离减小，喷嘴腔内油压增大。此时连接在挡板下方的反馈杆底端发生向右形变。此时左右喷嘴腔压力不同（左喷嘴腔压力大），阀芯（圆柱形滑芯）向低压腔（右）移动，带动挡板也向右移动，反馈杆继续变形，直至挡板恢复中立位置。

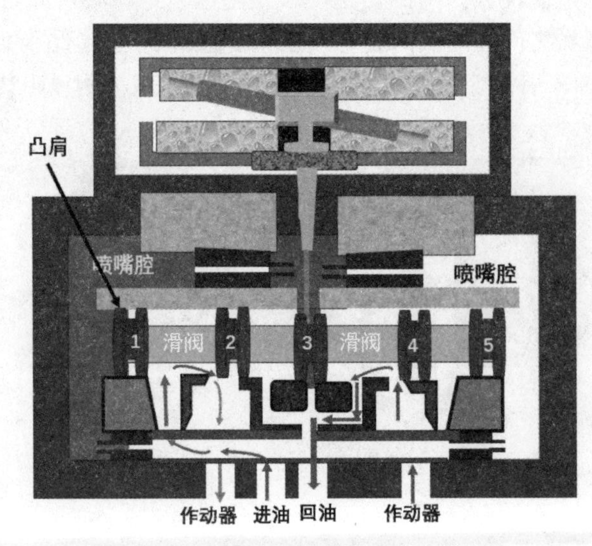

图 4-30　挡板靠左，滑芯向右移动的油路

当反馈杆变形产生的力矩加上衔铁转轴处的弹簧变形力矩与力矩电机的电磁力矩相

等时，反馈杆端点对阀芯的反作用力也与阀芯两端的压力差所施加的作用力达到平衡，阀芯停止运动，保持一定的位移量，滑芯的位移大小及方向与控制绕组的输入电流的大小和相位有关。

当滑阀因为液压放大器的左、右喷嘴腔高压油压力差的变化产生移动时，将引起相应的油路变化，如图 4-31 所示。

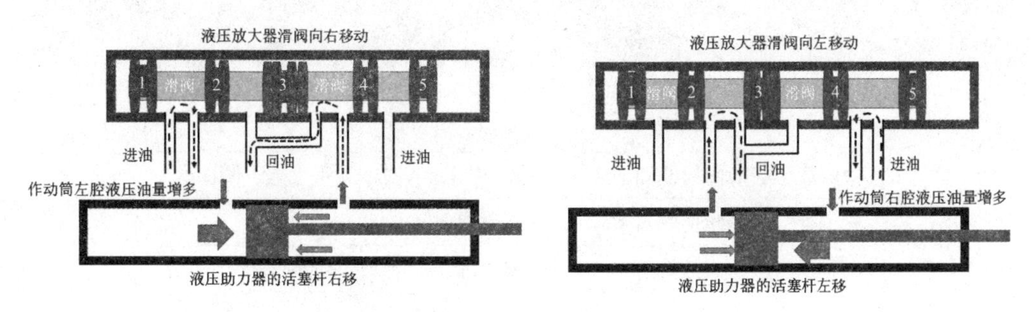

图 4-31　液压放大器滑芯移动促使作动筒活塞产生通向运动

阀芯的移动使被遮住的窗口打开，使油路被连通，输出与位移相对应的油量，在一定范围内，滑阀位移越大，滑阀与油管道的空隙（节油孔开度）越大，流量越大，如图 4-32 所示。当控制绕组电流消失时，衔铁、挡板、阀芯和反馈杆都回归中立位置，油路关闭，从而达到电流控制油量的目的。

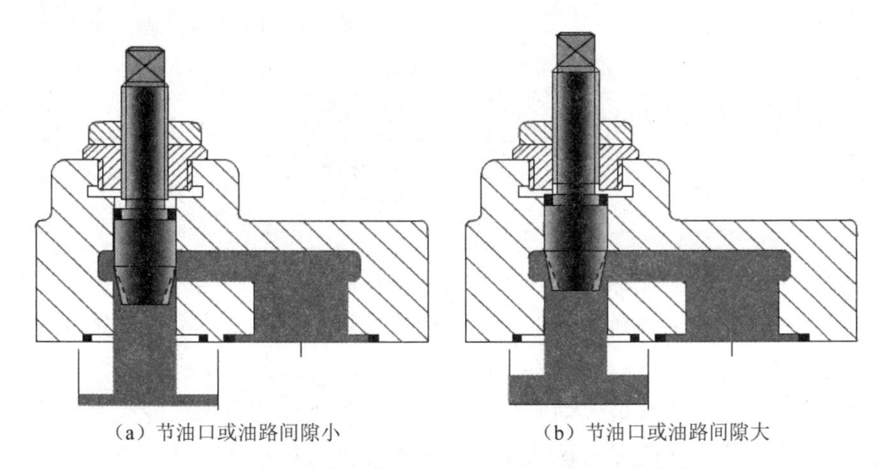

（a）节油口或油路间隙小　　（b）节油口或油路间隙大

图 4-32　节油口或油路间隙大小与高压油量关系

3）液压舵机（作动筒）。液压舵机（作动筒）属于直接控制式液压舵机，它通过两条油路与液压放大器（电液副舵机）的油路相连，在电液伺服阀的阀芯左右移动下打开或关闭油路，导致液压舵机（作动筒）活塞左、右油腔内的高压油压不相等，促使液压舵机的活塞杆向右（或左）运动，活塞杆移动位移量大小取决于滑阀的移动位移大小，方向也由活塞左右油腔高压油的流向决定。将活塞杆与驱动舵面相连，就可以通过活塞杆上的位移传感器确定舵面的偏转方向和偏转量。

电液复合舵机的常见故障

4. 电液复合舵机的维护

（1）主要故障表现。据对 36 件某型电液复合舵机的故障进行调查统计，发现其故障主要表现有三大类，见表 4-3。

表 4-3　2019—2021 年某型飞机电液复合舵机的典型故障现象及发生率

序号	故障类型	主要表现	主要原因	发生次数 / 次
1	EHV 监控器故障	电液伺服阀（EHV）故障	喷嘴、节流孔堵塞，力矩马达性能下降	22
		液压级故障检测器故障	阀芯阀套卡滞，弹簧性能下降	
		电气级故障检测器故障	导线断线、微动开关故障	
		稳压减压阀故障	阀芯卡滞、弹簧失效	
		渗油故障	设备壳体裂纹	2
			紧固件及装配失误	
			密封胶圈性能下降	
2	回中故障	作动器回中机构故障	回中机构摇臂损坏，驱动构件松动，阀芯卡滞，转向阀铜衬套、阀芯卡滞	3
		作动器电子线路故障	电磁阀导线断路 / 虚接、性能下降，主控阀传感器（LVDT）性能下降	
		电磁阀通 / 断逻辑故障	液压油内有气穴	
3	故障未复现	伺服阀故障	液压油压力波动	9
		主控阀位置故障	液压油内含气穴或杂质	
		伺服阀故障	电缆松动	

（2）液压主舵机的典型故障。表 4-3 中电液复合舵机的典型故障主要发生在电液副舵机内，也就是力矩电机和液压放大器部件内；液压主舵机（作动筒）更常见的故障就是液压油污染现象。

当污染的液压油经系统进入伺服分配阀后，将增大伺服机构分配阀的静摩擦力，此时分配阀门开度较小，油路极易被堵塞，导致液压油量减小或液压油压力增大，进而使液压助力器工作效能减弱，其主要表现在操纵杆力异常或瞬间卡滞。为防止液压油污染或杂物进入油腔，必须定期检查油滤等附件。

油滤如图 4-33 所示，作为液压助力系统的防护网，可以保证液压油不受外界杂物、固体粉末的污染。通常油滤上有污脏报警装置，如果发现驾驶杆力异常可以打开油滤观察该警示灯是否点亮，若点亮则需清洗滤网或更换滤芯。如果没有报警装置，在检查油滤时需要观察：滤片上有无金属屑和杂质；滤网应无断丝、脱焊、锈蚀；滤网骨架是否存在裂纹和变形，密封胶圈是否完好。若存在以上现象，则应对油滤进行清洗或更换滤芯。

清洗油滤时要用干净的洗涤汽油清洗滤网片和壳体内部，清洗后将油滤片用压缩空气吹净，按原来的标记或寸尺装配回原处。

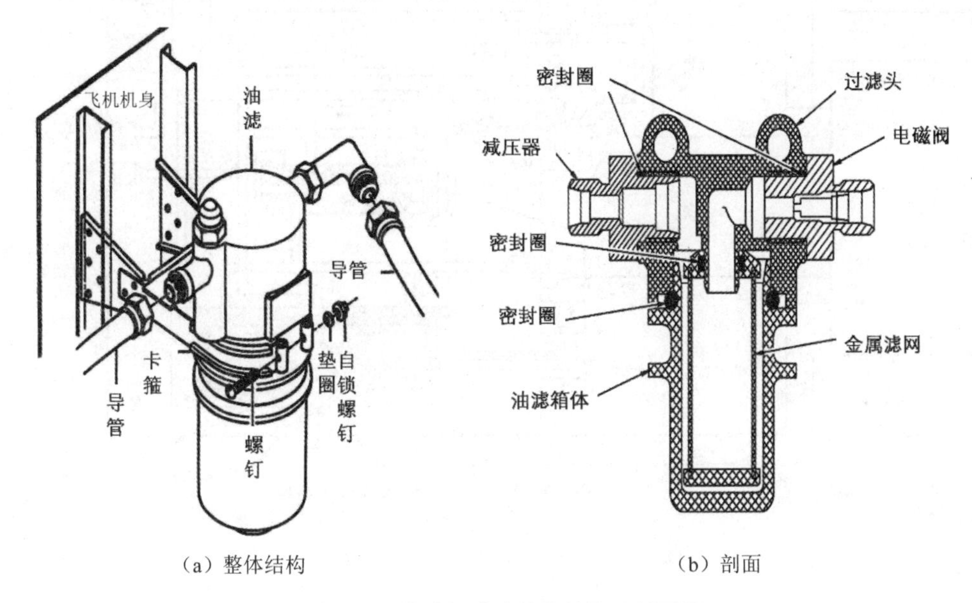

（a）整体结构　　（b）剖面

图 4-33　某舵机油滤整体结构及剖面图

任务实施

图 4-34 和图 4-35 所示为某电液复合舵机的外部结构和内部原理结构图，请根据以上内容，完成工卡 4-2。

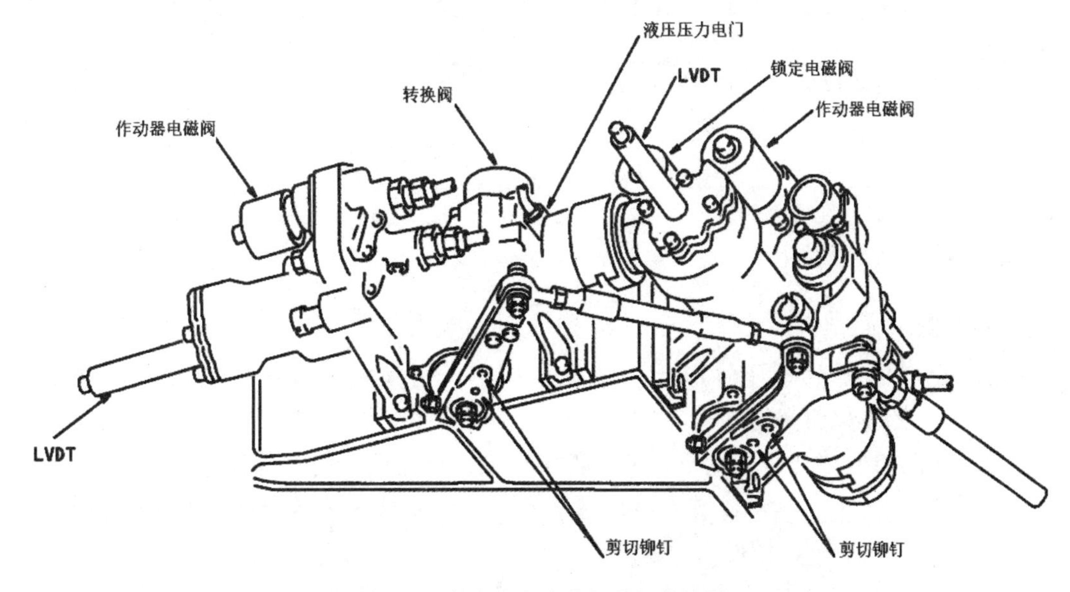

图 4-34　某电液复合舵机外部结构图

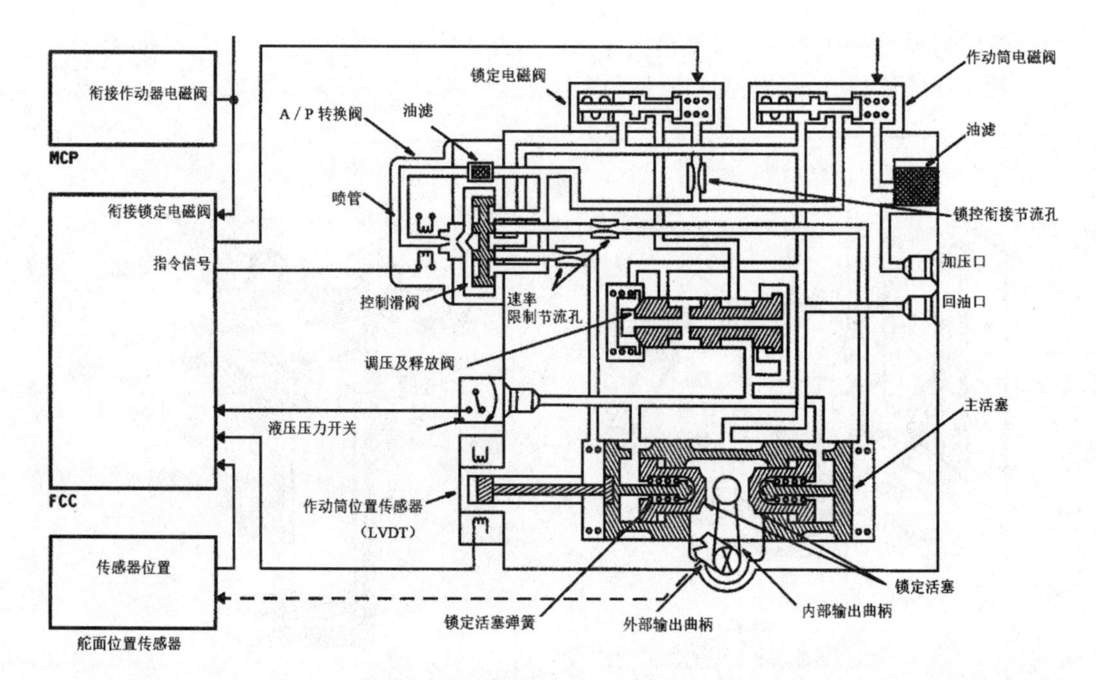

图 4-35　某电液复合舵机原理结构图

考核评价

表 4-4　任务 2 考核评价细则

评分项	要求	分值 / 分	备注
学习资料浏览	要求阅读“飞机电子设备资源库”——“飞行控制系统与维护”课程的关于“电液复合舵机拆装与认知”环节的学习资源	30	（1）要求提交作业或测验。 （2）要求提交相关笔记
工卡 4-2	正确填写工卡 4-2	40	
团结协作	积极参与资源库平台互动讨论；课上积极回答问题	30	

思考与练习

做一做

1．在舵面类型与几何形状一定的条件下，相同舵偏角产生的铰链力矩将随__________的变化而变化。

2．舵面类型与几何形状一定的条件下，在飞行器同一飞行高度以亚声速飞行时，飞行速度越__________，铰链力矩也越__________；当飞行器以同一速度飞行时，飞行高度越__________，铰链力矩越__________。

3．当反馈支路的敏感元件为__________等速度传感器时，舵回路反馈量为与舵机的输出速度（角速度或线速度）成 __________ 比例的电信号。

4．舵回路要求按照指令模型装置或敏感元件输出的电信号操纵舵面，主要由 __________、__________、__________ 组成。

5．当反馈支路的敏感元件为 __________ 传感器时，舵回路的反馈量为与舵机的 __________ 成正比的电信号。

6．电动舵机输出功率 __________，一般用于 __________ 操纵舵面的偏转。

7．力臂调节器属于飞机 __________ 通道的力矩平衡系统。

8．电液伺服阀中的力矩电机是将输入 __________ 转换成与输入 __________ 成比例的 __________，实现 __________ 之间的转换的装置，主要包括永久磁铁、导磁体、线圈、转轴、衔铁等。

9．当挡板 - 喷嘴型电液伺服阀的 __________ 变形产生的力矩加上衔铁转轴处的 __________ 变形力矩与力矩电机的 __________ 力矩相等时，反馈杆端点对阀芯的反作用力与 ________________ 作用力达到平衡，阀芯停止运动。

10．电液伺服阀滑芯的 __________ 大小及方向与 __________ 输入电流的大小和相位有关。

11．液压舵机主要利用液压油的 __________、__________、__________ 直接或间接控制舵面的偏转。

12．电液伺服阀主要包括 __________、__________ 两大部分。

想一想

1．直升机主旋翼的舵机应采用哪种舵机？

2．电动舵机适合驱动哪些活动舵面？

3．舵回路的作用是什么？它的气动负载是什么？执行机构又是什么？

4．电液复合舵机的电液副舵机有何作用？液压舵机是否就是助力器？

任务3　控制增稳系统的认知与分析

任务描述

不管是人工驾驶飞行还是自动驾驶飞行，飞行控制系统都是需要控制舵面的偏转实现对飞机的控制，而舵面的偏转控制信号的传送都需要传动机构实现。为提高飞机操纵的可靠性和舒适性，驾驶员希望人工驾驶和自动飞行驾驶两种控制系统能相对独立且又能相互兼容，特别是当自动飞行控制系统出现故障时，如舵面卡死，能通过人工驾驶排除故障，难免涉及舵面操纵权限的问题。

所谓舵面的操纵权限就是操纵舵面的行程，按照自动驾驶仪舵回路相对人工操纵方式控制舵面偏转角度大小分为有限权限和全权限两种，通常自动驾驶仪的舵回路操纵舵

面偏转的角度小于人工操纵控制舵面偏转角度。对于确定的飞机，舵面的最大偏转角是一定的，如果舵机拉杆的最大位移对应于最大舵偏角，则称舵机的操纵权限为全权限，否则即为有限权限。如3代以上战斗机的飞行控制系统的舵机基本上都是全权限舵机。

人工驾驶系统和自动飞行控制系统如何共存？

任务要求

（1）了解串联舵机的特点和应用。

（2）了解并联舵机的特点和应用。

（3）了解控制增稳系统的发展历程。

（4）区分“电信号”系统与电传系统的区别。

（5）理解阻尼系统、增稳系统及控制增稳系统的联系，了解控制增稳系统的发展。

知识链接

舵机与人工操纵系统的连接方式

1. 舵机与操纵系统的连接关系

根据舵面的操纵权限的大小，在人工操纵系统与自动飞行控制系统同时工作时大致可分为两种连接方式：并联式和串联式。

（1）舵机与人工（驾驶杆）操纵系统并联。图4-36所示的并联舵机与人工（驾驶杆）操纵系统并联，该方式通常用于自动驾驶仪中的舵机与人工系统的连接，有时用于配平系统。舵机与操纵系统并联连接时，若对飞机进行自动飞行控制，飞行员不动驾驶杆，指令由操纵台上的旋钮给出，驾驶员可通过驾驶杆的移动监控驾驶仪是否正常工作；进行人工操纵，驾驶员只需断开自动驾驶仪控制开关使舵机断电。在紧急情况下可以不断开自动驾驶仪，驾驶员只需对驾驶杆施加较大的操纵力，使驾驶杆得到较大的杆力克服舵机中摩擦离合器的摩擦力，使离合器打滑，就可对飞机进行强力操纵。

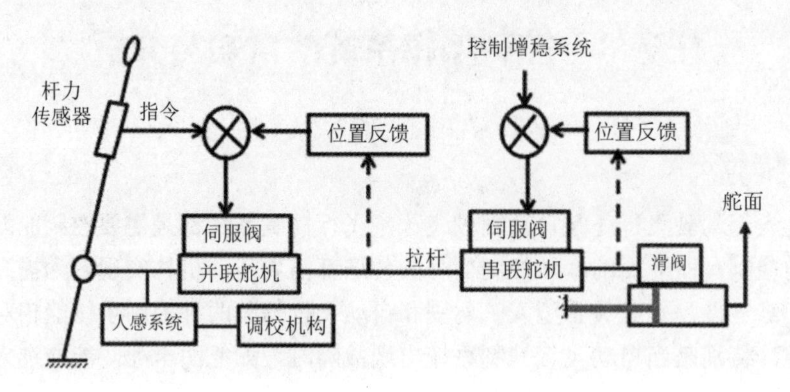

图4-36　串联舵机与并联舵机联用

（2）舵机与人工（驾驶杆）操纵系统串联。图4-36所示的串联舵机主要用于阻尼系统、增稳系统中，舵机只带动舵面不推动驾驶杆，驾驶杆也可直接拉动舵面，舵机串在驾驶杆和助力器的传动杆之间。舵回路无信号输入时，舵机不动作，舵机拉杆被制动，此时舵机相当于普通传动杆，拉动驾驶杆使整个舵机前后移动，推动助力器阀芯控制作动筒活塞带动舵面运动；当舵回路有信号输入时，舵机的拉杆伸长或缩短推动阀芯带动舵面偏转。

串联式舵机推动助力器阀芯的力虽不大，但会出现“力反传”现象，该力可能会传递给驾驶杆，时有时无的干扰人工驾驶，导致驾驶杆产生非周期性的振荡现象；同时还可能因为舵机与助力器输出速度不匹配（通常舵机的输出速度总是大于助力器的输出速度）引起“功率反传”现象，进而引起驾驶杆和助力器输入端之间的瞬间撞击现象。

此外串联连接存在操纵权限分配问题，一般自动操纵权限为（1/3 ～ 1/10）全权限，可以通过加入自动配平系统（调整片机构）提高串联连接方式中的舵机权限。

（3）舵机与操纵系统的连接方式的改进。在串联连接方式中，串联舵机出现故障无法排除时（硬性故障），如导致拉杆不能回中，特别是当舵机输出杆偏离中立位置的位移很大而被卡死，而驾驶杆或脚蹬可能处于中立位置，造成驾驶杆或脚蹬的中立位置与舵面的中立位置严重失调以致驾驶员无法操纵时，不可能像并联舵机方式一样进行强力操纵，则会导致飞机失事。

为排除串联舵机引起的硬性故障，通常可以采用两种方法：减小串联舵机的操纵权限或者采用多余度技术（如多余度舵机）。但串联舵机操纵权限的减小将导致需要加大驾驶员的指令输入，会影响飞行控制系统的操纵性能，因此许多驾驶仪将串联舵机与大权限的并联执行机构联用。

1）有限权限串联舵机与大权限并联舵机联用。图 4-36 所示为串联舵机与并联舵机联用的典型结构原理图。在系统中串联舵机完成增稳或阻尼作用，并联舵机提供必需的权限（甚至可能是全权限）来适应飞机航迹的控制或在驾驶杆输入时，作为功率助力器使用，同时便于驾驶员能够监控和抑制串联舵机的硬性故障，在应急情况下，还可以强迫操纵飞机。

2）有限权限串联舵机与并联自动配平系统联用。图 4-37 所示为 A320 飞机纵向舵面控制系统原理图。该系统采用了有限权限的串联舵机与大权限的自动配平系统结合的控制方式，使串联舵机行程提高到全权限。在系统中串联舵机完成增稳或阻尼作用，当串联舵机拉杆位移超过极限位置时，自动配平系统开始工作，操纵舵面完成稳定飞行任务，同时通过中立位置检测开关驱使串联舵机脱离中立位置向中立位置移动，使舵机经常工作在中立位置附近。

2. 阻尼增稳系统和控制增稳系统的认知

（1）阻尼增稳系统的局限性。由于战争的需要和市场需求，用户对飞机飞行的稳定性要求越来越高，大概是 20 世纪四五十年代，阻尼增稳系统已经成为飞行控制系统的必备环节。

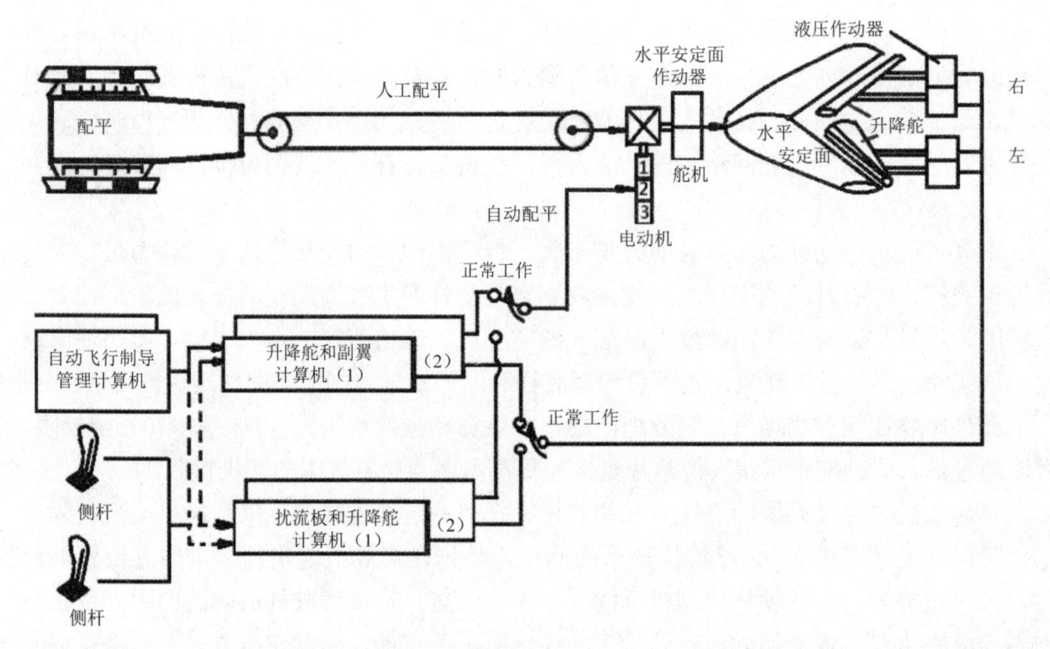

图 4-37　A320 飞机纵向舵面控制系统原理图（有限权限串联舵机与并联自动配平系统联用）

由于飞机向高速高空方向发展，歼击机外形变化（大后掠、三角机翼，细长身），使飞机自身稳定性不足，阻尼增稳系统的出现虽然可以增强因为通过气动外形改变和飞行操纵系统难以提高的稳定性，但不利于飞机的操纵性。为了解决稳定性与操纵性之间的矛盾，飞行控制系统引入了控制增稳系统。

控制增稳系统的演变

阻尼 - 增稳 - 控制增稳 - 电气传动的关系

（2）控制增稳系统的发展。控制增稳系统是在增稳系统（图 4-38）的基础上增加杆力（或杆位移）传感器和指令模型构成的，也就是在增稳系统的基础上增加了前馈电气通道，该通道与驾驶员操纵机械通道（直接驱动舵面偏转）并联，使驾驶员的操纵指令与飞机的响应构成闭环控制，这也是增稳系统与控制增稳系统的根本区别。其优越性在于增大了杆力灵敏度、改善了机动飞行时的操纵力、增大了静态传动比等。

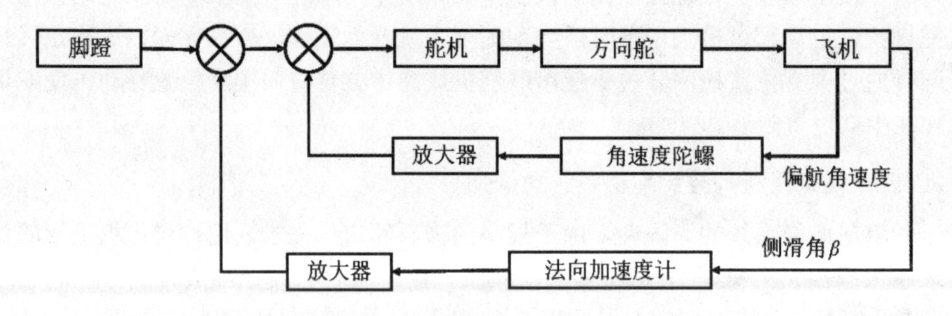

图 4-38　增稳系统原理框图示例

如图 4-39 所示，舵机串接在驾驶杆和助力器的传动杆之间，相当于传动杆的一部分，电气通道与机械通道并联。当驾驶杆不动时，控制增稳系统的指令信号为零，系统只起增稳的作用；当飞机机动飞行时，驾驶员的操纵信号既通过机械通道驱动舵面偏转，同时通过杆力传感器发出指令信号（使操纵量增强），经指令模型，与反馈信号综合后，驱动舵面偏转，总的舵面偏转为上述两舵偏角之和。

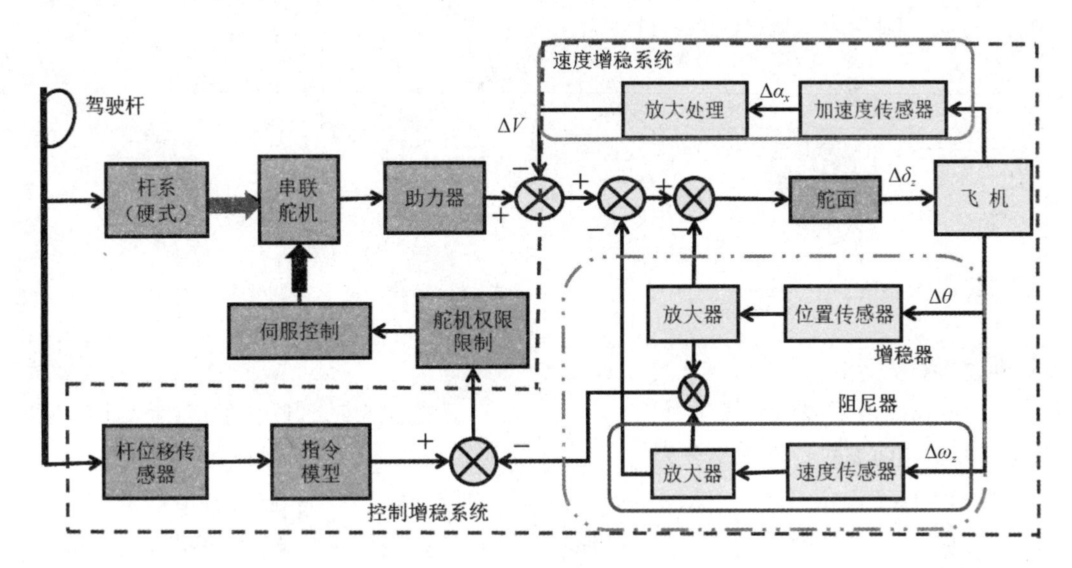

图 4-39 控制增稳系统原理框图示例

早期的控制增稳系统并没有取缔机械传递系统（杆系），建立在不可逆（无回力，串联）助力操纵系统基础上，通过复合摇臂（机械系统）叠加电气通道构成，结构复杂、重量大，此外机械系统存在间隙、摩擦等非线性与弹性变形，难以精确传递微小操纵信号。

控制增稳系统前馈电气通道的操纵权限不是全权限，没有可靠的安全措施保证其前馈电气通道稳定可靠，机械杆系仍然存在。舵机作为自动飞行控制状态下的执行机构，在飞机处于人工飞行控制时相当于硬式连杆与助力器相连，只能传递驾驶员操纵指令而不能进行功率放大，导致其工作时断时续，或快或慢，产生非周期振荡现象，甚至引起舵机输出速度和助力器输出速度不匹配。通常情况下，舵机输出速度总是大于助力器的输出速度，速度不匹配（由舵机到助力器之间的动量差）形成的机械信号在助力器输入端可能引起碰撞，该碰撞反传到驾驶杆，必然导致驾驶杆和助力器输入端的瞬间撞击现象（功率反传问题）出现。

后期控制增稳系统电气通道的权限扩展到全权限，完全取消机械通道，驾驶员操纵信号完全电气化，将飞机飞行控制系统的“电信号”系统升级为电操纵传递系统。

任务实施

请根据以上内容分析如何提高系统稳定性，完成工卡 4-3。

考核评价

表 4-5 任务 3 考核评价细则

评分项	要求	分值 / 分	备注
学习资料浏览	要求阅读“飞机电子设备资源库”——“飞行控制系统与维护”课程的关于“控制增稳系统的认知与分析”环节的学习资源	40	（1）要求提交作业或测验。 （2）要求提交相关笔记
工卡 4-3	正确填写工卡 4-3	30	
团结协作	积极参与资源库平台互动讨论；课上积极回答问题	30	

思考与练习

做一做

1. 所谓舵面的操纵权限就是____________，按照自动驾驶仪舵回路相对人工操纵方式控制舵面偏转角度大小分为__________权限和__________权限两种。

2. 对于确定的飞机，舵面的__________偏转角是一定的，如果舵机拉杆的__________位移对应于__________舵偏角，则称舵机的操纵权限为全权限，否则即为有限权限。

3. 串联舵机连接方式是指____________________________为串联方式。

4. 串联式舵机主要用于________________系统，舵机串在__________和__________之间。

5. 串联式舵机在使用过程可能会出现__________现象、__________现象以及__________硬性故障。

6. 通常在飞机上可采用__________________方式或__________________提高串联舵机的操纵权限而不降低飞机的操纵性。

7. 并联式舵机可使用在__________系统实现该方向力矩平衡。

看一看

1. 舵回路无信号输入时，串联舵机不动作，舵机拉杆随机伸长或缩短，推动助力器阀芯控制作动筒活塞带动舵面运动。（　　）

2. 舵回路无信号输入时，串联舵机不动作，舵机拉杆被制动，舵机相当于普通传动杆，拉动驾驶杆使整个舵机前后移动，推动助力器阀芯控制作动筒活塞带动舵面运动。（　　）

3. 当舵回路有信号输入时，串联舵机的拉杆随控制信号伸长或缩短推动阀芯带动舵面偏转。（　　）

4. 串联式舵机在飞机的飞行过程中可能会出现“力反传”现象，引起驾驶杆和助力器输入端之间的瞬间撞击现象。（　　）

5. 串联式舵机推动助力器阀芯的力会出现“力反传”现象，导致驾驶杆产生非周期性的振荡现象。（　　）

6. 串联舵机可能因为舵机与助力器输出速度不匹配引起“功率反传”现象，导致驾驶杆和助力器输入端之间的瞬间撞击现象。（　　）

7. 并联式舵机推动助力器阀芯的力会出现“力反传”现象，导致驾驶杆产生非周期性的振荡现象。（　　）

任务 4　现代操纵传动系统的分析与认知

任务描述

电传操纵系统是全时间、全权限的“电信号 + 控制增稳”的飞行操纵系统，主要靠电信号传递驾驶员的操纵指令，系统不再含有机械操纵系统。

控制增稳系统是电传操纵系统不可分割的组成部分。如果没有控制增稳功能，系统仅能称为电信号系统，而不能称为电传操纵系统。

电传操纵系统通过电缆将操纵信号电力传递到飞行控制计算机，计算机接收操纵信号或自动驾驶信号等，经处理后向液压助力器发出操纵指令传动舵面偏转，其实质是电气传递操纵信号的液压助力主操纵系统。

任务要求

（1）了解现代操纵传动系统的组成及特点。

（2）能区分余度技术与备份技术。

知识链接

1. 电气传动操纵系统

图 4-40 所示为典型的电传操纵系统原理框图，驾驶员指令信号和由运动传感器反馈的敏感信号被电缆传送至飞行控制计算机，经飞行控制计算机综合、比较、计算形成电信号传送给控制面伺服作动器的电磁阀，伺服作动器在电磁阀控制信号的控制下，将电能量转换成液压能驱动液压舵机的活塞移动，舵面在活塞的收缩作用下产生偏转运动，该运动的位移量或移动速度与综合控制指令为一一对应关系，从而保证飞机的运动状态能平稳跟随驾驶员指令信号或综合控制指令信号。为保证飞行安全和任务的可靠性，电传操纵系统都采用了余度配置技术。

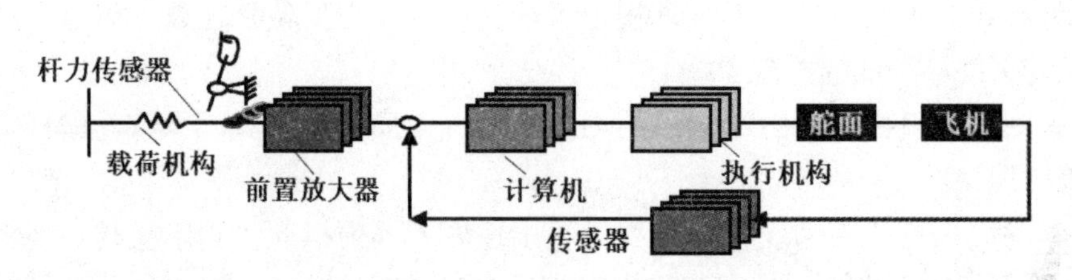

图 4-40　电传操纵系统原理框图

以 3 代战斗机的飞控系统为例（图 4-41），某 3 代战斗机的飞行控制系统为全权限、三轴、四余度数字式兼有两余度模拟备份的电传操纵系统，它为飞机提供足够的稳定性和良好的飞行品质。其组成设备主要包括传感器组件（各种陀螺、加速度计等惯性测量器件和迎角传感器等大气测量器件）、输入设备、飞行控制计算机、舵机和电气传输线路，该系统通过传感器（驾驶员传感器、大气数据传感器、运动传感器等）自动感知飞机当前的飞行姿态和飞行状态，并将该信息转化为现代操纵传动系统所需的电信号或光信号，通过传输电缆或光纤输入飞行控制计算机内进行综合处理，形成各路综合显示控制信号送至综合显示系统、液压助力系统、监控系统进行下一步的操作控制。

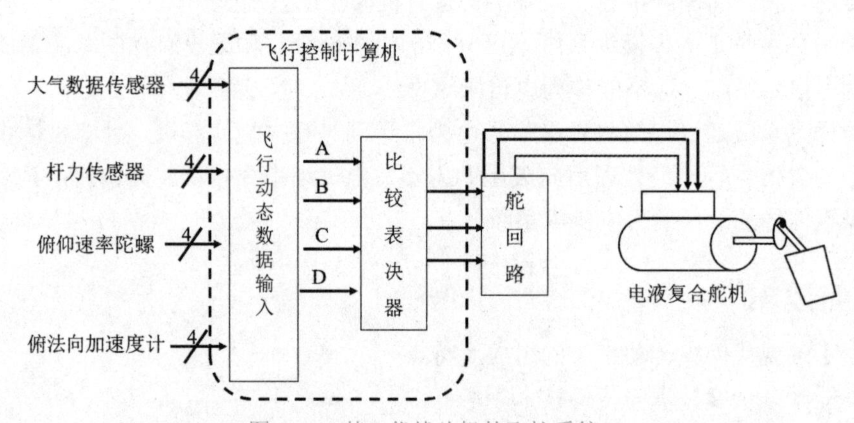

图 4-41　某 3 代战斗机的飞控系统

（1）电传操纵系统。

1)模拟式电传操纵系统。最早的电传操纵系统(模拟式电传操纵系统)由模拟式传感器、模拟计算机和输入输出设备构成。如雷式战斗机——AJ37，它采用了机械操纵系统带全套伺服器和全权限，外加限制 5 度偏转的模拟式飞控系统，如图 4-42 所示。模拟式电传操纵系统已经开始使用杆力传感器提升飞行员操纵性，同时增加了稳定和减振功能以及模拟式自动驾驶仪。

2）半数字式电传操纵系统。半数字电传操纵系统在模拟式电传操纵系统的基础上采用数字式飞行控制计算机，是世界上第一种在机械操纵基础上增加数字控制系统的自动飞行控制系统，该系统消除了模拟控制系统的偏差，仍旧采用模拟式传感器，系统框图与模拟式电传操纵系统相同。

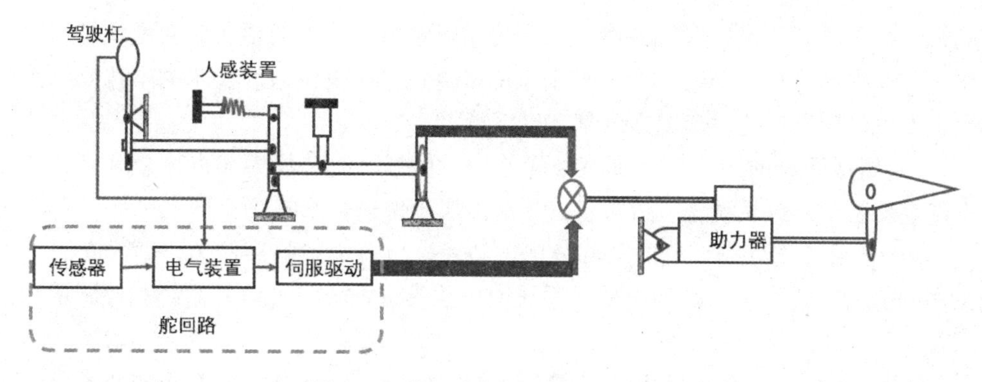

图 4-42　模拟式电传操纵系统框图

3）数字式电传操纵系统。数字式电传操纵系统是采用数字式传感器、数字计算机和输入输出设备的全数字式系统，如图 4-43 所示。在 JA37 电传操纵实验获得成功后，萨博公司展开了对 JAS39 鹰狮的电传操纵系统研发，取消了机械操纵系统备份，转变成全数字式电传操纵系统。为了提高安全性，数字式电传操纵系统采用了多余度设计，操纵系统额外增加一个状态监控表决器，随时监测和判断操纵通道的正常与否。

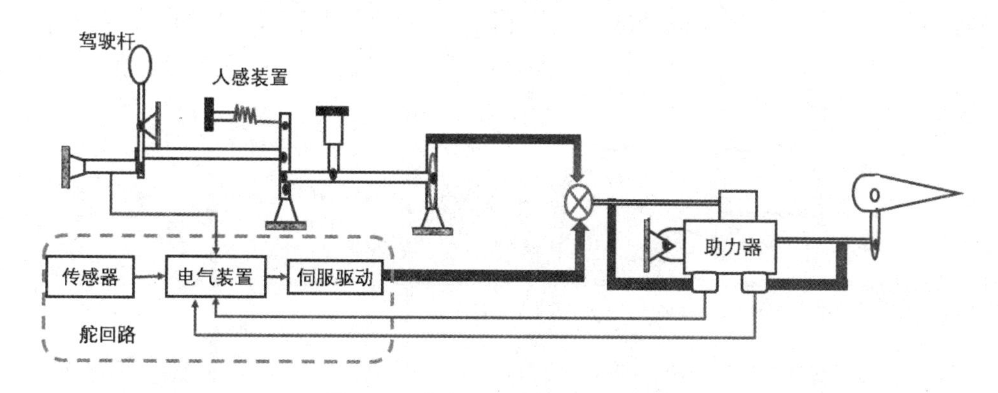

图 4-43　数字式电传操纵系统框图

数字式电传操纵系统大量采用的软件设计，节省了硬件；有更大的灵活性；可以减少无谓断开次数；有更小的故障瞬态；自检测能力强；采用数字数据总线，有很强的数据传输能力；去除了机械传动系统，大大减小了操纵系统的重量和体积；节省了设计和安装的时间；减少了维护工时；消除了机械操纵系统中非线性因素的影响；改善了飞机的飞行品质；简化了主操纵系统与自动飞行控制系统的组合；在驾驶舱内采用了小操纵杆，可随意安装在侧面或中间，为优化座舱的控制与显示布局提供了更大的自由度；飞机的稳定性由电传操纵系统实现，解决了飞机的机动性与稳定性之间的矛盾；便于实现空气动力与“隐身”；减小了飞机的雷达反射截面面积，提高了飞机“隐身”能力等。

（2）余度系统。依据美国军用标准 MIL-F-9490D 的定义，所谓余度就是“需要出现 2 个或 2 个以上的独立故障，而不是一个单独故障，才能引起既定的不希望工作状态的一种设计方法”。为保证电传操纵系统的安全可靠性以及系统容错能力，飞行控制系统

在舵机（部件级）和系统（组件级）方面采用了余度技术（即引入多套系统执行同一项工作任务）提高飞行可靠性，余度技术也称多重技术。采用余度技术的电传操纵系统也称多余度电传操纵系统，余度系统具有以下特点：

1）对组成系统的各个部分具有故障监控、信号表决的能力（也称余度管理能力）。若不满足就表示操纵系统含有机械备份系统，属于伪电传系统。

2）一旦系统或组成系统的某部分出现故障，应有故障隔离能力，即应有二次故障能工作的能力。若不满足则为电信号系统，电传操纵系统是电信号系统和控制增稳系统的结合。

3）出现故障后，系统能重新组织余下的完好部分，具有故障安全的能力，并在少量降低性能指标的情况下继续承担任务。

余度技术

图 4-44 所示为四余度表决系统。四余度杆力传感器接收驾驶员指令输入信号；四余度传感器含速率陀螺与加速度计，提供增稳信号；四余度综合补偿器属于电子组件，也是模拟试飞行控制计算机，完成数据处理、增益调整、滤波、动态补偿、信号放大等功能；四余度表决器 / 监控器，完成信号选择和故障监控、检测、识别及隔离故障信号，使其不会被传至舵机上去。四余度表决系统采用了余度舵机设计，四个舵回路通过机械装置共同操纵一个助力器使舵面偏转，若有两个舵回路是故障信号，助力器仍可按正确信号工作，具有双故障工作能力。

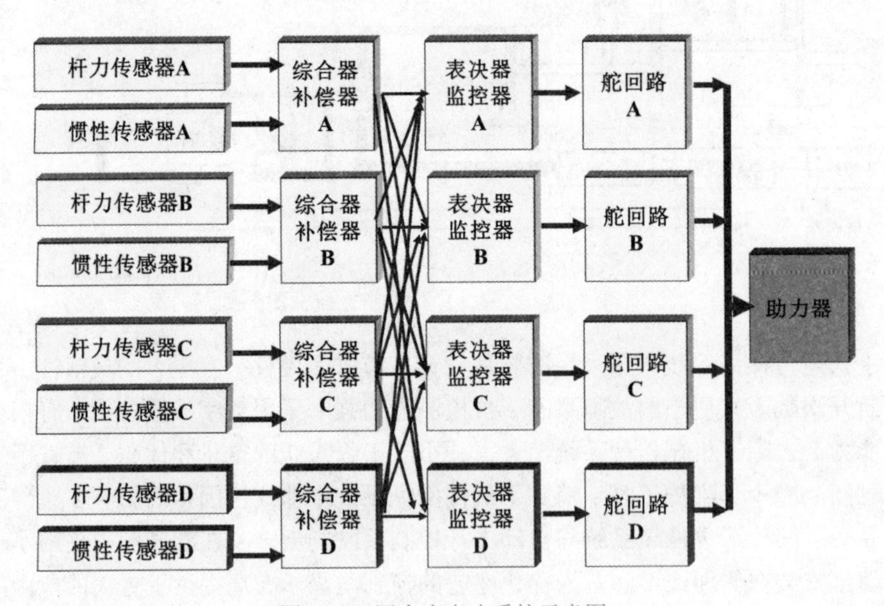

图 4-44　四余度表决系统示意图

余度系统根据结构和运行方式的不同分为三种。

- 第一种为并联开关结构，当系统或通道中任一部件出现故障时，不需要外部部件实现故障的检测、判断和转换，原故障系统或通道保持正常工作状态。
- 第二种为多数表决逻辑结构，当系统或通道中任一部件出现故障时，需要外部部件实现故障的检测、判断，但不需要转换，原故障系统或通道保持工作状态。

- 第三种为备份余度结构，当系统或通道中任一部件出现故障时，需要外部部件实现故障的检测、判断，同时转换到另一通道或系统代替原故障系统工作。

综上所述，具有余度技术的电传操纵系统可以采用多个子系统主动同时并列工作的方式，如并联开关结构和多数表决逻辑结构；也可以采用一个子系统或部分子系统工作，其他子系统处于备份状态的方式，如备份余度结构，达到提高机械操纵系统可靠性的目的，采用余度技术的实质就是通过消耗、应用更多的资源来换取飞行控制可靠性的提高。

余度技术的核心在于余度数的设置、信号表决、故障监控的设置与运行方式，并不是余度数越高，系统越可靠，实践数据分析表明，余度数超过一定值时，系统可靠性提升速度将大大降低。此外，当电传操纵系统采用同样余度数配置，但采用不同的信号表决（选择）方式、故障监控与隔离方式时，可获得差异很大的可靠性。总而言之，电传操纵系统采用余度技术时，希望达到同样可靠性指标和余度等级所需的余度数尽可能少，目前飞行控制系统普遍采用二余度、三余度以及四余度系统。

（4）备份系统。为确保电传操纵系统的安装可靠性，现阶段电传系统除采用主通道的余度配置外，还设置了备份系统或通道，其目的是当主余度系统出现故障时，备份系统能保证飞机安全返航和着陆。飞行控制系统的备份系统可以采用机械通道，也可采用电气通道。备份系统与余度系统的区别在于备份系统可以与主系统完全无关，也可以由主余度系统中部分部件，再加上备用部件组成，但不能用主系统中的计算机（备份系统是为预防主系统计算机损坏而设计的）。

备份技术

备份系统要求结构简单、坚固耐用、高度可靠，只保证返航着陆，一般用模拟式的电路实现。备份系统可以采用开环式系统，也就是没有反馈控制功能，仅适用于没有放宽静稳定性的飞机；也可以采用闭环式电传系统，主要用于在特殊条件下工作（如应急返航、着陆等）。

2. 光纤传动操纵系统

虽然电传操纵系统有机械式传动操纵系统无法比拟的优越性，它仍旧存在一个致命的缺点，就是不能防御雷电，抗电磁干扰和电磁冲击的能力比较差。为了解决这个问题，现代飞行控制系统引入了光纤传动操纵系统（FBL），该系统不再采用电缆传输技术，取而代之的是采用了光纤传输技术。

光纤传动操纵系统就是在飞行器的航空电子系统和飞行控制系统中采用光纤作为信号传输的媒介，信号以光的形式传递。图 4-45 所示为光纤传动操纵系统，主要包括驾驶员指令模型、传感器 / 变换器、计算机、光 / 电和电 / 光转换器、数据总线、连接器及舵机等组成器。光纤传动操纵系统的传感器均采用了光传感器，该类型传感器可将敏感的信号转换为脉宽调制的数字式信号，并将其传送给飞行控制计算机，与舵机状态反馈信号进行综合，形成舵面控制指令，经舵回路驱动舵面偏转，从而完成对飞机的操纵。在光纤传动操纵系统中利用光纤复用技术在一根光纤中同时传输若干路信号，极大地提高了传输效率和传输容量。

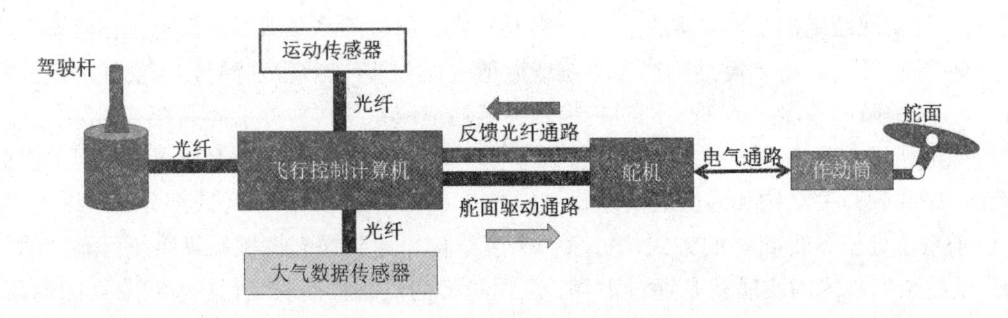

图 4-45　光纤传动操纵系统原理图

（1）光传感器。光传感器是光纤传动操纵系统的重要组成部分，如光纤旋转传感器、光纤加速度计等，飞机上光传感器大多采用被动式光传感器，不需要电源或进行任何电子处理，输出为根据被测量调制后的光信号，如图 4-46 所示。在信号转换过程中，光信号的处理由完全屏蔽了电磁干扰的独立电子元件进行。

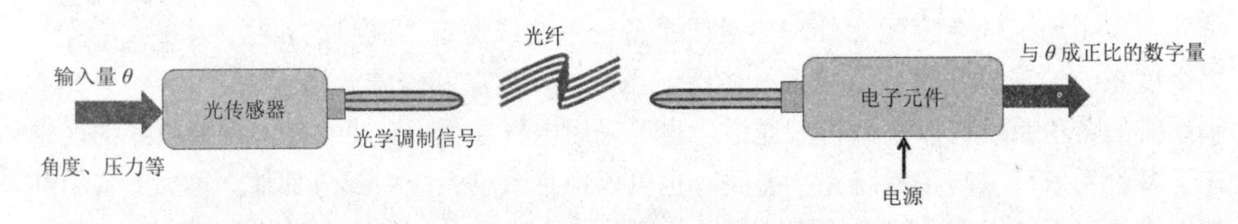

图 4-46　光传感器工作原理示意图

（2）光纤复用技术。

1）时分复用技术（TDM）。所谓时分复用技术就是在一根光纤中同时传输若干路信号，把传输时间分为若干时隙，在每一时隙内传输一路信号，各个信道按照一定的时间顺序进行传输。该技术广泛应用在光纤通信领域。

2）波分复用技术（WDM）。所谓波分复用技术就是在一根光纤中同时传输若干个不同波长的光信号，不同波长的信号在同一光纤中传输时彼此独立，可同时在一根光纤中传输多种信息，实现多信号传输，充分利用了光纤的巨大带宽资源，使传输容量成倍增加。在 WDM 系统的发送端，不同波长的光信号 λ_1，λ_2，…，λ_n 通过合波器，使各光波耦合进入一根光纤传输，在接收端通过分波器对各光波信号进行分波处理，获得各路信号，WDM 方式总的传输容量为各个波长信号传输容量之和。图 4-47 所示为光纤传输的双向结构，即不同波长的光信号可以进行正反两个方向的传输。

（3）光纤传动操纵系统的优点。光纤传动操纵系统能有效地防御电磁感应、电磁干扰及由雷击或闪电引起的电磁冲击，还可以有效地消除各信号间的串扰，可以极大地减少系统的重量和尺寸；同时光纤具有频带宽、容量大，传输信号速度高等优越性；在光纤内可以利用时分复用或波分复用技术实现多路信号的传输；此外光纤还具有电隔离性好、传输损耗低、价格便宜的优点；因为光纤具有良好的电隔离性，极大地避免了电火花的产生及引起爆炸的危险。

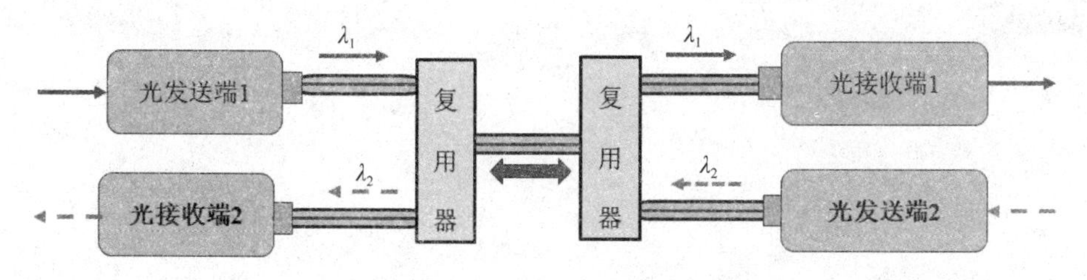

图 4-47　光纤波分利用复用技术实现信号的双向传输

任务实施

根据以上内容完成任务实施卡 4-4。

考核评价

表 4-6　任务 4 考核评价细则

评分项	要求	分值 / 分	备注
学习资料浏览	要求阅读“飞机电子设备资源库”——“飞行控制系统与维护”课程的关于“现代传动操纵系统”环节的学习资源	40	（1）要求提交作业或测验。（2）要求提交相关笔记
工卡 4-4	正确填写工卡 4-4	30	
团结协作	积极参与资源库平台互动讨论；课上积极回答问题	30	

思考与练习

做一做

1．电传操纵系统的信号传输途径是＿＿＿＿＿＿＿。

2．余度技术的实质是＿＿＿＿＿＿＿＿＿＿＿＿＿＿＿＿＿＿＿＿＿＿＿＿＿＿＿＿＿。

3．余度技术与备份技术的区别是＿＿＿＿＿＿＿＿＿＿＿＿＿＿＿＿＿＿＿＿＿＿＿＿＿＿＿＿。

4．光纤传动操纵系统与电传操纵传动系统相比，优势在于＿＿＿＿＿＿＿＿＿＿＿＿＿＿＿＿＿＿＿＿＿＿＿＿＿＿＿＿。

想一想

1．电传操纵系统与“电信号”系统的区别。

2．综合比较电传操纵系统与传统的机械操纵传动系统的不同。

随手笔记

自动飞行控制检测设备及维护

2004年6月10日，中国国际航空公司的波音737型B-2650号飞机执行北京前往香港的CA109/110航班。飞机在香港落地，机组报告：在1800英尺（548.64米）高度脱开自动驾驶仪时，飞机突然大坡度向右倾斜，难于操纵；飞机发动机、液压系统、襟翼等均正常。着陆后，驾驶盘处在向右侧满盘位置。

经过地面机务人员检查发现：该飞机驾驶盘向右偏6度左右，飞机右副翼向上、左副翼向下。人工操作副翼配平电门，将驾驶盘回中立，检查副翼翼面位置平齐，指示正常。人工操纵驾驶盘左右能转到最大，无卡阻且能自由回到中立位，初步检查飞机副翼系统工作正常。后经国航总部对FDR（飞行数据记录器）进行译码。因为波音737型飞机的副翼配平控制系统在任何情况下都可以由人工触动副翼配平电门而使作动器（马达）运作，所以飞机处于自动驾驶飞行状态时，即使有意人工操作副翼配平电门，飞机的姿态仍由自动驾驶仪操控。虽然副翼配平作动器已经产生了相应的动作，但并不会产生改变飞机姿态的最终作用；当飞机脱开自动驾驶仪，转入仪表飞行状态——由驾驶员人工操控飞机时，由于已经产生的副翼配平作动器的动作，即会改变副翼动力控制组件的状态而最终使副翼产生相应的运动，从而改变飞机的正常飞行姿态。

自动飞行控制系统怎样才能和人工驾驶无缝衔接？它具有哪些工作状态？

能力目标

★具备阅读和理解飞机运动传感器维修工艺流程资料的能力。

★了解运动传感器的常见故障及维护。

★具备维护自动回零系统典型机构的能力。

★具备维护自动配平系统典型机构的能力。

知识目标

★了解飞行控制系统运动传感器的工作原理及重要性。

★了解自动飞行控制系统的发展。

★了解自动回零系统的作用及基本工作原理。

★了解自动配平系统的作用及基本组成。

★熟悉典型自动飞行控制设备的基本结构。

★熟悉典型飞行参数自动检测设备的基本结构。

素质目标

★培养“按技术资料、工艺文件办事”的职业习惯和“遵章守纪”的职业素养。

★激发学生学习飞行控制系统的维修新技术、新思维的积极性。

★培养学生企业“匠师”精神。

任务1　自动驾驶仪的维护

任务描述

自动飞行控制系统的纠错和监控功能作为人工操作不完美的补充，在地面运输工具仍旧使用初级自动驾驶系统的时代，已经在飞机的飞行控制过程中大行其道，特别是商用或民用飞机，人工操纵成了辅助存在。自动飞行控制设备性能的好坏、数据的准确性直接关系到飞机的飞行安全。

项目5中针对自动飞行控制检测设备主要介绍两大内容：飞机自动飞行控制设备和飞机运动参数的自动检测。当自动飞行控制系统出现故障时，首先需要检测的是飞行控制计算机，若飞行控制计算机无故障，则需检测自动飞行控制设备，最后检测运动传感器。

自动飞行控制设备主要介绍了自动回零机构和自动配平电动机构，运动参数检测设备主要介绍了迎角传感器、加速度计以及陀螺仪三种具有不同特点的传感器。

了解自动飞行控制设备的机构组成、工作原理、技术资料、维护工艺流程是保证自动飞行控制设备正常运行的基础。

任务要求

（1）了解自动驾驶仪的发展历程。

（2）熟悉自动驾驶仪的工作原理。

（3）了解自动驾驶仪的工作状态。

知识链接

自动驾驶仪的工作特点

1. 自动驾驶仪的认知

所谓自动飞行控制是指飞机驾驶员通过控制面板上的模式选择按钮（或开关、旋钮、键盘等），给出控制模式要求，飞行控制系统自动控制飞机按照给定的模式飞行，基本控制过程和原理与人工控制飞行时相同。驾驶员只需监视显示信息，不需要对驾驶杆等装置进行操作。

早期的飞机没有综合飞行控制系统，只能通过具有简单阻尼系统的自动驾驶仪（图 5-1）控制飞机飞行姿态角运动来实现对飞机的自动控制，伴随着战争的发展自动驾驶仪已经具备自动控制和保持飞机飞行高度、飞行速度、飞机轨迹的功能。20 世纪中期是电子技术、计算机技术急速发展的时期，第二次世界大战已经结束，飞机逐渐成为出行利器。为保证飞行安全可靠，自动驾驶仪开始与传感器系统、综合显示系统、导航系统结合，形成现代飞行综合管理系统。表 5-1 中列出了 20 世纪 90 年代前国内外部分飞机自动飞行控制系统配备情况。

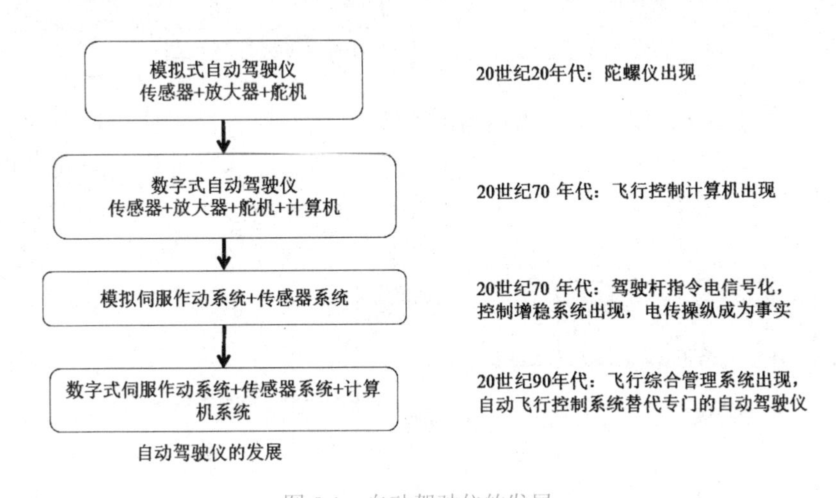

图 5-1 自动驾驶仪的发展

表 5-1 20 世纪 90 年代前国内外部分飞机自动飞行控制系统配备情况

飞机型号		年代	飞行控制系统配置
军机	F-86	美国第一代喷气式战斗机 1949 年服役	阻尼器
	XB-70	美国高空高速战略轰炸机 1965 年 7 月 17 日首飞	三轴阻尼器
	F-105D	美国空军第一型超音速战斗轰炸机 1958 年 5 月服役	三轴增稳系统
	F-15	美国空军超音速喷气式四代战斗机 20 世纪 80 年代至 90 年代主力机种	二余度三轴控制增稳系统

续表

飞机型号		年代	飞行控制系统配置
军机	F-16	美国空军一型喷气式多用途战斗机 20 世纪 80 年代至 90 年代主力机种	四余度电传飞行控制系统
	幻影 2000	法国空军第一种单发三角翼多用途四代战斗机 20 世纪 70 年代研制	电传飞行控制系统
	米格 -23	苏联 / 俄罗斯超音速喷气式二代战斗机	三轴增稳系统
	苏 -27	苏制第三代战机 1985 年进入部队服役	模拟式电传飞行控制系统
	歼轰 -7	中国空军超音速二代战斗机 1984 年服役	控制增稳系统
	歼 -10	中国空军超音速三代战斗机	电传飞行控制系统
民机	波音 737	控制增稳系统	
	波音 747	带机械备份的四余度电传飞行控制系统	
	A320	电传飞行控制系统	
	A380	空中客车公司生产的光传 / 电传混合的双飞行控制系统	

（1）自动驾驶仪的组成。以某战斗机为例，自动驾驶仪主要包括自动回零机构、自动驾驶仪放大器、信号转换器、速度陀螺传感器组、速度计组、副翼调校控制盒、低高度拉起控制盒、延时电路盒等组件，如图 5-2 所示。

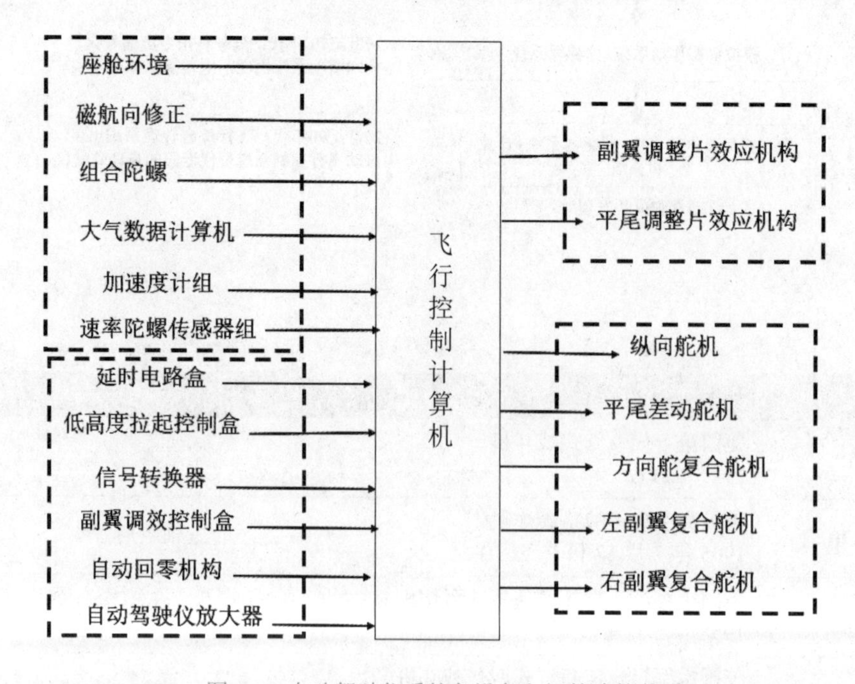

图 5-2　自动驾驶仪系统各设备之间的连接关系

1）自动回零机构。自动驾驶仪的自动回零机构主要用于接收航向姿态系统输出的姿态、航向信号，并协调俯仰角、滚转角以及航向角的瞬时值；转换自动驾驶仪的“准备”“稳定”“改平”等工作状态，并在各种状态下，输出相应的俯仰角、滚转角、航向角信号；完成自动接通定向和航向稳定的逻辑转换。

2）自动驾驶仪放大器。自动驾驶仪放大器用来实现对自动飞行控制信号的综合、放大、校正后输出电信号经电缆或光纤到达液压助力系统形成舵面伺服控制信号，驱动舵机工作。

3）信号转换器。信号转换器实现自动驾驶仪各信号（3 个姿态角、3 个姿态角速度、高度差、迎角、法向加速度、侧向加速度以及副翼 - 方向舵联动偏转角 $\delta_{x\text{-}y}$）的传动比调节和线路转换，属于电气控制装置。

4）速率陀螺传感器组。速率陀螺传感器组安装在飞机重心位置处，自动感受绕飞机机体坐标系三个轴的转动角速度，并将角速度成比例地变换为电压信号，作为阻尼信号阻尼飞机振荡改善飞机飞行的动态品质。

5）加速度计组。加速度计组安装在飞机重心位置处，用来自动测量飞机沿机体坐标系三轴方向的加速度，尤其是沿机体立轴方向的法向加速度和沿机体横轴方向的侧向加速度，并将加速度转换为成比例的电压信号输出。

6）副翼调校控制盒。副翼调校控制盒由各种不同的继电器组成，实现对副翼调整片效应机构的“自动”和“手动”工作状态的转换，如图 5-3 所示。

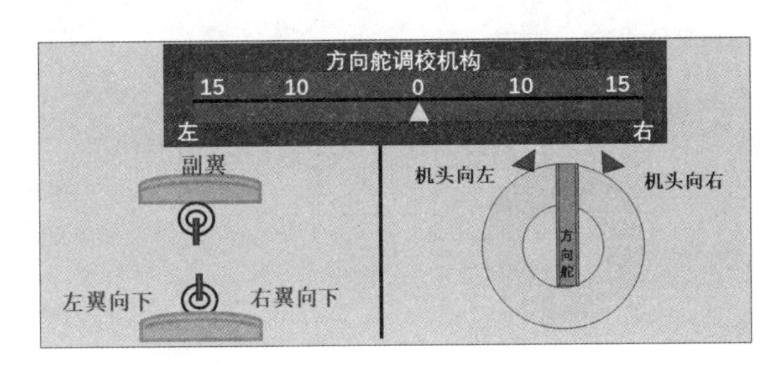

图 5-3　副翼调校控制盒

7）低高度拉起控制盒。当飞机飞行高度低于给定预调（危险高度，民航也称决断高度）高度时，通过控制盒的转换，使自动驾驶仪系统进入改平状态，并发出强迫拉起的指令；当飞机脱离预调高度后，经 3 ～ 5 秒延时后，控制盒发出接通定高飞行的指令信号；在“改平”状态下，当飞机处于大坡度滚转角度甚至机身上下颠倒时，控制盒发出使系统进入强迫滚转改平的信号，并切断俯仰信号。

8）延时电路盒。延时电路盒主要用于延迟自动驾驶仪俯仰通道接通“改平”状态的指令。

（2）自动驾驶仪的作用。

1）自动驾驶仪可以阻尼纵向短周期振荡和荷兰滚振荡，改善飞机的飞行品质，从

而提高武器投放准确性。

2）自动驾驶仪可以稳定飞机驾驶员给定的飞行姿态、航向和飞行高度，从而减轻驾驶员的工作负担。

3）自动驾驶仪的配备可以实现飞机的转场或连续出动、在任意空间将飞机自动改平、按预定的危险高度自动拉起飞机并保持水平飞行等机动任务，提高飞机的安全性。

4）自动驾驶仪可以实现飞机的俯仰、滚转通道力矩的自动配平。

（3）自动驾驶仪的控制开关。在飞机的整个飞行过程中，飞行的自动控制和人工操纵基本不会同时进行，也就是说自动驾驶仪与飞机驾驶员控制操纵系统通过一定的关联关系共同控制舵机带动舵面偏转，舵机和助力器既是操纵系统的执行部件也是自动驾驶仪系统的执行机构。舵机与人工操纵系统之间的关联关系根据所属通道不同略有差异，通常滚转通道和航向通道的机械复合机构设置在电液复合舵机内，俯仰通道因采用分离式舵机，设置了专门的机械复合机构（复合摇臂）。

飞机的舵面受三个方面的操纵，驾驶杆（脚蹬）、舵机（自动驾驶仪执行机构）和调校机构三个指令经过复合校正后控制舵面的偏转，如图 5-4 所示，因此驾驶员可以通过各种开关按钮实现自动驾驶仪工作状态的转换（表 5-2）来实现对飞机舵面偏转的控制，如调校机构除在特定条件下被自动接通外，可由驾驶员按压驾驶杆上的调校控制电门手动接通。

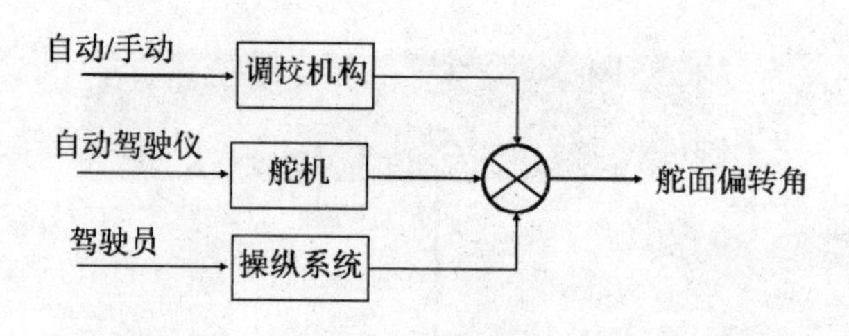

图 5-4　舵偏转复合指令示意图

表 5-2　自动驾驶仪工作状态与控制开关位置

分类	开关名称	作用	位置
指示设备	自动驾驶仪稳定灯钮	按压按钮，飞机处于稳定姿态角时指示灯亮	仪表板
	“驾驶仪”故障灯	自动驾驶仪出现故障时指示灯亮	外挂信号灯盒
	“低高度拉起”指示灯	当飞机低于预定高度时指示灯亮	
带指示器的控制开关	自动驾驶仪“改平”按钮	在驾驶员失去空间定位的情况下，使飞机从任意姿态改为水平飞行状态，并在规定的滚转角和航迹倾斜角范围内自动接通高度稳定控制，使飞机保持接通时的气压高度飞行	驾驶杆
	自动驾驶仪“稳定切断”按钮	按压按钮使飞机从稳定飞行状态脱离出来，松开按钮飞机保持稳定飞行状态	

续表

分类	开关名称	作用	位置
带指示器的控制开关	自动驾驶仪“切断”按钮	按压按钮使飞机从自动飞行状态脱离出来，驾驶员进行人工操纵；松开按钮在稳定和改平状态，松开驾驶杆实现对飞机纵、横向力矩自动配平。	驾驶杆
	平尾调校机构操纵电门	驾驶员手动控制或当舵机的杆位移超过相当于舵面±1°的舵面偏度时，接通调校机构，从而增大舵面的偏转量（操纵权限）	
	副翼调校机构操纵电门	驾驶员手动控制或当舵机的杆位移超过相当于舵面±3°的舵面偏度时，接通调校机构，从而增大舵面的偏转量（操纵权限）	
控制电门	低高度拉起工作电门	在稳定和改平状态下，飞机按雷达高度表给出的预调高度自动改平并拉起，以给定的航迹倾斜角爬升；当飞机脱离预调高度后，经延时接通高度稳定控制，保持飞机等高飞行	操纵台
	自动驾驶仪工作电门	使飞机进入自动飞行控制状态	
	自动驾驶仪断路器	按压按钮断开 / 接通自动驾驶仪电源	
	横滚工作电门	在稳定和改平状态下，单独切除横向通道，使副翼舵机上锁，驾驶员人工操纵飞机快速横滚，此时自动驾驶仪只有纵向和偏航阻尼功能	

此外还有调校机构中立位置指示灯、助力液压系统压力信号开关等，这里不一一赘述。

（4）自动驾驶仪的工作过程。自动驾驶仪工作时，以飞机为控制对象实现对飞机不同运动参数的控制与稳定。根据自动驾驶仪进入飞行控制系统的过程可以分为四个工作阶段。

第一个阶段为自动驾驶仪的准备阶段，也称同步阶段、回零阶段。自动驾驶仪在飞机执行飞行任务时，只有在飞机具有某种基准运动姿态或某种条件时，才能接入飞行控制系统。在自动驾驶仪断开和接入的过程中，舵机输出杆的位置状态和运动状态是否与人工飞行控制无缝衔接，是影响飞机飞行品质的主要因素，否则飞机将出现突然颠簸、摇摆现象。

所谓自动驾驶仪的准备过程（回零过程），是指自动驾驶仪衔接时，保证舵面伺服驱动系统输出电信号为零，即自动驾驶仪的工作状态与当时飞行状态同步，防止自动驾驶仪接入或断开期间，舵面的突然偏转。根据自动驾驶仪回零过程完成位置的不同分为作动筒的回零同步（图 5-5）和飞行控制计算机内部的回零同步（图 5-6）。

第二个过程是航姿操纵控制过程，此时自动驾驶仪根据输入信号，通过执行机构舵机控制舵面偏转，属于飞机姿态角运动的控制过程，也是舵回路的工作任务。

第三个过程是航姿稳定控制过程，自动驾驶仪通过航姿稳定控制回路稳定飞机的姿态，即稳定飞机的角运动，该过程涉及了飞机的动态特性。

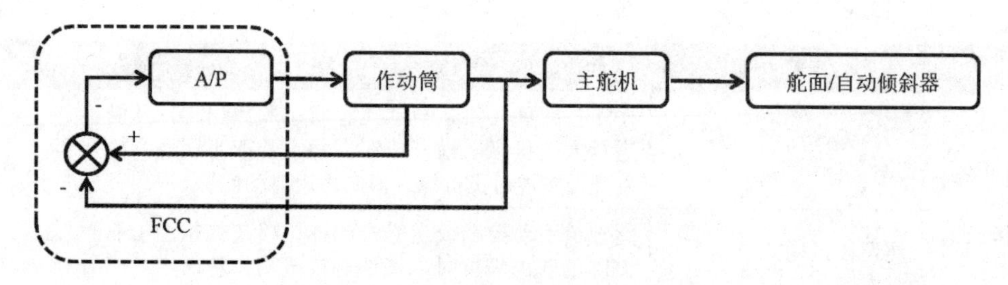

图 5-5　作动筒的回零同步原理框图

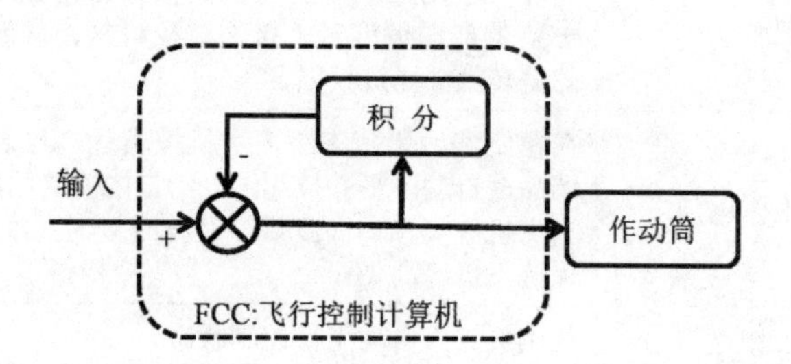

图 5-6　飞行控制计算机内部回零同步原理框图

第四个过程是航迹稳定控制过程，建立在飞机重心位置或速度的测量基础上，借助飞机空间位置几何关系，实现对飞机重心的运动即飞机运动轨迹的控制。

总而言之，自动驾驶仪通过回零进入飞行控制系统后主要有两种工作状态。当无外来输入指令时，自动驾驶仪处于飞机姿态角稳定工作状态，此时自动驾驶仪根据给定的基准状态，使飞行尽量不受外界干扰的影响，消除飞机相对给定基准的偏离，实现飞机沿三个轴的角运动的稳定；当有外来操纵指令输入希望改变飞机原基准状态的运动时，自动驾驶仪工作在操纵状态，可以自动地控制飞机按所期望的姿态飞行。外来的输入指令相当于在原基准信号的基础上附加一个给定的增量信号，可以来自驾驶员在控制面板上的控制，也可以来自其他系统如飞行管理计算机等。

2. 自动驾驶仪的典型故障

随着飞机的操纵性和稳定性的提高，飞机的自动驾驶仪系统也越来越复杂，即使是最简单的自动驾驶仪系统，其部组件个数也多达 30 多个，且线路复杂交连。作为现代飞机飞行控制不可缺少的部分，自动驾驶仪一旦出现故障，飞机将无法正常飞行，因此，在飞机每次执行飞行任务前或完成飞行任务后，都应对自动驾驶仪进行性能检测和维护。

根据自动驾驶仪故障形成原因，我们可以将故障分为四类。

（1）人为故障。人为故障主要指因飞机维修人员或驾驶员人为操纵不当导致自动驾驶仪出现的可避免的故障。如对自动驾驶仪进行地面通电检测时，操作人员在没有断开自动驾驶仪的情况下，先断开液压系统，造成自动驾驶仪的执行机构受损，根据维修人员在产品维修不同阶段的分析，其人为故障的发生情况见表 5-3。

表 5-3　自动驾驶仪人为故障的产生原因

维修阶段	误操作	后果
飞机在地面通电自检测时	维修人员无意识移动驾驶杆（或脚蹬）	舵机拉杆开关与自动驾驶仪计算机之间的保险丝断开
产品维修过程中	仪表（如万用表）测量电量（如电压）时，挡位选择不当（测量电压时选用电流挡，测量交流时，选用直流挡）	线路短路损坏自动驾驶仪系统内电子产品
	维修人员在未断开电源的情况下，拆装自动驾驶仪系统内的部组件	造成其部组件的电子产品受损（如短路）
自动驾驶仪自动检测结束时	维修人员在没有关闭自动驾驶仪的情况下，先关闭液压或应急泵	舵机放大器及串联舵机烧坏
产品装配过程中	维修人员没仔细查看技术文件装错不同规格的螺栓	部组件的短路或接地不良

在飞机维修过程中，因为维修人员操作不当而造成的人为故障提醒维修人员在上岗之前必须经过严格的岗位培训；维修过程中应严格按照操作工艺流程，维修完成后切记断开自动驾驶仪前禁止关闭液压系统；自动驾驶仪进行自检时禁止操纵驾驶杆或脚蹬；自动驾驶仪通电时禁止拆装部组件等，避免不必要的“二次受损”，扩大产品故障。

（2）机械故障。所谓机械故障，是指自动驾驶仪系统的机械传动装置，如操纵拉杆出现卡滞现象，导致自动驾驶仪的操纵指令不能正确地传送到执行机构，进而导致活动舵面的偏转运动滞后于操纵指令，甚至与操纵指令不符。如在飞机进行地面通电试车过程中，接通自动驾驶仪航向通道时，操纵人员脚踩脚蹬前后移动时，尾舵偏转不顺畅有卡滞感。

机械故障在日常检修和飞行中出现的频率较高，主要表现在自动驾驶仪系统内硬式拉杆开关弹簧的弹力发生变化，导致其大于或小于产品技术标准规定的范围。当驾驶员操纵杆力小于拉杆开关的断开力时自动驾驶仪不会被断开，活动舵面（升降舵、方向舵或副翼）被卡死、舵振动或用力操纵驾驶杆或脚蹬时，舵面会一节一节地向计划方向偏转等。若出现此故障，我们首先应调整拉杆开关的断开力是否符合要求，若不符合要求，可通过调整拉杆开关或更换拉杆开关的方法排除故障。

（3）硬故障。所谓自动驾驶仪系统硬故障是指系统内某部件出现故障或动、静压系统密封性不好导致自动驾驶仪输出的控制信号不稳定而形成故障。如飞机在某次空中飞行到达基准速度或计划飞行状态时，驾驶员接通自动驾驶仪后，发现自动驾驶仪倾斜通道出现故障，导致横向姿态有摇摆现象。系统硬故障包括信号源故障（如地平仪故障、加速度计故障、速率陀螺故障等）、执行机构故障（如串联舵机故障、并联舵机故障）、电子部组件故障（如飞行控制计算机故障、操纵台故障等）以及大气数据传感器故障（如全静压系统管道密封不严等）。

（4）系统软故障。所谓自动驾驶仪系统软故障，是从维修角度出发的，主要包括系统内线路短路、断路或部组件插钉接触不良引起的故障。系统软故障在飞机地面通电检

测时，一般不容易发现，经常在空中飞行时才能出现。如飞机在试飞过程中，驾驶员在空中接通自动驾驶仪系统的高度保持控制按钮，发现飞行高度无法保持，飞回地面后经地面模拟通电检测，发现自动驾驶仪系统的一个保险丝被烧断。

任务实施

图 5-7 所示为某自动驾驶仪的原理框图，此时自动驾驶仪正工作在姿态角自动稳定过程，请大家根据任务 1 知识链接内容，完成工卡 5-1。

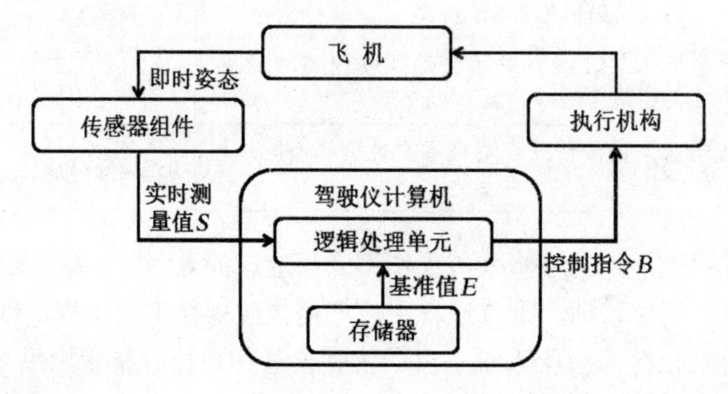

图 5-7　自动驾驶仪原理框图

考核评价

表 5-4　任务 1 考核评价细则

评分项	要求	分值 / 分	备注
学习资料浏览	要求阅读“飞机电子设备资源库”——“飞行控制系统与维护”课程的关于“自动飞行控制设备的拆装与维护”环节的学习资源	30	（1）要求提交作业或测验。 （2）要求提交相关笔记
工卡 5-1	正确填写工卡 5-1	40	
团结协作	积极参与资源库平台互动讨论；课上积极回答问题	30	

思考与练习

做一做

1．自动驾驶仪可以阻尼纵向 ________ 振荡和横向 ________ 振荡，改善飞机的飞行品质，从而提高武器投放准确性。

2．自动驾驶仪通过控制飞机 ________ 运动实现飞机飞行姿态和飞行状态的自动控制。

3．自动驾驶仪按照控制对象分 ________ 个工作过程。

4. 根据是否有外来控制信号输入，自动驾驶仪分 __________ 过程和 __________ 过程。

想一想

1. 从飞机滑行、爬升到巡航飞行阶段，自动驾驶仪是否在飞机一开始运动就起作用？
2. 阻尼系统进入飞机的飞行控制系统是否需要飞机具有基准运动状态？

任务 2　自动回零机构的维护

任务描述

2004 年 6 月 10 日，中国国际航空公司的波音 737 型 B-2650 号飞机执行北京前往香港的 CA109/110 航班。飞机在香港落地，机组报告：在 1800 英尺（548.64 米）高度脱开自动驾驶仪时，飞机突然大坡度向右倾斜，难于操纵。飞机发动机、液压系统、襟翼等均正常。着陆后，驾驶盘处在向右侧满盘位置。经飞机维修人员检查发现，当飞机处于自动驾驶飞行状态时，即使驾驶员主动操作舵面偏转控制按钮，飞机的姿态仍由自动驾驶仪操控，驾驶员操纵指令无法对飞机的姿态改变起作用，当飞机脱离自动飞行控制进入人工操纵状态时，已经起作用的舵面伺服机构将立即驱使舵面产生相应的运动，从而改变飞机的正常飞行姿态，导致飞机出现颠簸或摇摆现象，情况严重时飞机可能会解体。

怎样保证飞机在自动驾驶仪进入或脱离飞行控制系统时平稳过渡？

任务要求

（1）了解自动回零系统的作用。

（2）熟悉自动回零机构的组成。

知识链接

自动回零系统的组成

1. 自动回零系统的认知

飞机的自动回零系统也称自动驾驶仪协调准备系统。当飞机进入自动驾驶模式初始，自动驾驶仪系统中的俯仰角、滚转角、航向角必须在规定的时间内完成与驾驶员人工操纵系统、航向姿态系统、无线电导航系统、大气数据系统等系统参数的协调同步，确认自动驾驶仪投入工作后不会导致飞机产生任何的异常动作，保证飞行安全。

有人驾驶飞机的自动驾驶仪不是飞机发动就可以开始控制飞机的飞行，而是必须建立在飞机已经具备某基准动作或某基本条件的基础上才能断开人工操纵系统进入自动飞行控制系统，如歼 -X 型战斗机的自动驾驶仪必须在飞机的助力液压系统压力大于技术资料规定的标准（如 150kg/cm^2）时，才能接通自动驾驶仪断路器电门（即电源电门）

和工作电门。自动驾驶仪断路器电门和工作电门一旦接通，交、直流电源便通过接线盒送到自动驾驶仪各部件，自动驾驶仪进入自动回零状态，也就是准备状态。

回零机构形式多样，为便于安装与调试，通常将舵机的位置反馈传感器（硬反馈）安装在离合器的前面，如图 5-8 所示。图中回零机构的反馈电机为位置电机，该回零机构只需抵消垂直陀螺的基准信号。还可以将回零机构的输出信号与舵机的速度反馈基准信号进行比较与同步，这里不再说明。

（1）自动回零基本过程。以某型飞机带自动回零机构的自动飞行控制系统（图 5-8）为例，在飞机处于自动回零状态时，如图 5-9 所示，自动驾驶仪三个通道的舵机电磁铁不开锁，舵机输出杆锁在中立位置，角速度陀螺启动并加速到额定转速。回零机构中俯仰、滚转和航向随动系统的同步接收器与航向姿态系统的相应同步发送器协调，各同步接收器转子的输出电压为 0，姿态角位置信号达到自动驾驶仪接入前的准备状态所对应的姿态基准。

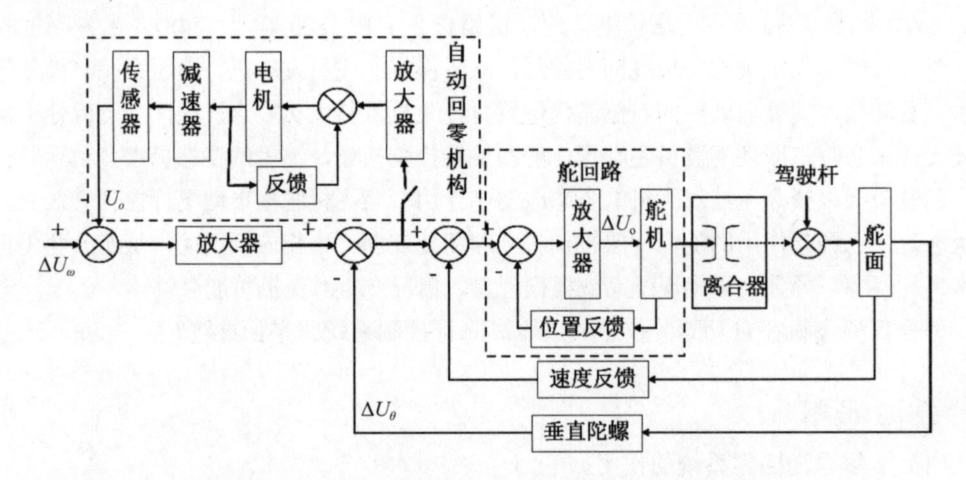

图 5-8　带自动回零机构的自动飞行控制系统回路框图

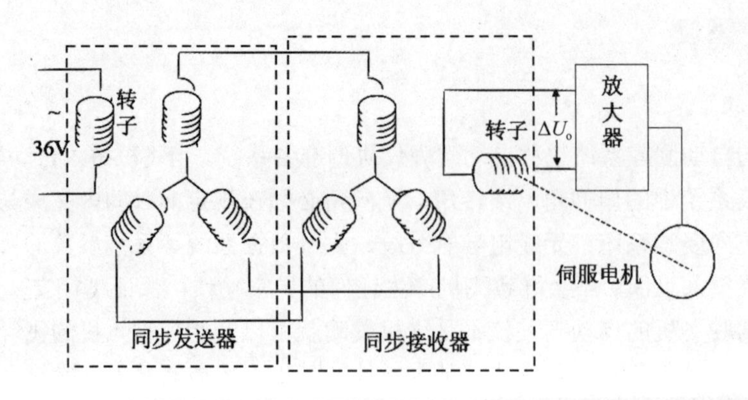

图 5-9　自动回零系统回零（协调同步）原理

自动回零就是指飞机接入或断开自动驾驶仪前，飞行控制系统通过随动系统，自动保证飞控系统伺服回路（舵回路）输出电信号 ΔU_0 为 0。自动回零系统将从飞行控制系统航迹稳定控制回路（外回路）中取得的综合角度电压信号传送到放大器放大后，经测速电机测得舵面的偏转角速度（微分信号）形成负反馈系统与角速度陀螺送来的角速度电压信号综合，送到自动驾驶仪放大器，直至舵机伺服放大器输出为 0 的控制信号，保证接通自动驾驶仪时舵机转轴以静止状态与舵面接通。

当然自动驾驶仪回零方式除了自动回零外，还有人工回零方式。所谓人工回零就是由驾驶员调整舵回路放大器，使其输出为 0，确保自动驾飞行控制与人工操纵控制无缝衔接。总的说来，自动回零机构应具有以下功能：

1）用于接收航姿系统输出的姿态信号，并协调俯仰、滚转和航向角度的瞬时值。

2）转换自动驾驶仪的“准备”“稳定”“改平”等工作状态，在各种工作状态下输出相应的俯仰、滚转和航向角信号。

3）完成自动接通高度稳定和航向稳定的逻辑转换。

（2）典型自动回零机构。歼 -X 型战斗机的自动回零机构外形呈圆柱体型，如图 5-10 所示，除外罩顶部有散热孔，其他部位都为密封状态。内部结构包括制动同步接收器、随动同步接收器、变压器、减速传动部件、测速电机及其他附件，如图 5-11 所示。

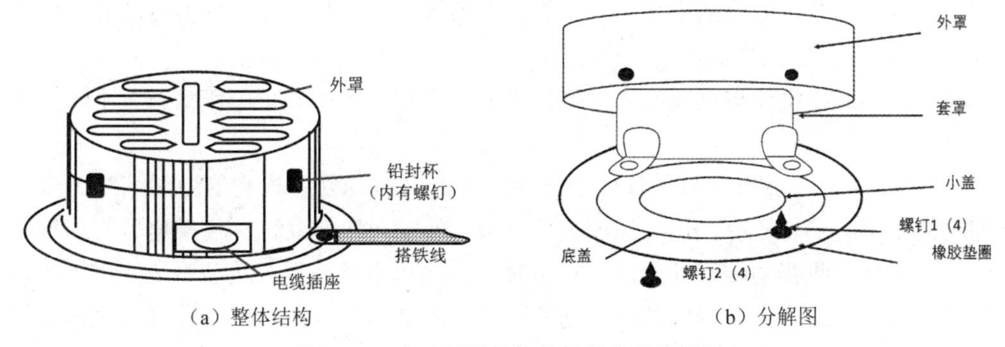

（a）整体结构　　（b）分解图

图 5-10　自动回零机构整体结构及分解图

1）随动同步接收器。自动回零机构中的同步接收器与航姿组合陀螺中的同步发送器构成远距离同步传输系统（也称自整角机，属于角位移传感器），呈变压器工作状态。带活动转子的同步接收器（简称“随动同步接收器”）经减速器与随动电动机转轴啮合，构成随动同步系统。当随动同步接收器接收到航姿系统发送来的 400Hz 的姿态角交流信号后，输出角度电压与航姿系统的调角电压信号比较形成失调电压，带动随动电机工作在协调状态。当接收到“稳定”状态指令时，继电器切断随动系统的工作，同时启动电磁制动离合器，锁定电机轴，将失调电压经放大后送到自动驾驶仪相应通道用于姿态稳定。此外随动电机还带动接触片装置的电刷一起转动以获得各种姿态控制信号。

2）制动同步接收器。制动同步器系统只用于控制俯仰通道和滚转通道，用于当接收到航姿信号发来的 400Hz 的角度电压信号（调角信号）后，输出一个与飞机姿态角成比例的电压信号加到变压器，该信号的极性取决于输入电信号的相位，实现对当时飞机的俯仰角和滚转角的记忆功能。当机构接收到“改平”指令后，制动同步接收器输出角

度电压信号到变压器后送入相应通道。

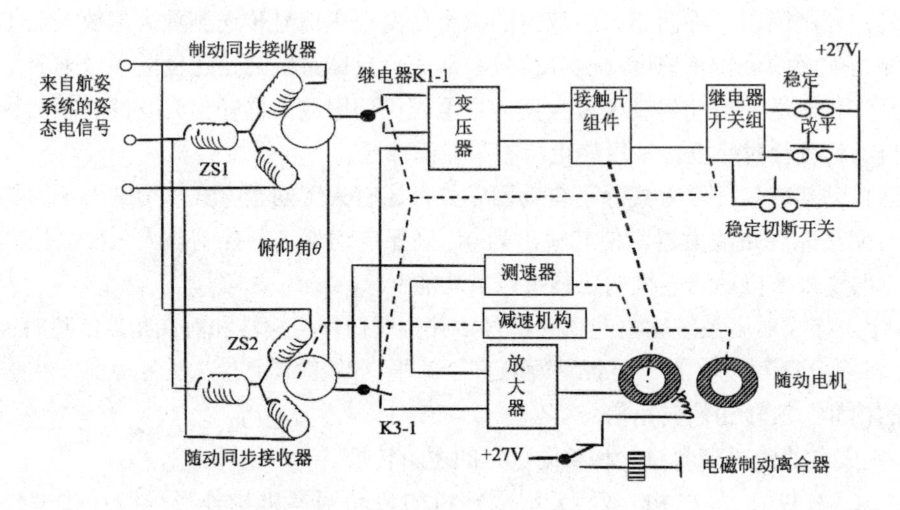

图 5-11　自动回零系统基本组成

3）其他附件。回零机构的附件包括功能转换控制组件（接触片组件）和三个隔离变压器、两个调节传动比的电位器、若干继电器等，其中接触片组件为自动驾驶仪提供部分转换功能控制指令。

（3）自动回零机构根据飞机飞行过程中的自动驾驶仪的三个工作状态有不同的工作特点。

1）准备状态。当自动驾驶仪处于准备状态时，自动回零机构的随动系统工作，只要随动同步接收器转子有输出，经放大器放大后驱动电机转动，并经减速器带动转子转动，直到同步接收器的转子处于同步状态时，失调角电压为零，随动系统停止工作。由于随动系统协调速度很快，因此在自动驾驶仪处于准备状态时，随动同步接收器的转子跟踪飞机俯仰角（或滚转角）的输出失调电压一直为 0。

2）稳定状态。当自动驾驶仪工作在稳定状态时，自动回零机构的随动同步接收器输出的角度电压信号加到变压器，作为俯仰（或滚转）稳定信号送入相应通道，同时随动电机控制绕组电压切断，电机停止转动，接通电磁制动离合器，锁紧制动同步接收机的转子和接触片装置的电刷，从而保证飞机稳定的姿态角不受振动或电机自转等因素的影响。

若有外界扰动使飞机的俯仰角（或滚转角）发生变化，自动回零机构的随动同步接收器输出的失调角电压为飞机的俯仰角（或滚转角）和给定俯仰角（或给定滚转角）之差的函数 $f(\theta-\theta_{给})$，该信号为飞机的稳定状态的主控制信号，该信号经放大后控制舵机 - 助力器操纵舵面，使飞机向给定的角度恢复，即 $\theta=\theta_{给}$（或 $\phi=\phi_{给}$）。

在自动驾驶仪处于稳定状态时，若驾驶员操纵驾驶杆上的稳定切除开关，随动系统作为阻尼器（此时俯仰角或滚转角位置信号被切除，自动驾驶仪工作在增稳状态），驾驶员的杆操纵量对应飞机的俯仰角（或滚转角）。当驾驶员松杆时，飞机就按照给定的俯仰角（或滚转角）稳定飞行。

3）改平状态。所谓改平状态就是飞机飞行姿态改为水平状态。我们以俯仰通道的改平为例，当按下“改平”按钮后，该信号经过延时后，自动回零机构的俯仰随动系统工作，随动同步接收器的转子跟踪飞机的俯仰角，同时制动同步接收器输出的飞机俯仰角电信号加到变压器上使飞机工作在水平飞行状态。

自动驾驶仪工作在改平状态时，飞机的姿态变为零滚转角、零航迹倾斜角。如果此时自动驾驶仪又改为稳定状态，则接通瞬间飞机俯仰角为 $\theta_{给}$。随动同步接收器的转子输出失调角电压为0，因此自动驾驶仪无论在何种状态下都可以接通稳定状态。

另外在稳定状态和改平状态中，自动回零机构参与航向控制的都是偏航角信号，因此仅有一个随动同步接收器输出航向角信号。

2. 自动回零机构的维护

（1）自动回零机构的分解。在对自动回零机构进行分解前，维修人员需要核对实物外形［图5-10（a）］，确认铭牌上的信息与履历本记录的型别、件号一致，并确认产品电缆插头的堵帽是否齐全，产品实物是否存在人为损坏情况。若产品存在人为损坏等情况，维修人员应填写“接收故障检查报告单”，交由相关人员协调处理。同时还需核实履历文件是否齐全。

当维修人员核对产品所有信息后，根据产品维修工艺文件进行产品分解前准备。

- 将固定型号的酒精装在专用清洗杯内，用毛刷将大气数据传感器分系统外部清洗干净。
- 产品分解前，用铅笔、红笔做好标记，便于原位安装。
- 分解下来的精密小零件放置到专用托盘或专用零件盒内以防丢失。

当维修人员做好拆装前准备后，按照工艺文件正确选择合适工具，按图5-10（b）所示的产品分解图进行产品分解，分解步骤如下。

- 用75mm或100mm通用解刀将铅封杯上的腻子抠掉，并将铅封杯内的螺钉分解，取下铅封杯、外罩。
- 将取下外罩的自动回零机构的套罩的螺钉分解，取下弹簧垫圈、垫圈、套罩。
- 将底盖上的螺钉1分解，取下弹簧垫圈、小盖、橡胶垫圈。
- 用活动扳手固定插座的螺母，拧下螺钉，取下弹簧垫圈、垫圈、接线片、橡胶垫片。
- 用75mm或100mm通用解刀拧下螺钉，取下弹簧垫圈、垫圈、回零机构、密封圈。其余组件无故障维护时可不分解。

（2）自动回零机构的电动机-发电机组的修理。自动回零机构零、部件的修理主要包括紧固件（螺钉、螺母、垫圈）的修理、焊锡要求、印制电路板的修理、电子元器件的修理、插针的修理、产品外观检查（表面镀层、喷漆件、成品附件零组件的固定、成品附件外表）。修理方法在前面内容已经学习过，按照通用规程完成，这里不再赘述，我们重点关注自动回零机构内的电动机-发电机组的修理。电动机-发电机组的修理和其他设备的维修步骤类似，都是从外观、结构的检测开始。

1）首先检查转轴上的电动机和发电机转子，应无变形现象。

2）电动机装配后是否能活动自如，若不能则用垫片进行距离调整。

3）电动机 - 发电机组件装配完毕后，按照表 5-5 所列的技术要求检查电动机 - 发电机组性能，图 5-12 为电动机 - 发电机组的电气接线图。

表 5-5 电动机 - 发电机组的检查内容及技术要求

检查内容	技术要求
电动机激磁线圈	插针 1#-3# 之间阻值为 44 ～ 63Ω
电动机控制线圈	插针 2#-5#、4#-6# 之间阻值为 42.5 ～ 60Ω
发电机激磁线圈	插针 7#-9# 之间阻值为 112 ～ 160Ω
发电机输出线圈	插针 8#-10# 之间阻值为 300 ～ 418Ω
供给电动机激磁线圈的 1 ～ 3 引线、发电机激磁线圈的 7 ～ 9 引线 36V 400Hz 电源，用真空管电压表测输出绕组电阻值	不大于 100mV
正常情况下的绝缘电阻	不大于 20μΩ

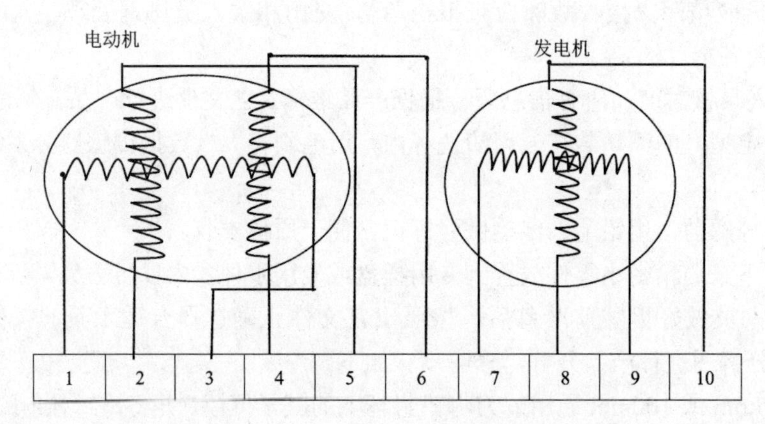

图 5-12 自动归零机构电动机 - 发电机组电气接线图

（3）自动回零机构的装配。自动回零机构内部组件清理、维修完毕后，维修人员可以按照表 5-6 所列的工艺流程完成该机构的装配。

表 5-6 自动回零机构的装配工艺流程及技术要求

工作过程	技术要求
装配准备	①工具和设备：20W 电烙铁、100×14 活动扳手、75mm 和 100mm 通用解刀 ②耗材：Q04-2 红色硝基磁漆、甲基红、酒精、脱脂棉球
装配要求	①检查产品附件与产品型号、原机情况相符； ②装配零件时，着力方向与零件装配部位的轴线方向应一致； ③装配时，注意对正结合的相邻部位，严禁强迫装配； ④产品的零件、部件的安装固定应牢靠，同一部位的紧固件应受力均匀，紧度基本一致； ⑤装配过程中，无弹簧垫片的螺钉和螺母均应在螺纹上涂红色硝基磁漆锁紧

工作过程	技术要求
装配过程	①在零组件未进行分解的前提下，装上密封圈、回零机构、垫圈、弹簧垫圈，用 75mm 或 100mm 通用解刀拧上螺钉并拧紧； ②用 75mm 或 100mm 解刀拧上放大器； ③装上橡胶垫片、接线片、垫圈、弹簧垫圈，用活动扳手固定住固定插座的螺母，拧上螺钉并拧紧； ④装上橡胶圈、小盖、弹簧垫圈，拧上螺钉并拧紧； ⑤装上橡胶垫圈、底盖，拧上螺钉并拧紧； ⑥装上外罩、铅封杯，用 75mm 或 100mm 通用解刀拧上螺钉并拧紧； ⑦清理并检查产品内部应无多余物； ⑧用输出电压为 500V 的兆欧表，依次检查产品各电路之间、电路与壳体之间的绝缘电阻（通过插座的 1、4，7、10，17、19，21、23，36、50 各插销杆间及各插销杆与壳体间）不小于 20MΩ
装配结束工作	清点装配工序用的工具、设备数量并放回原位；清扫工作台

（4）搭铁线的维修。当自动回零机构组件装配完毕后，还需检查其附件——搭铁线的质量，表 5-7 所列为搭铁线进行维修时应完成的工作和技术要求。

表 5-7　自动回零机构维护部分工艺流程

维护项目	工艺流程
搭铁线外观检查	①已分解的搭铁线应换新。搭铁线、接地负线端子不允许有氧化、裂纹，端子与金属编织线焊（压）接应牢固，接触应良好，严禁使用酸性焊剂； ②负线座与螺帽表面应清洁，镀层应完好，螺纹不得有损伤，负线座的保险耳环不允许有裂纹
搭铁线修理	①搭铁线、接地负线的安装应符合图样要求，型别和规格不得任意更换； ②搭铁线、接地负线安装处的接触面应打磨出金属光泽（镀银、镀锡、镀锌、镀镍的接触面不需要打磨，但应清洗干净），打磨面积不应超过端子面积的两倍，打磨后应在 6 小时内安装完毕，超出时间需重新打磨； ③在搭铁线、接地负线端子边缘打磨出的裸露处均应涂上清漆； ④安装后按规定检查搭铁线、接地负线的接触电阻，测量搭铁线接触电阻时，表笔与搭铁端子或其他各种连接点之间的距离不能超过 50mm； ⑤用微欧表测量装有搭铁线、接地负线的接触电阻不应大于 2000μΩ； ⑥若搭铁线、接地负线的接触电阻超过规定值，必须重新打磨或更换搭铁线

任务实施

维护人员经过检查发现自动回零机构的搭铁线（图 5-10）存在锈蚀现象，需要对其进行维护，根据以上内容，完成工卡 5-2。

考核评价

表 5-8 任务 2 考核评价细则

评分项	要求	分值 / 分	备注
学习资料浏览	要求阅读“飞机电子设备资源库”——“飞行控制系统与维护”课程的关于“自动飞行控制设备的拆装与维护”环节的学习资源	30	（1）要求提交作业或测验。 （2）要求提交相关笔记
工卡 5-2	正确填写工卡 5-2	30	
团结协作	积极参与资源库平台互动讨论；课上积极回答问题	40	

思考与练习

做一做

1．自动回零系统也称自动驾驶仪 __________ 系统。

2．飞机的回零根据驾驶员是否参与可以分为 __________ 和 __________ 两大类。

3．自动回零机构中的同步接收器与 __________ 中的同步发送器构成远距离同步传输系统，呈 __________ 工作状态。

4．飞机的改平状态是指飞机 ______________________________ 状态。

5．自动回零机构接收航姿系统发送来的姿态角交流信号频率为 __________Hz。

想一想

1．自动回零机构的俯仰、滚转和航向三个通道的带活动转子的同步接收机的作用是什么？

2．自动回零机构的俯仰、滚转两个通道的带制动转子的同步接收机的作用是什么？

任务 3　自动配平机构的维护

任务描述

2010 年广东白云机场，某飞机完成航前准备工作后，机组按照常规动作启动发动机发动飞机，准备执行当天的飞行任务。当发动机启动后，机组人员按例进行发动机启动后检查工作，主飞行控制警告灯 FLT CONT 点亮，同时速度配平灯也被点亮（显示速度配平故障）。机组人员决定关闭发动机，发现发动机关闭后，速度配平灯熄灭。事后机场航线放行工程师对自动驾驶系统进行测试，发现 CDU 显示自动驾驶 B 系统没动力，自动驾驶 A 系统测试正常。后经过飞机维修人员根据维修履历和波音手册仔细检查，发现 FCCB 插头某号钉无电压，其主要原因是由于维修人员不规范操作，造成某根导线被烧蚀脱开，导致飞机在地面试车时，自动驾驶B系统一直呈现空中状态，无法进入测试，A系统为地面状态，自测状态正常。

速度配平系统的作用是什么？它和俯仰自动配平关系如何？它和马赫数配平的作用是否相同？

任务要求

（1）了解自动驾驶仪配平系统的组成与作用。

（2）熟悉自动配平系统典型故障。

知识链接

自动配平系统的分类与作用

1. 自动配平系统的认知

飞机飞行过程中飞行速度的变化，燃油的消耗、外挂物的投放、起落架的收起引起的飞机重心的变化以及当飞机起飞降落时扰流板的偏转、襟翼的收放等气动外形的改变都会导致飞机力矩不平衡，尤其表现为纵向力矩的不平衡。力矩的不平衡必定导致飞机产生异常动作甚至会损坏机体而影响飞机的正常飞行，因此平衡飞机的纵向力矩是操纵飞机的基本要求。

飞机飞行里程的延长或飞行环境的不理想需要驾驶员时刻保持清醒的头脑和充沛体力操纵驾驶杆或脚蹬，如飞机的爬升、地形跟随等，导致驾驶或脚蹬杆长时间处于偏离中立位置，引起驾驶杆力的疲劳，此时需要对飞机进行配平，消除平衡力矩和稳态飞行时额外施加的驾驶杆力。

飞机的配平分为人工配平和自动配平。人工配平通过驾驶员驱动（手动或电驱动）配平机构实现，一般是驾驶员在接入或断开自动驾驶仪之前对驾驶杆施加拉杆力。当驾驶杆杆力为零时，通过配平开关切断电机，使配平机构维持该偏转角度来保持配平状态。自动配平中驾驶员不需要参与，由自动配平系统完成。

按照配平系统配平的轴向分为俯仰配平、横向配平和航向配平。其中俯仰配平使用最多，最具有代表性，不管是数字飞行控制系统还是模拟飞行控制系统都可进行。横向配平和航向配平仅出现在数字飞行控制系统中。

以下对自动俯仰配平、横向自动配平系统、马赫数配平、速度配平进行介绍。

（1）自动俯仰配平。自动俯仰配平通常是指对飞机的不平衡纵向力矩进行自动配平，既可以消除纵向驾驶杆力也能消除作用在自动驾驶仪升降舵舵机上铰链力矩，避免自动驾驶仪断开时由于舵机受铰链力矩作用返回中立位置使飞机产生过大的扰动。自动俯仰配平可以确保自动驾驶仪不管是在接通工作还是在断开停止工作时都不会因为舵面铰链力矩的存在使得飞机产生突然动作而引起不必要的法向过载（特别是负向的法向过载）而威胁飞机的正常飞行。

俯仰配平方式通常有调整片配平、调校机构配平和水平安定面配平等多种方式。不管是哪种方式，都是为了给升降舵机“卸荷”或给驾驶杆“卸荷”，消除作用在升降舵

面上的铰链力矩或使驾驶杆上承受的力为零。以下对前两种进行介绍。

1）调整片配平系统。图 5-13 所示为具有调整片的俯仰配平系统，该配平系统中调整片与主舵面的偏转彼此独立，由各自的舵机驱动操纵偏转。调整片为铰接在主操纵舵面后缘的可偏转的小片，也称调整补偿片。

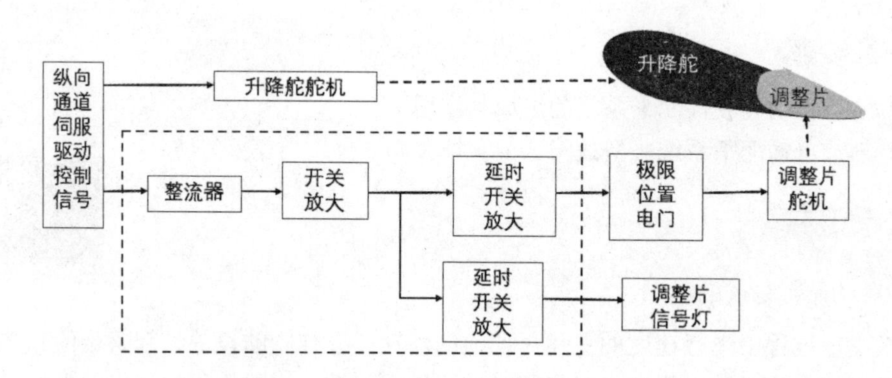

图 5-13　具有调整片的俯仰配平系统原理框图

调整片面积比较小，产生的气动力对飞机的影响可以忽略不计，当其偏转时与空气相对运动产生的气动力作用点到舵面铰转轴的距离（力臂）较长，形成较大的转动铰链力矩。适当地使调整片反向（相对主舵面）偏转，与升降舵偏转形成的铰链力矩相抵消，最终使主舵面的合铰链力矩为零，其控制信号由驾驶员输入或飞行控制计算机经过对飞机状态进行比较处理后输出的电信号控制。这时驾驶员即使松开驾驶杆，飞机也能保持原来的状态。

2）调校机构自动配平系统。当自动驾驶仪接通工作时，不管是稳定状态还是改平状态，只要有扰动力矩出现，飞机就会出现俯仰失调角 $\Delta\theta$，该失调角经过放大后控制舵机 - 助力器驱动平尾偏转来消除失调角。

若扰动较小，升降舵 / 全动平尾舵机输出杆位移尚未达到微动开关自动接通的极限行程时，仅靠舵机输出杆偏转平尾产生的力矩就能与干扰力矩平衡，使飞机以某一非零的航迹倾斜角 μ（$\mu=\theta-\alpha$）爬升。

当外界扰动较大，因外界干扰产生的干扰力矩仅仅靠舵机输出杆推动平尾偏转形成的稳定力矩不能达到平衡时，调校机构的微动开关被自动接通，并以与舵机输出杆相同的位移方向移动，共同偏转平尾。当平尾偏转形成的稳定力矩达到配平值时，失调角达到最大值，俯仰角停止变化，但此时调校机构因为微动开关仍旧处于接通状态并未停止移动，使得平尾继续按照调校机构和舵机输出杆推动方向继续偏转，导致稳定力矩大于干扰力矩，飞机机头朝干扰力矩引起的俯仰角的反方向变化，失调角逐渐减小，驱使舵机输出杆和调校机构反方向移动（向中立位置移动），当平尾偏转角达到极限位置时，调校机构的微动开关断开，调校机构停止工作，舵机输出杆继续向中立位置移动，最后舵机、调校机构都停止工作，失调角信号也消失，平尾停在新的平衡位置使俯仰力矩达到平衡。

（2）横向自动配平系统。图 5-14 所示为横向自动配平系统原理框图，其自动配平过程与俯仰自动配平类似，只不过失调信号为扰动力矩出现后的滚转失调角 $\Delta\Phi$，控制的舵面为副翼。横向自动配平系统包括以下主要部件：在两个控制杆上的刻度盘、在中央操纵台上的副翼配平准备电门和副翼配平控制电门、位于左机翼起落架轮舱内的副翼配平作动器。

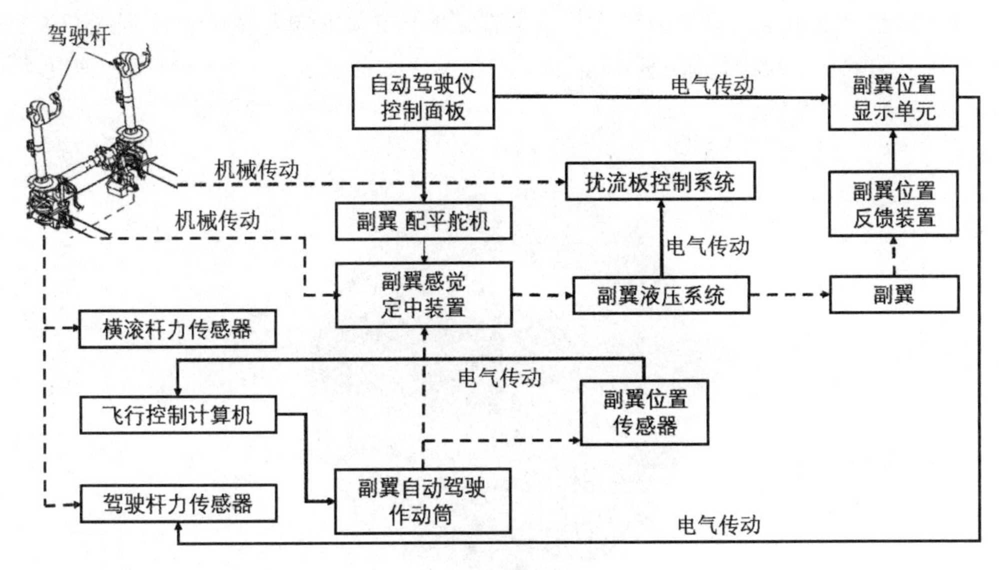

图 5-14　横向自动配平系统原理框图

（3）马赫数配平。马赫数配平系统主要用于克服飞机跨声速飞行时，由于马赫数增大导致气动焦点后移，使飞机自动进入俯冲，操纵飞机出现的反操纵现象。马赫数配平系统通常工作在超声速飞行阶段，由两套主飞行控制计算机轮流提供升降舵配平指令。

当飞机的飞行速度达到临界马赫数时，机翼根部的气流接近音速，使得机翼表面上方出现超声速区，也就是低压区，并随着马赫数的增加而往后扩展而出现气动焦点后移的跨音速效应，造成机头自动向下俯冲。为了使飞机在高速飞行状态下处于平衡状态，马赫配平系统以飞机的马赫数作为函数自动地调整升降舵向上偏转或者调整平尾的安装角来实现配平。

襟翼收起后，若速度大于一定的马赫数，马赫配平系统自动进入工作状态。飞机在地面和飞机起飞后襟翼未收起或收起后马赫数较小，马赫配平系统不工作。

（4）速度配平。速度配平系统主要工作在飞机起飞离地爬升阶段，当飞机的飞行速度达到自动驾驶仪可以接入飞行控制系统或襟副翼回收之后，速度配平系统断开，工作时间远小于安定面自动配平系统。当飞机处于爬升阶段时，襟副翼打开，飞机重心沿纵轴负向的分力增加，此时飞机的飞行速度较低。当飞机的飞行速度发生变化时，飞机纵向的总空气动力也将发生变化，导致飞机沿纵向的力矩可能出现不平衡现象，导致其纵向姿态不稳。为了稳定飞机纵向的总动力和总动力矩，大气数据计算机输送空速信号至

飞行控制计算机进行分析处理后形成自动配平信号给安定面配平组件，实现自动配平，保证速度稳定性。

但必须说明，在飞机飞行过程中，如果驾驶员对飞机进行人工机械配平或人工电配平以及自动驾驶仪配平，速度配平不起作用。

2. 自动配平系统的典型故障及维护

（1）自动配平系统的典型故障现象。根据某航修企业近 5 年的维修数据（图 5-15）分析，在自动配平系统中，俯仰自动配平系统因为工作时间长，故障率远高于速度配平系统和马赫数配平系统。

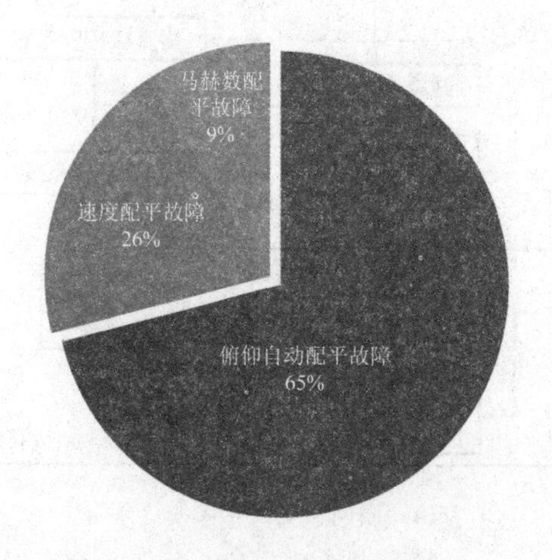

图 5-15　自动配平系统故障率数据

俯仰自动配平系统与速度配平系统的控制流程和组成设备基本相同，都是由飞行控制计算机发出指令控制配平安定面，只不过速度配平系统仅工作在飞机的起飞爬升和复飞爬升阶段，而俯仰自动配平系统在飞机襟副翼收起后就进入飞行控制系统。

俯仰自动配平系统和速度配平系统故障的主要表现为自动配平系统不工作、配平手轮不动、飞机到达预选高度时，飞机不能自动改平、飞机的飞行姿态和飞行高度不能保持等；在地面或起飞阶段，速度配平灯亮或常亮；俯仰自动配平灯亮；当飞机俯仰自动配平系统工作时，速度配平系统不自动断开等。

马赫数配平系统故障率较低，通常由飞行控制计算机的软件故障或控制机构的电气传输故障引起。自动配平系统的电气故障主要表现为控制电门故障和配平手轮机相关机构作动时摩擦力增大、作动卡滞等，配平电动机构很少出现故障。

（2）典型配平机构——力臂调节机构。力臂调节机构在飞机飞行过程中可以按飞机的飞行速度和高度自动调节水平尾翼的角度偏转量，使驾驶员在不同的飞行状态下具有相同的俯仰操纵特性，减轻驾驶员的驾驶负担，保证飞行安全。

力臂调校机构由信号控制盒、力臂位置指示器以及信号电动机构（图 5-16）组成，其中信号电动机构内含有动静压传感器、固态继电器装置。

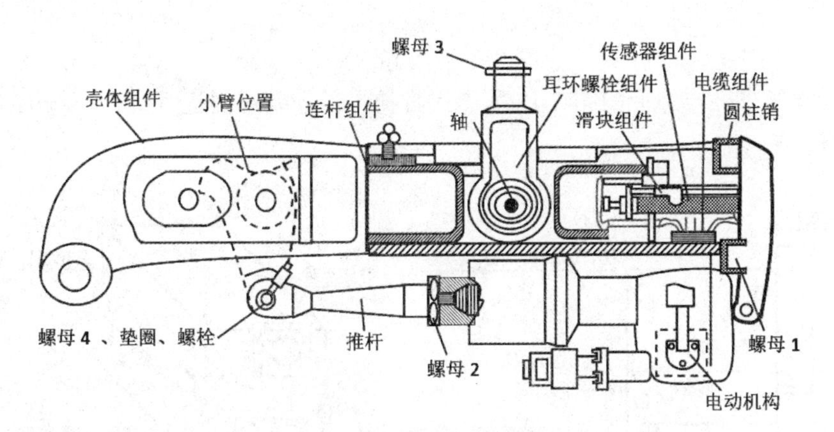

图 5-16　力臂调节机构信号电动机构侧面剖视图

控制盒位于信号电动机构的圆柱销和耳环螺栓组件之间的传感器组件上方，主要完成电动机构的转换控制，具有自检测功能，结构如图 5-17 所示。在控制盒的侧面有三个故障灯和自查故障表，故障表内有相应的故障代码，见表 5-9。除 011 故障为软件故障可以自动恢复外，其余故障都为硬件故障，必须更换相应器件或插件板。

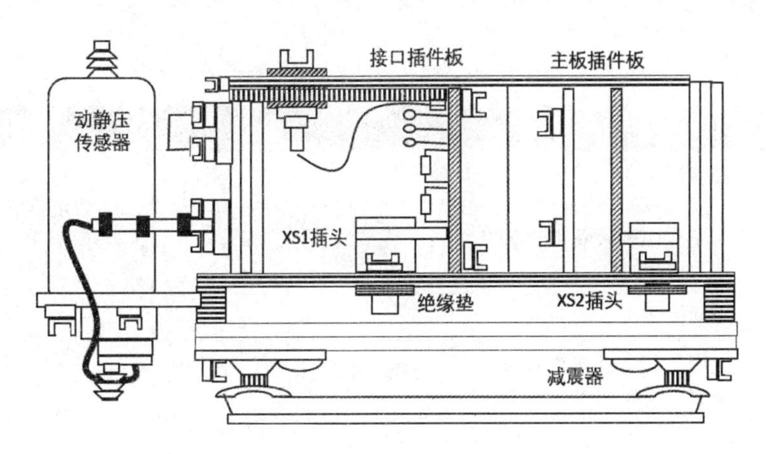

图 5-17　信号控制盒剖视图

表 5-9　力臂调节机构故障表

故障灯（1 为灯亮，0 为灯灭）			故障部位
1	1	1	主机
0	1	1	ADC0809
1	0	1	大臂继电器
1	1	0	小臂继电器
0	1	0	R 回输电位计
1	0	0	力臂调节装置
0	0	0	动静压传感器

任务实施

某力臂调节机构外形如图 5-18 所示，维护人员需要对其进行维护，按工卡 5-3 要求完成实施任务。

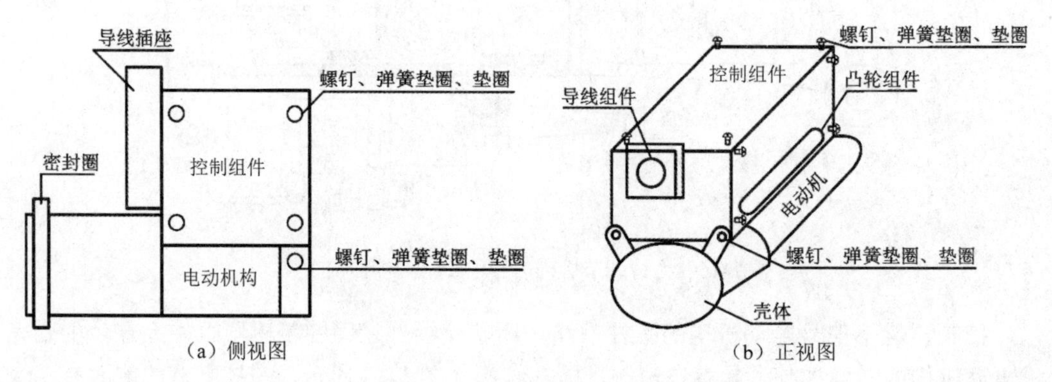

图 5-18　产品侧视图与正视图

考核评价

表 5-10　任务 3 考核评价细则

评分项	要求	分值 / 分	备注
学习资料浏览	要求阅读“飞机电子设备资源库”——“飞行控制系统与维护”课程的关于“自动飞行控制设备的拆装与维护”环节的学习资源	30	（1）要求提交作业或测验。 （2）要求提交相关笔记
工卡 5-3	正确填写工卡 5-3	40	
团结协作	积极参与资源库平台互动讨论；课上积极回答问题	30	

思考与练习

做一做

1．纵向自动配平系统时为了纵向的合力矩为＿＿＿＿＿，纵向合动力为＿＿＿＿＿。

2．速度配平系统工作在飞机的＿＿＿＿＿阶段，配平对象是＿＿＿＿＿。

3．马赫数配平系统工作在飞机的＿＿＿＿＿阶段，配平对象是＿＿＿＿＿。

4．俯仰自动配平系统工作在飞机的＿＿＿＿＿阶段，配平对象是＿＿＿＿＿。

想一想

1．试比较自动配平系统和自动回零系统的不同。

2．试简要说明自动俯仰配平系统的基本工作原理。

3．试简要说明自动横滚配平系统的基本工作原理。

4．试简要说明什么是马赫数配平及其作用。

任务4　飞行参数自动检测设备与维护

任务描述

波音公司最新推出的自动防失速系统强调“数据搜集”和“自动化”，在飞机探测迎角安装了一系列传感器。

高迎角传感器（AOA）可以在飞行时计算机翼在空中切割时产生的升力量。如果迎角太陡，升力会开始减小，最终产生空气动力学失速，飞机无法继续高空飞行。

如果高迎角传感器收到“太陡”的迎角数据，安全系统会自动给出“下压力”，降低机头，同时，发出警告信号。一旦监测到迎角探测器出了故障，自动飞行控制系统（飞行控制计算机）在飞机正常飞行时会强行把飞机机头往下压，最后形成空难。

飞机上传感器数据的准确性和稳定性直接影响飞机的飞行质量，了解与飞行控制直接相关传感器的分类、工作原理及安装方法，便于飞机维修人员更好地对传感器系统进行性能检测和故障分析。

飞机上与飞行控制系统直接相关的传感器有哪些？它们有何作用？

任务要求

（1）了解运动传感器在自动飞行控制系统中的作用。

（2）了解迎角传感器的结构及基本工作原理。

（3）了解加速度计传感器的结构及基本工作原理。

（4）了解陀螺仪传感器的基本结构及基本工作原理。

知识链接

飞行参数与传感器系统

1．飞行参数的自动检测系统

自动飞行控制系统（图5-19）作为闭环控制系统，无需驾驶员时刻去观察、测量当时的飞行状态和飞行姿态，飞行参数敏感单元通过自动检测可时刻了解飞机当前的各项信息。为了保证安全飞行和有效的飞行控制，飞机上有近千上万个传感器用于飞行参数的自动检测，如图5-20所示。

飞行参数的自动检测系统也就是机载传感器系统无需外来控制信号，可以直接感受飞行环境、飞行状态以及飞行姿态的变化，属于被动式传感器系统，其组成一般包括敏感元件与转换元件，如图5-21所示。

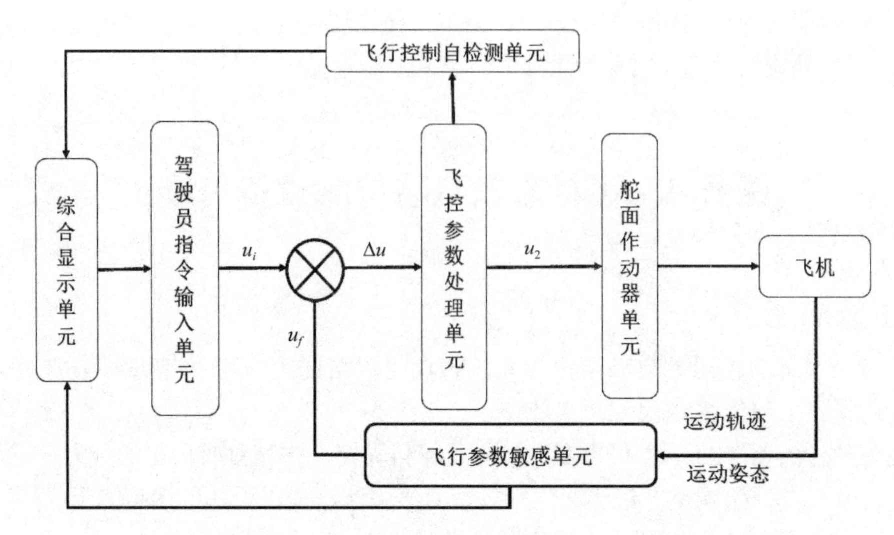

图 5-19 自动飞行控制系统的一般组成

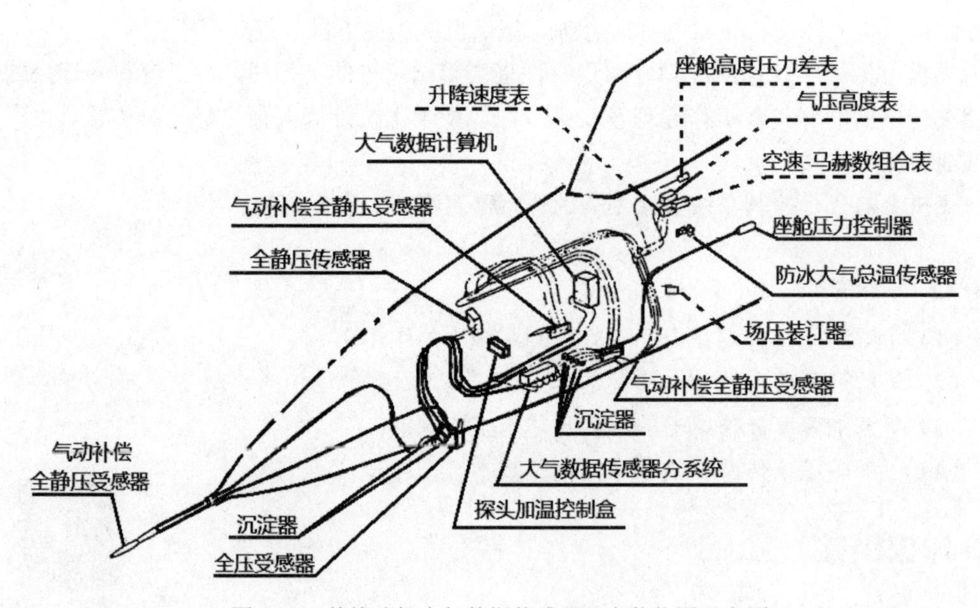

图 5-20 某战斗机大气数据传感器及安装位置示意图

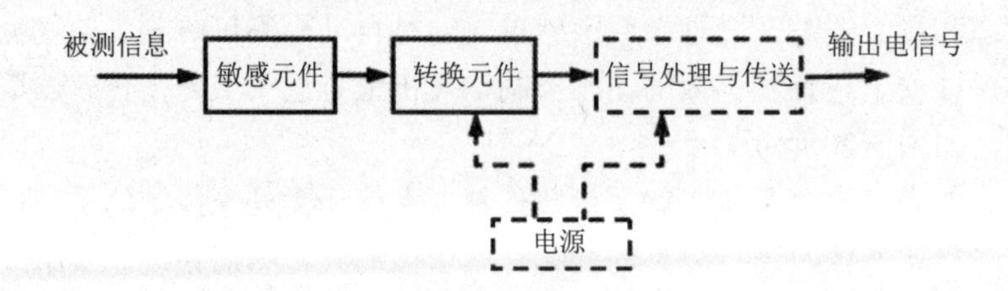

图 5-21 传感器系统的一般组成示意图

当机上传感器敏感到飞机驾驶员所需要的信息后，通过各自的信息处理系统处理后传送到综合显示设备或参数指示器显示给驾驶员供驾驶员参考、判断当时飞机的状态，从而决定下一步需要执行的飞行操纵动作。

机载传感器系统根据测量系统测试原理的不同，大致可分为大气数据测试系统、惯性测试系统、无线电测量系统等，这些传感器根据在飞机中所起的作用可分为测量飞机各种活动部件的实时位置传感器、飞机状态传感器、飞机飞行环境传感器等。其中迎角传感器、惯性传感器（加速度计、陀螺仪）等传感器用于测量飞机运动状态，敏感飞机过载、失速等直接影响飞行品质的重要参数，称为自动驾驶仪传感器。由迎角传感器等大气数据传感器、加速度计、陀螺仪及计算机组件构成的系统通常被称为大气数据惯性基准系统，如图5-22所示。

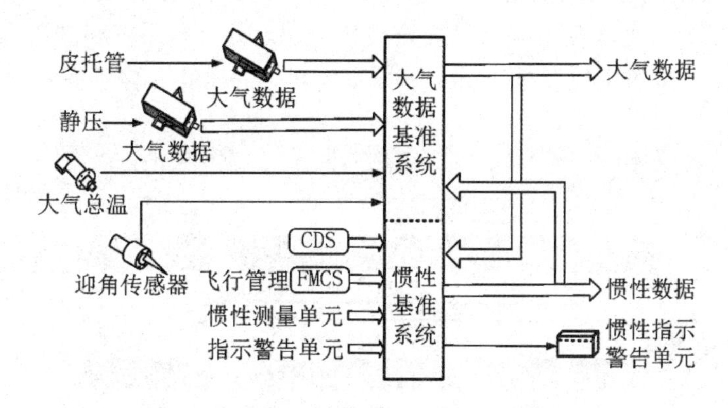

图5-22 大气数据惯性基准系统的组成

飞机将机载传感器感受到的信号作为设备的触发信号来启动或关闭某个设备（如点亮失速警告指示灯），也可作为原始数据送到飞行控制计算机等系统内进行复杂计算，从而完成飞机自动飞行控制的某个动作（如飞机的高度稳定控制）。

本任务主要介绍飞机的自动驾驶仪传感器，如感受飞行速度变化、飞行姿态变化的传感器，大致包括全静压传感器、加速度计以及姿态角速度、角位移传感器等。

2. 大气数据传感器

飞机的大气数据传感器系统包括全静压传感器系统和迎角传感器系统，如图5-23所示。其中全静压传感器主要包括气动补偿全静压传感器、防冰大气总温传感器以及迎角传感器三种。目前飞机上的全静压传感器大多采用气动补偿全静压传感器，它能精确地测量飞机的全压和静压，经过全静压管道系统传输至大气数据计算机（当然还有飞控系统、环控系统以及座舱仪表系统）进行转换、处理后送入下一级设备使用；而防冰大气总温传感器用于测量飞机所在空域的大气总温，当总温探头敏感到该温度信号后传送给大气数据计算机进行处理；迎角传感器用于测量飞机纵轴相对来流的夹角，提供给大气数据计算机经过静温补偿和修正后输出真实迎角作为输入信号传送到迎角信号灯、飞行控制计算机等多个设备。

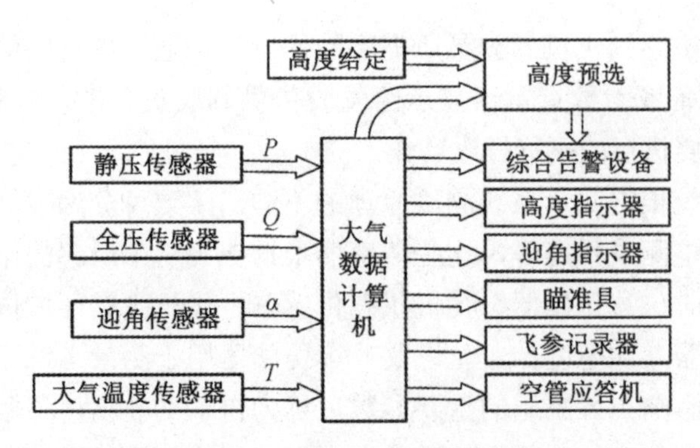

图 5-23　大气数据传感器系统的组成

图 5-24 所示为全静压传感器系统探头结构示意图。全静压系统通常为流线型壳体，通过银焊料将接头和壳体及底座、衬套连接在一起，分全压系统和静压系统，其中全压系统包括全压口、全压室以及全压管，静压系统包括静压孔、静压室和静压管。

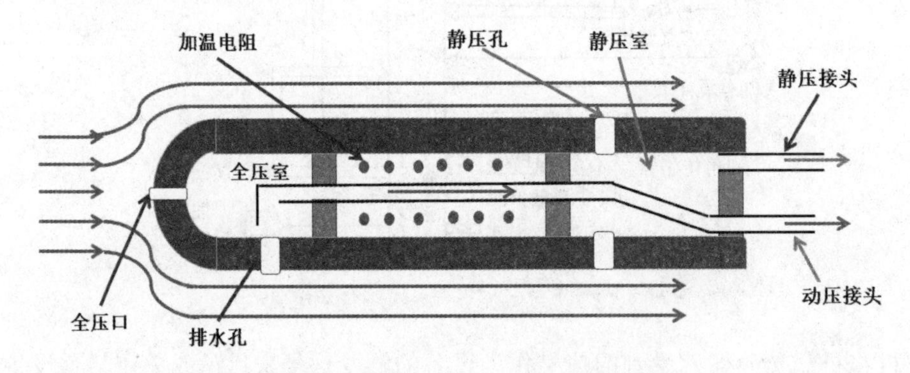

图 5-24　全静压传感器系统探头结构示意图

全静压传感器全压口通常位于飞机机头正前方，静压孔安装在飞机前方两侧没有紊流的位置。为防止飞机在转弯或有扰流时，机身左、右两侧静压值出现较大偏差，静压孔通常相对机体纵轴沿 Oxy 平面以轴对称方式布局，如飞机左侧上部的静压探头与右侧下部的静压探头相连，使全静压传感器系统可以获得静压管路里的静压平均值，避免造成正、副驾驶仪表之间的差别。

全静压传感器探头内含加温电阻丝，用于防止空气中的水分在高空全静压口处结冰、堵塞，加温器连接到底座上的两个绝缘插钉上，对电阻丝加温时，全静压传感器探头可达到很高的温度，若维修人员无意与其接触时可能引起严重烫伤，因此在地面通电进行电阻丝加温测试时，加温时间不能超过技术指标规定的时间（如 5 分钟），若探头损坏或加温器损坏，必须更换整个探头。

全静压传感器探头最低处装有排水孔或沉淀槽，用于排除积聚在全压和静压管内的水分，特别是在雨中飞行后，必须及时排放。

全静压传感器探头获取气流全压或静压后经系统内管路送至传感器组件进行相应的转换或处理，形成所需要的电信号输出给大气数据计算机。全静压传感器探头的管路通常采用铝管和软管，其中输送管路和经常拆卸的地方需要采用橡皮管。管路经过的路径越长，传递全静压延迟的时间也就越长，大气数据指示仪表指示误差越大。全静压传感器的所有管路都必须保持密封不泄漏状态，管路内应无积水、灰尘等杂物，否则测试数据将因管路泄漏或堵塞出现误差。

全静压传感器系统的常见故障主要表现为系统仪表故障（如空速表、升降速度表、气压高度表）以及管路故障（如管路泄漏、管路堵塞等）。

（1）振动筒式压力传感器。目前战斗机使用的大气数据传感器有压阻式传感器、振动筒式压力传感器等，下面以某型战斗机的振动筒式压力传感器为例进行说明。

振动筒式压力传感器

振动筒式压力传感器是一个圆柱形密封组件，如图 5-25 所示，主要包括振动筒和测量线路。其中振动筒为镍合金薄壁圆筒，与外壳壳体之间被抽成标准真空。内腔经管路与空速管全压、静压接口相连，骨架的上、下安装了自激线圈和拾振线圈，两线圈中心线相互垂直，与放大器形成串联回路。

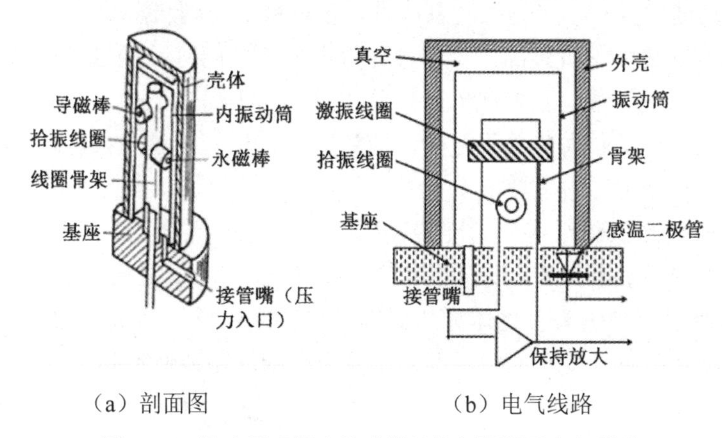

图 5-25　振动筒式压力传感器结构剖面图及电气线路

压力传感器测量线路原理框图如图 5-26 所示。压力传感器包括振动筒、测压力线路、测温线路以及存储器（方框图中未画出）。

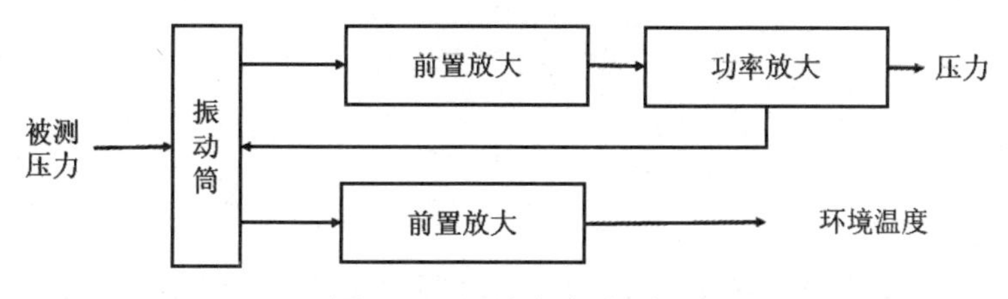

图 5-26　测量线路原理框图

振动筒未接直流电源前，无电流，振动筒静止。当振动筒接通电源后，放大器的固有噪声由于自激振荡产生随机脉冲，该脉冲产生的磁场对软铁材料制成的振动筒形成脉冲力，从而使振动筒壁变形，圆筒形成低幅低频谐振。筒壁的位移使拾振线圈的磁通量

发生变化，从而产生相应的感应电动势。该电动势经放大、整形，反馈到自激线圈，得到不断放大的脉冲电流，使拾振线圈产生的感应电动势迅速增大直至饱和，进入稳定状态。不同的压力产生不同的谐振频率，所以压力测量电路输出的是频率信号。

测温电路主要是进行温度补偿，存储器存储补偿结构误差的有关数据。

迎角传感器

（2）迎角与侧滑角传感器。迎角与侧滑角传感器是测量飞机迎角或侧滑角的装置。

迎角信号可由迎角信号灯或指示器直接指示，供驾驶员观察。在大气数据计算机中，迎角传感器的输出经补偿计算后变为真实迎角，用于静压源误差修正。同时当飞机在执行飞行任务，实际迎角接近临界迎角而使飞机有失速的危险时，失速警告系统即发出各种形式的告警信号。战斗机的飞行控制系统中常引入信号来限制最大法向过载。此外迎角信号还可以用于油门控制系统。

迎角数据的不准确将导致气压高度、空速、性能速度、FAC（飞行增稳计算机）计算的总重、迎角平台与迎角保护门限值等数据产生误差，严重的话还会导致失速警告、自动驾驶和自动油门脱开，飞行控制系统进入备用系统控制状态等。

迎角传感器安装在飞机外部，容易遭受雷击损坏，同时长期暴露在高速气流中，其风刀等部位容易出现风蚀、脱胶现象，导致传感器动平衡性能变差，测量精度下降，因此当飞机停靠到外机场长时间不飞行时，应该套上防护套，避免损坏迎角传感器，飞行时应记得取下，避免飞行失事。

迎角传感器按照工作原理分为旋转风标式、压差式、零差式三种，以风标式为例。风标式迎角传感器由敏感探头，变换传动部分（气道、风标、支杆等）、输出部分（电刷、电位计）和温控部分（探头、壳体加热器以及温度继电器）组成（图 5-27）。风标式传感器是利用风标在气流中受到的空气动力感受飞机的迎角或侧滑角大小变化。

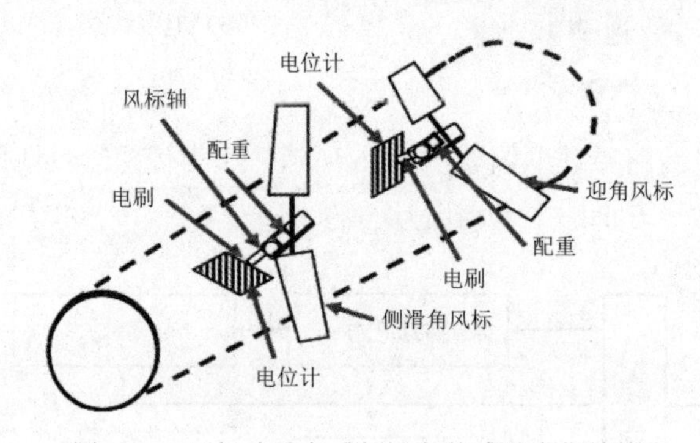

图 5-27　风标式迎角或侧滑角传感器内部结构

图 5-27 中风标式迎角传感器（侧滑角传感器）测得的信号分两路即齿轮 2 和齿轮 3（具有相同的传动比），如图 5-28（a）所示，传送到角位移电位器（RVDT）将机械转动通过电刷转换成相应的电信号。通常风标式迎角传感器（或侧滑角传感器）的风标叶片为沿中心线对称的剖面结构，如图 5-28（b）所示。当飞机的迎角（或侧滑角）为 0 时，叶片中心与气流方向平行，叶片上、下表面（或左、右表面）所受的空气动力相等，叶片保持静

止不动。当飞机与迎面气流呈某一迎角或侧滑角飞行时，剖面的中心对称线与气流方向呈某一夹角，使得叶片上、下表面（或左、右表面）感受到大小不同的空气动力［如图 5-28（b）中叶片下表面的空气动力大于上表面的空气动力］形成压力差，推动叶片产生转动，该转动被齿轮 1 带动角位移电位计（RVDT）工作，形成相应电信号输出。

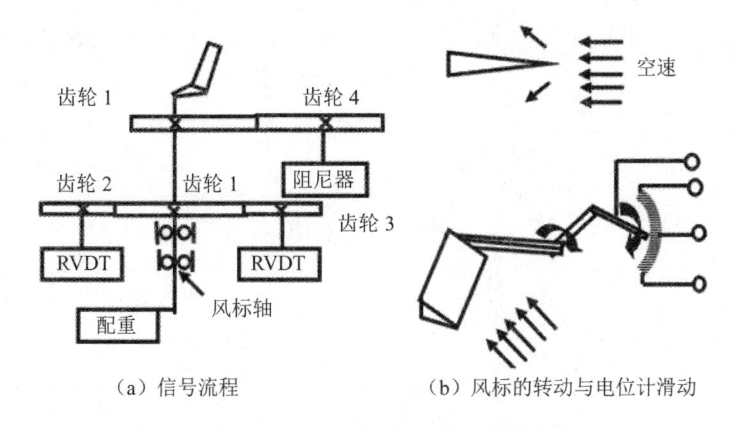

（a）信号流程　　（b）风标的转动与电位计滑动

图 5-28　风标式迎角或侧滑角传感器信号传递

为了提高风标在工作中的稳定性，风标式迎角传感器（侧滑角传感器）一般都装配有阻尼器，风标轴的转动通过齿轮 1、齿轮 4 传送到阻尼器，利用阻尼器改善稳定风标式传感器的动压品质。为了提高风标的静平衡性，风标式迎角传感器（侧滑角传感器）上装有多个配重，通过对配重的调节来实现传感器的静态输出精度。

3. 加速度传感器

简单加速度计

饶性加速度计

（1）惯性导航系统。飞行状态传感器系统是利用运动的惯性测量飞机当前的飞行加速度、飞行姿态角速度的敏感系统，其实质就是惯性导航系统。该系统利用加速度计测出飞机的加速度并经过数学运算从而确定出飞机位置的导航技术，属于不依赖外界任何信息的完全自主式的导航方法，也不向外发射任何能量，隐磁性好，可以提供包括位置、速度、姿态和航向等导航所需的全部信息，在飞机上广为应用，也是最重要的导航设备。

目前很多战斗机的惯导系统为捷联式惯性导航系统，它是在平台式惯性导航系统基础上发展而来的无框架系统，由三个速率陀螺、三个线加速度计和微型计算机组成，如图 5-29 所示。其中加速度计和陀螺仪是惯性传感器。

平台式惯性导航系统具有实体的物理平台，陀螺和加速度计置于稳定的陀螺平台上，该平台跟踪导航坐标系实现速度和位置解算，姿态数据直接取自平台的环架；捷联式惯性导航系统的陀螺仪和加速度计直接固连在飞机上作为测量基准，不采用机电平台，惯性平台的功能由计算机完成，即在计算机内建立一个数学平台取代机电平台的功能，飞行器姿态数据通过计算机计算得到，故有时也称为“数学平台”，这也是捷联式惯性导航系统与平台式惯性导航系统的根本区别。

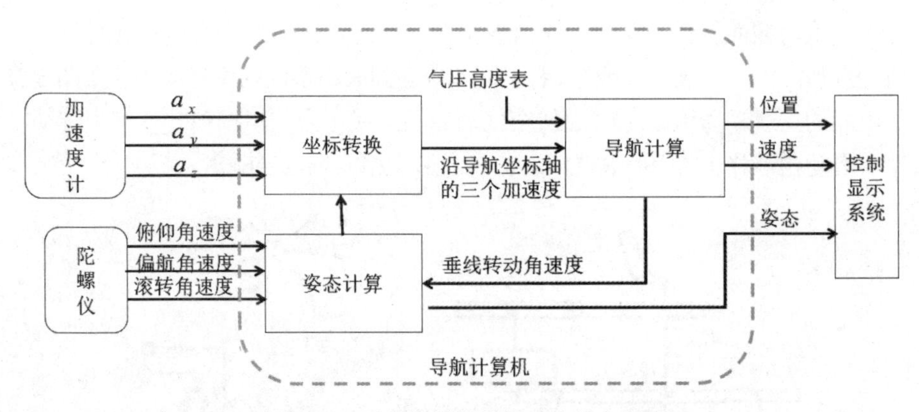

图 5-29　平台式惯性导航系统基本组成

飞机上使用的加速度传感器分线加速度传感器和角加速度传感器两种，都是为了测量飞机运动的加速度并输出加速度信号的装置。其中角加速度测量设备主要由角速率陀螺仪与微分电路组成，而线加速度测量设备由线加速度传感器加上附加部件组成。当飞机通过测试得到当时的飞行参数后，飞行参数系统就通过电缆或总线将飞行状态参数传递给航向仪表、姿态仪表等设备指示给驾驶员，或输出至惯性导航系统进行导航计算。

线加速度传感器也称加速度计，它是根据牛顿第二定律，利用惯性块感应飞机的加速度的大小和方向。

目前加速度计有很多种分类，根据其测量方法可以将加速度计分为压电式加速度计、容感式加速度计以及热感式加速度计，其中容感式和热感式既能感应“动态”加速度，又能感应“静态”加速度；压电式加速度计内部有刚体支撑，通常情况下只能感应到“动态”加速度（比力），不能感应到“静态”加速度（重力加速度），所以也称“比力”加速度计，飞机上常用“比力”压电式加速计测量飞机沿机体坐标系三轴运动的加速度。

“比力”式加速度计内部的惯性块在有运动的情况下将产生与其固定支撑的刚体（飞机）运动相反的惯性加速度（应变），该加速度通过“比力”加速度计内某种机构转换为相应的电信号输出，送至飞行控制计算机内进行数据处理、变换，形成飞机驾驶员需要观察的飞行速度、飞行里程以及飞行航迹偏离等数据或其他设备的触发控制信号。

（2）液浮摆式加速度计。以液浮摆式加速度计（图 5-30）为例，该加速度计为闭环加速度计。闭环加速度计也称为力平衡式加速度计（力反馈加速度计或伺服加速度计），当被测加速度变成电信号后，分为两路，一路输出至其他设备，另一路送到加速度计的平衡力矩器上，产生恢复力矩使活动机构（浮子摆）恢复其平衡位置。由于采用了力反馈回路，该加速度计精度高，抗干扰能力强，虽然比开环加速计（即简单加速度计，被测加速度值经敏感元件、信号传感器、放大器变成电信号直接输出，无反馈，构造简单、体积小、成本低、精度较低）复杂，但数据稳定可靠。

图 5-30 中液浮摆式加速度计输入轴与横轴 Z 轴平行（敏感飞机纵向运动），由浮子摆组合件、力矩器、信号传感器、放大器和充满黏性液体的密封壳体组成，输出轴为纵轴方向。摆组件放在浮液内，浮液产生的浮力能卸除浮子摆组件对轴承的负载，减小支

撑摩擦力矩，可以提高仪表的精度，同时浮液的黏性对摆组件有阻尼作用，能减小动态误差，提高抗振动和抗冲击的能力。因为浮液不能起定轴作用，所以在高精度摆式加速度计中，同时还采用磁悬浮方法把已经卸荷的浮子摆组件悬浮在中心位置，使之与支撑脱离接触，进一步消除摩擦力矩。

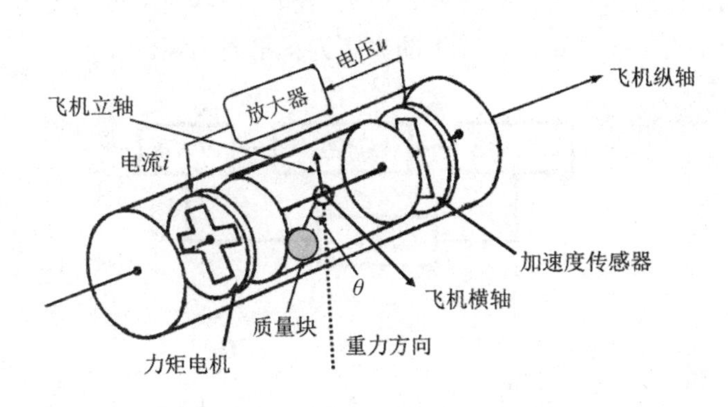

图 5-30　液浮摆式加速度计结构示意图

将浮子摆用单摆代替，力矩器用弹性系数为 k 的弹簧等效，可得到如图 5-31 所示的摆式加速度计传感器的原理简图。当飞机有向左的加速度 a 时，浮子摆敏感质量摆感受到 a 引起的惯性力 $F=-ma$，其方向与 a 相反。摆锤在 F 作用下，绕输出轴转轴产生转矩 ma 和转角 α，惯性力矩为 $mal\cos\alpha$。

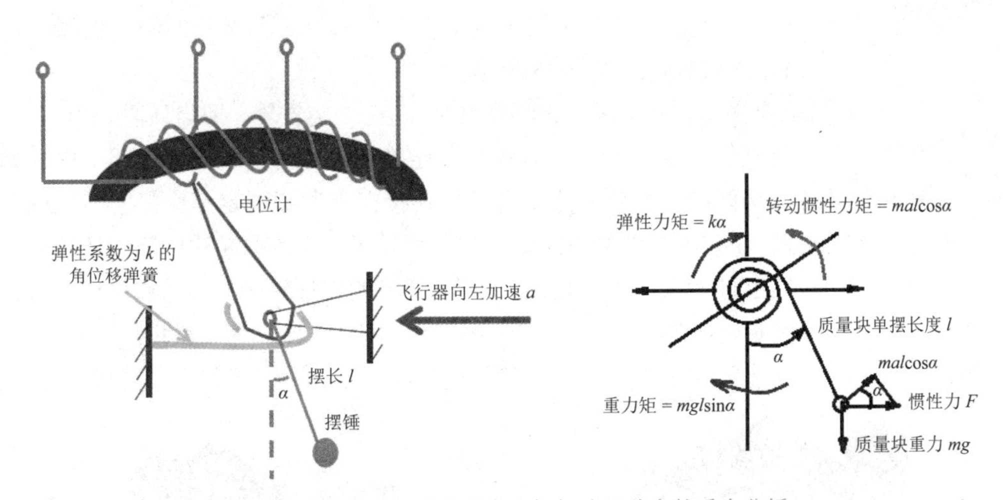

图 5-31　摆式加速度计在飞机加速运动中的受力分析

摆锤偏离垂直方向，重力形成与弹性力矩方向相同的 $mgl\sin\alpha$ 力矩分量，同时转轴转动使弹簧变形而产生弹性力矩 $m_i=-k\alpha$，m_i 与 m_α 方向相反。此时 $m_\alpha=mal\cos\alpha$。当摆式加速度计平衡时

$$mal\cos\alpha=k\alpha+mgl\sin\alpha \tag{5-1}$$

所以，质量块的摆动角速度 α 可以用下式表示：

$$\alpha=\frac{ml(a\cos\alpha-g\sin\alpha)}{k} \tag{5-2}$$

式中分子部分（$a\cos\alpha$-$g\sin\alpha$）为质量块加速度与重力加速度的差值，称为比力。

当稳态时力矩平衡，力矩器的输入电流与输入加速度成正比，通过采样电阻可获得与输入加速度成正比的信号。由传感器、放大器和力矩器所组成的闭合回路如图 5-32 所示，通常称为力矩再平衡回路，所产生的力矩为再平衡力矩。

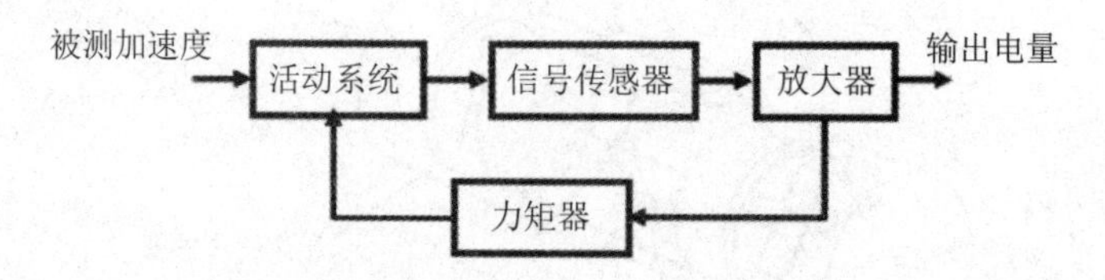

图 5-32　加速度传感器原理框图

陀螺仪的基本结构与分类

三自由度陀螺仪进动性

4. 陀螺仪的认知

在生活中某质量块为轴对称分布的刚体，当它在真空中绕对称轴高速运转时，必定具有一定的方向稳定性和速度稳定性，这种刚体称为陀螺。当陀螺的转动不在真空，而在地球上时，陀螺将因本身的重力作用，其高速转动慢慢停止下来。

利用陀螺高速旋转时的方向稳定性和速度稳定性，将陀螺安装在一组特定的框架上就构成了飞机姿态角运动参数的测量仪器，也就是陀螺仪，如图 5-33 所示。

图 5-33（a）的陀螺仪具有两个环（内环和外环）、三个旋转轴，即自转轴、内环轴、外环轴。自转轴是指陀螺转子高速旋转的对称轴，连接在陀螺转子和内环之间；内环轴连接在内环和外环之间与陀螺自转轴垂直；外环轴连接在外环和固定基座之间与陀螺自转轴、内环轴两两垂直。图 5-33（a）中陀螺仪的陀螺转子 - 自转轴组件可绕内环轴转动也可绕外环轴转动，故也称为双自由度陀螺仪；图（b）的陀螺转子 - 自转轴组件去掉了外环（或者说外环被固定，去掉了基座）只能绕内环轴转动，被称为单自由度陀螺仪。

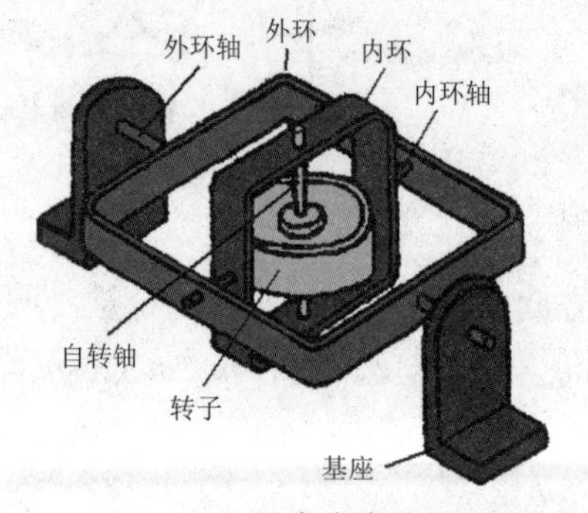

（a）双自由度陀螺

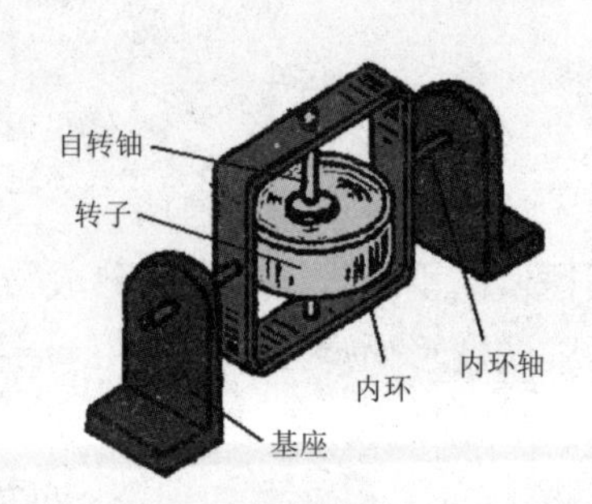

（b）单自由度陀螺

图 5-33　双自由度陀螺仪与单自由度陀螺仪结构示意图

（1）陀螺仪的基本特性。

陀螺仪的定轴性

1）陀螺仪的定轴性。所谓定轴性是指当陀螺转子以极高速度旋转时，产生惯性。惯性使得陀螺转子的旋转轴保持在空间，指向一个固定的方向，陀螺仪的转子绕主轴高速转动，如果不受任何外力矩的作用，陀螺仪主轴将相对惯性空间保持方向不变的特性。利用陀螺仪的定轴性，来精确地确定运动物体的方位和方向。

2）陀螺仪的进动性。所谓进动性是指当陀螺仪的转子绕主轴高速旋转时，如果受到与自转轴垂直的外力矩作用，则自转轴并不按外力矩的方向转动，而是绕垂直于外力矩的第三个正交轴转动的特性。

（2）双自由度陀螺仪的作用。双自由度陀螺仪进动角速度的方向取决于转子动量矩 $\boldsymbol{H}$ 的方向（与转子自转角速度矢量方向一致）和外力矩 $\boldsymbol{M}$ 的方向，而且动量矩矢量以最短的路径追赶外力矩。也就是说，若外力矩绕外环轴作用，陀螺仪将绕内环轴转动；若外力矩绕内环轴作用，陀螺仪将绕外环轴转动，如图 5-34 所示。

二自由度陀螺仪进动性

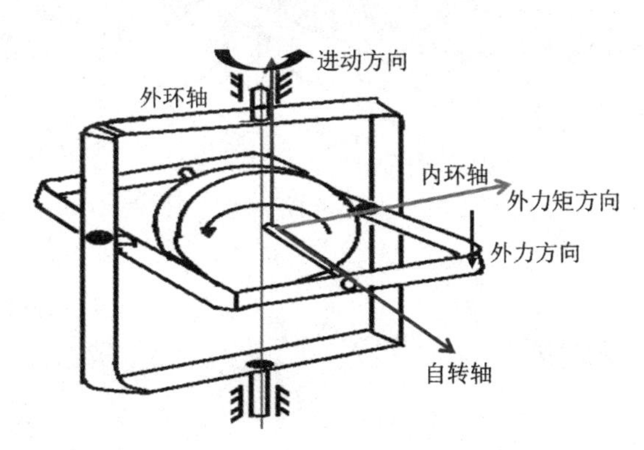

图 5-34　双自由度陀螺仪的进动方向、外力矩方向与外力方向的关系

进动方向的判定方法：对于某三自由度陀螺仪，当知道外力方向时可以采用右手定则判断陀螺仪的进动方向，即伸直右手，大拇指与食指垂直，手指以外力作用点为起点顺着自转轴的方向，手掌朝外力矩的正方向，然后手掌与 4 指弯曲握拳，则大拇指的方向就是进动角速度的方向。

双自由度陀螺具有定轴性，即保持自己惯量空间不变的特性。如果安装基座发生转动，自转轴也不会发生方位上的变化，即内环和外环同时起到将基座与自转轴（转子）隔离的作用，根据双自由度陀螺仪的特性，检测飞机可以自动检测当时的俯仰角、偏航角以及滚转角的大小。每个双自由度陀螺仪可以同时检测飞机两个转动方向的角速度，常用于测量飞机姿态角位移，如垂直陀螺仪和航向陀螺仪。

（3）单自由度陀螺仪。当有外力对单自由度陀螺仪作用，强迫其绕第三轴（假想的外环轴）运动时，陀螺将绕内环轴转动。将单自由度陀螺仪安装在与飞机机体固连的基座支架上时，并将内环轴与纵轴平行且自转轴与横轴平行安装，根据右手定则可以看出，

当有外力绕横轴（俯仰运动）和纵轴（滚转运动）两个轴转动时，框架仍然起隔离作用，只有在飞机绕立轴以角速度转动（做偏航运动）时，由于陀螺仪绕该轴没有转动自由度，基座转动带动框架和转子一起绕立轴转动，称为“强迫进动”。每个单自由度陀螺仪只能检测一个方向的角速度，因此单自由度陀螺仪也称为速率陀螺仪。

速率陀螺仪主要由单自由度陀螺、定位弹簧、阻尼器和信号输出电位器组成，如图5-35（a）所示。若框架轴（粗线条）的方向与机体纵轴平行，当飞机绕立轴转弯时，速率陀螺沿纵轴反方向产生陀螺力矩阻止陀螺转动，如果没有弹性元件的约束，在进动过程中转子动量矩的矢量将逐渐转向横轴方向，最终与立轴重合，如图5-35（b）所示。

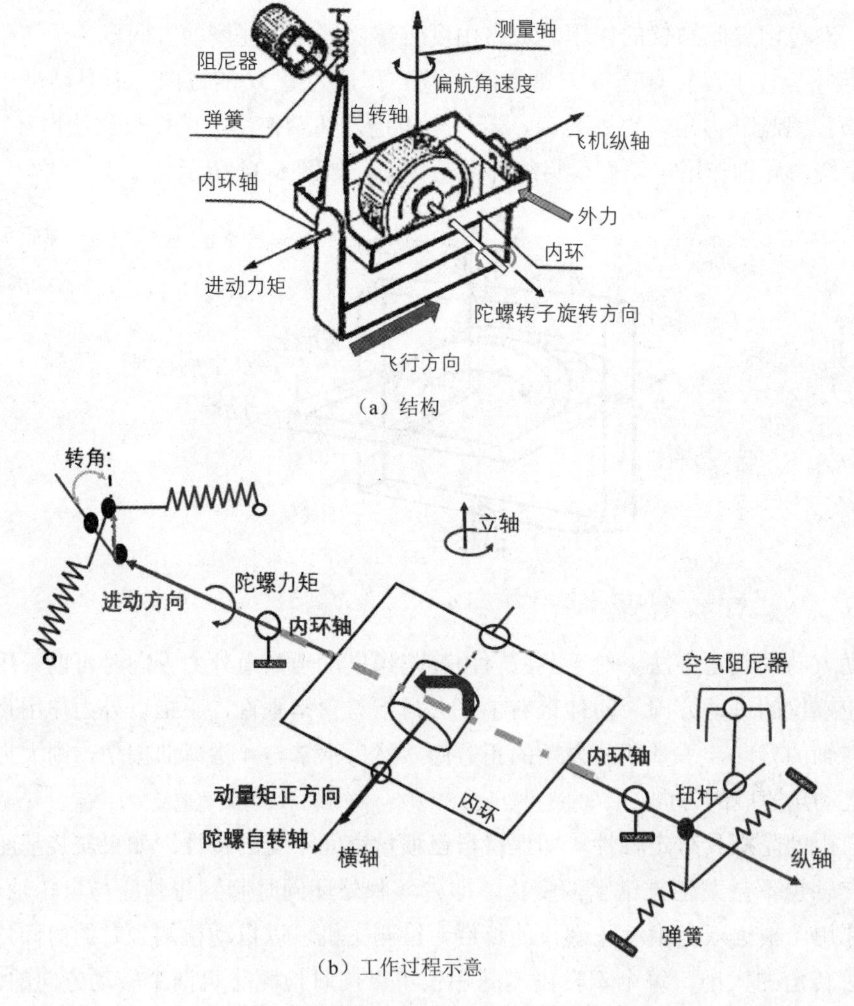

图5-35 速率陀螺仪的结构及工作过程示意图

由于定位弹簧的存在，弹簧将随着陀螺自转轴的进动出现转角，改变弹簧的形变程度带动电刷产生位移来测量弹簧的弹性力，度量输出角速度大小，同时产生弹性力矩平衡陀螺力矩，当框架转动到一定角度时，陀螺力矩与约束力矩平衡，使陀螺自转轴稳定在某个转角位置。此时，角度传感器输出电压与陀螺力矩成正比，而陀螺力矩与机体转动角速度成正比，因此角度传感器的输出电压与机体转动角速度成正比。

空气阻尼器在框架开始转动时就产生与内框旋转角速度成正比的阻尼力矩，阻止陀螺仪绕内环轴振荡，使内框的摆动迅速衰减，当内框停止转动时，阻尼力矩消失。空气阻尼器只是改善了速度陀螺仪工作的稳定性，消除框架转动过程中的振荡，对内框稳定的最终位置并没有影响。

5. 自动驾驶仪传感器故障对自动驾驶仪的影响

机载传感器系统属于自动驾驶仪系统的信号源子系统，若传感器系统出现故障，自动驾驶仪可能出现输出不稳定现象。与自动驾驶仪相关的机载传感器故障主要分为三大类：第 1 类属于惯性系统的地平仪故障、航向陀螺故障、加速度计故障、速率陀螺故障；第 2 类是驾驶员操纵传动装置的驾驶杆角位移传感器和脚蹬线位移传感器故障以及舵面偏转位移传感器故障；第 3 类为大气数据传感器组件的动静压管路密封性故障等。部分传感器故障引起的不良后果见表 5-11。

表 5-11 中的故障有些是设备使用寿命太长引起的，但大部分故障仍旧是人为故障。所谓人为故障通常是由综合航电维修人员操作不当引起的。如在进行设备检测时，操作人员无意用力过猛造成运动传感器引出线断丝或接触不良；在对飞机排故时，用万用表测量电压时，挡位选择不当，造成线路短路，影响自动驾驶仪系统的电子设备；在未断开电源的情况下，拆装系统部组件造成部组件短路烧坏；修理时装错不同规格的螺栓，造成部组件的短路或接地不良等。

表 5-11　部分传感器故障引起的不良后果

运动传感器	传感器故障引起的不良后果
惯性传感器	工作一段时间后，导电刷变形，压力发生变化，电刷丝与导电刷接触不良，信号时有时无，遇到振动信号出现间断现象；导电刷氧化，导致电刷丝与导电刷接触不良，同步器输出电压发生变化；陀螺转子轴向间隙和偏移量超出标准，惯性传感器出现抖动现象，输出信号不稳定
位移传感器（电位计）	若驾驶杆系或舵面中立，位移传感器（电位计）输出信号可能超出标准范围，造成操纵故障以及纵向、横向或航向通道故障
大气数据传感器	飞机无法保持飞行高度和飞行速度

为避免人为故障，飞机维修人员必须熟记操作工艺流程，牢记设备维修时的禁止事项，养成严谨、规范的职业素养。

任务实施

根据以上内容，理解传感器可靠性、稳定性的重要性，完成工卡 5-4。

考核评价

表 5-12 任务 4 考核评价细则

评分项	要求	分值 / 分	备注
学习资料浏览	要求阅读“飞机电子设备资源库”——“飞行控制系统与维护”课程的关于“运动传感器的认知与维护”环节的学习资源	30	（1）要求提交作业或测验。 （2）要求提交相关笔记
工卡 5-4	正确填写工卡 5-4	40	
团结协作	积极参与资源库平台互动讨论；课上积极回答问题	30	

思考与练习

做一做

1．传感器敏感的元件测试数据的 ________ 性和 ________ 性关系到飞机的飞行品质。

2．大气数据传感器系统主要包括 ________、________ 计算机 、指示器及告警设备等部件。

3．旋转风标式迎角传感器一般安装在 ________。

4．振动筒式压力传感器是利用弹性元件压力 ________ 特性测量大气压力。

5．全静压系统在维护后一定要进行系统管路的 ________ 性检查和 ________ 性检查。

6．惯性导航系统利用 ________ 元件测量载体相对 ________ 的运动参数，并经过推算进行导航。

7．液浮摆式加速度计实际测量的是 ________________ 参量。

8．在所有传感器中以 ________ 测量装置最为重要，通过它可获得飞机位置、角速度等信息。

9．陀螺的定轴性是指 ________________________。

10．陀螺的进动性是指 ________________________。

11．陀螺的角动量方向可利用右手定则根据 ________ 和 ________ 方向判断。

12．已知作用在陀螺仪的外力方向和作用点，可利用 ________ 方法判断陀螺仪的外力矩方向。

试一试

1．已知全压管路和静压管路都经过了增压区和非增压区，如图 5-36 所示，全静压系统的故障现象为高度表指示减小，空速表指示减小，升降速度表指示不确定，则故障原因是（　　）。

A．静压管在非增压舱泄漏　　　　B．静压管在增压舱泄漏

C．全压管在增压舱泄漏　　　　　　D．全压管在非增压舱泄漏

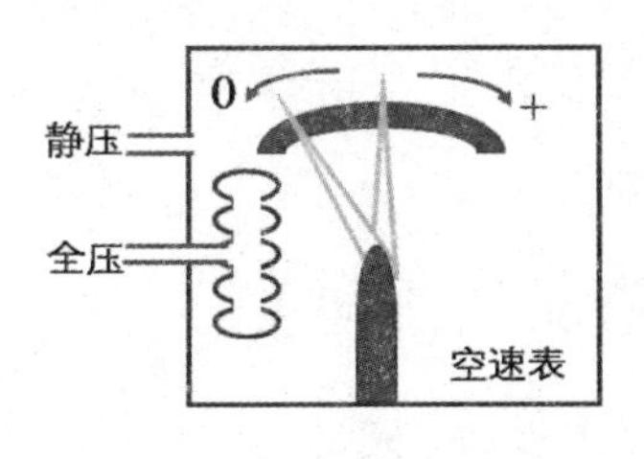

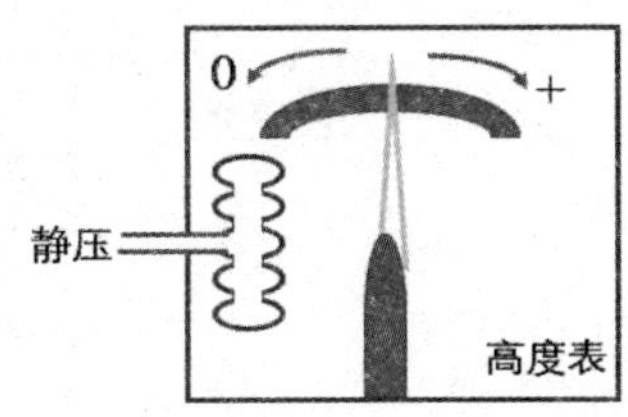

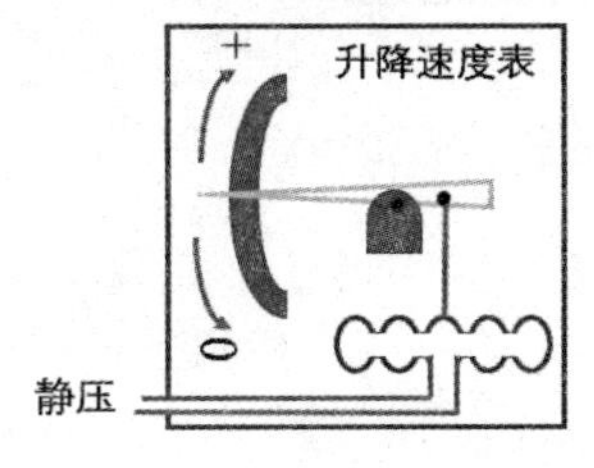

图5-36　试一试题1图

2．已知全压管路和静压管路都经过了增压区和非增压区，如图5-36所示，全静压系统的故障现象为空速表指示为0，高度表指示增加，升降速度表不变，则故障原因是（　　）。

A．静压管和全压管在非增压舱都泄漏

B．静压管和全压管在增压舱都泄漏

C．全压管在非增压舱泄漏，静压管在增压舱泄漏

D．全压管在增压舱泄漏，静压管在非增压舱泄漏

3．关于角速度传感器，下面说法不正确的是（　　）。

A．采用单自由度陀螺，也称速率陀螺仪

B．单自由度陀螺仪的输出转角与输入角速度成正比

C．角速度传感器根据结构的不同可分为常规陀螺仪、液浮陀螺仪、挠性陀螺仪等

D．角速度传感器主要测量直升机的角加速度

4．利用陀螺仪的（　　）可以进行航向测量。

A．进动性　　　B．定轴性　　　C．高速旋转特性

5．利用陀螺仪的（　　）可以进行飞机的姿态角测量。

A．进动性　　　B．定轴性　　　C．高速旋转特性

想一想

1．简要说明加速度计的输入参量“比力”的定义。

2．简要说明加速度传感器的作用，并画出原理框图

3．简要说明捷联式惯性导航系统与平台式惯性导航系统的区别。

4．驾驶员在执行飞行任务时，为确保飞行质量，除了需要了解飞机的飞行环境，还需要时刻关注飞机本身的飞行状态（即飞机当时沿机体坐标系三个轴的飞行速度和绕三个轴的飞行转动姿态），完成这些参数的测试的敏感装置属于惯性量（角速度和加速度）测试设备。

随手笔记

《飞行控制系统与设备》实操工卡

班级 Class		工作卡号 Work Card No	1-1	共 2 页　第 1 页

任务实施标题 Title	飞行控制系统在飞行任务中的作用及地位的认知		
工作者 Worker	飞机电子设备维修工	工种 Skill	飞机维修工
知识目标 Knowledge Goal	1．了解飞行控制系统在飞机的飞行过程中的地位。 2．掌握飞行控制系统回路的组成。		
专业 Professional	飞机电子设备维修专业	工作区域 Zone	多媒体智慧教室
组别 Group	组长 Leader	组员 Team	
版本 Revision	R1	工时 Manhours	2
网络平台 Web Platform	1．飞机电子设备维修专业群教学资源库（fjdz.cavtc.cn）。 2．QQ 学习群。 3．教学质量管理平台。		
备注 Notes	1．工作前按任务单要求浏览资源库相关知识。 2．提交资源库下发的在线测试及作业。		

编写 / 修订 Edited By		审核 Examined By		批准 Approved By	
日期 Date		日期 Date		日期 Date	

设备 Equipment					工作者 Perf.By	检查者 Insp.By
类别	名称	规格型号	单位	数量		
设备	个人计算机	/	台	1		
设备	手机	/	台	1		

学习资源 Resources				工作者 Perf.By	检查者 Insp.By
教学资源材料	名称	项目序号	资讯内容		
	教材	一	飞行控制系统基础		
	资源库	二	任务 1（飞行控制系统作用与分类）		

1．工作准备 Job Set-up	工作者 Perf.By	检查者 Insp.By
阅读相关学习资源： 1）阅读教材项目 1 任务 1。 2）浏览“飞机电子设备维修专业群教学资源库”项目二任务 1 的学习资源。 3）完成在线作业及平台互动。		

《飞行控制系统与设备》实操工卡

班级 Class	工作卡号 Work Card No 1-1	共2页 第2页

2. 工作步骤 Procedure	工作者 Perf.By	检查者 Insp.By
阅读相关学习资源，根据资源内容填写关键知识点。 关键知识点：飞行轨迹；飞行姿态；飞行品质；气动外形；驾驶员参与飞行控制的程度；开环控制；闭环控制；自动飞行控制系统 1）飞行控制的定义 a．控制对象：____________。 b．控制参量：____________。 c．飞行控制前身也称 ____________。 2）飞行控制系统的认知 a．飞行控制系统的指令信号来源：______。 b．剔除驾驶员的作用，人工飞行控制系统 ______（有/无）反馈通路。 c．无人机的飞行控制系统属于 ______ 飞行控制系统。		
阅读“飞行控制系统的改进”的相关内容，并填写关键知识点。 关键知识点：飞机的稳定性；飞机的操纵性；飞机的飞行品质 a．阻尼器改进飞机的 ______ 性能。 b．增稳系统改进飞机的 ______ 性能。 c．控制增稳系统改进飞机的 ______ 性能。 d．人感系统的作用：____________。		

3. 任务小结 Summary	工作者 Perf.By	检查者 Insp.By
1）早期飞机飞行控制系统的基本任务：____________。 2）现代飞性控制系统的主要任务：________________________。		

《飞行控制系统与设备》实操工卡

班级 Class	工作卡号 Work Card No 1-2	共 4 页 第 1 页

任务实施标题 Title	飞行控制系统常用坐标系的认知				
工作者 Worker	飞机电子设备维修工			工种 Skill	飞机维修工
知识目标 Knowledge Goal	1．掌握飞行控制系统三个回路的组成与作用。 2．了解飞行控制系统常用坐标系之间的关系。 3．熟悉飞机的姿态角、气流角以及航迹角的分类。				
专业 Professional	飞机电子设备维修专业			工作区域 Zone	多媒体智慧教室
组别 Group		组长 Leader		组员 Team	
版本 Revision	R1			工时 Manhours	2
网络平台 Web Platform	1．飞机电子设备维修专业群教学资源库（fjdz.cavtc.cn）。 2．QQ 学习群。 3．教学质量管理平台。				
备注 Notes	1．工作前按任务单要求浏览资源库相关知识。 2．提交资源库下发的在线测试及作业。				

编写 / 修订 Edited By		审核 Examined By		批准 Approved By	
日期 Date		日期 Date		日期 Date	

设备 Equipment					工作者 Perf.By	检查者 Insp.By
类别	名称	规格型号	单位	数量		
设备	个人计算机	/	台	1		
	手机	/	台	1		

学习资源 Resources				工作者 Perf.By	检查者 Insp.By
教学资源材料	名称	项目序号	资讯内容		
	教材	一	飞行控制系统基础		
	资源库	二	任务 2（飞行控制系统常用坐标系）		

1．工作准备 Job Set-up	工作者 Perf.By	检查者 Insp.By
阅读“飞行控制系统三个回路”的相关学习资源： 1）阅读教材项目 1 任务 2——知识链接 1：飞行控制系统的三个回路。 2）浏览“飞机电子设备维修专业群教学资源库”项目二任务 2 的学习资源。 3）完成在线作业及平台互动。		

《飞行控制系统与设备》实操工卡

班级 Class	工作卡号 Work Card No　1-2	共 4 页　第 2 页

2. 工作步骤 Procedure	工作者 Perf.By	检查者 Insp.By
阅读相关学习资源，根据资源内容填写关键知识点。 关键知识点：舵回路；内回路；外回路；航姿稳定控制；航迹稳定控制；舵面运动控制 1）舵回路 a．控制对象：________。 b．控制参量：________。 c．输入信号：________。 d．输出信号：________。 e．舵回路的执行机构：________。 f．回路涉及的传感器：________。 2）航姿稳定控制回路 a．控制对象：________。 b．控制参量：________。 c．输入信号：________。 d．输出信号：________。 e．回路涉及的传感器：________。 f．回路的别称：________。 3）航迹稳定控制回路 a．控制对象：________。 b．控制参量：________。 c．输入信号：________。 d．输出信号：________。 e．回路涉及的传感器：________。 f．回路的别称：________。 4）参考任务 2 知识链接 1 的有关知识，完成以下设备的归属： a．迎角传感器属于 ________ 回路。 b．舵机输出杆位移传感器属于 ________ 回路。 c．无线电高度表属于 ________ 回路。		

班级 Class		工作卡号 Work Card No 1-2	共 4 页 第 3 页

2. 工作步骤 Procedure	工作者 Perf.By	检查者 Insp.By
d. 俯仰角速度传感器属于 ________ 回路。 e. 磁航向传感器属于 ________ 回路。		
阅读“飞行控制系统常用坐标系”相关内容，并填写关键知识点。 关键知识点：地面坐标系；气流坐标系；机体坐标系 1）地面坐标系 a. 坐标原点：________________________。 b. X 轴：________________________。 c. Y 轴：________________________。 d. Z 轴：________________________。 2）机体坐标系 a. 坐标原点：________________________。 b. X 轴：________________________。 c. Y 轴：________________________。 d. Z 轴：________________________；		
阅读“常用飞行参数”相关学习资源，根据资源内容填写关键知识点。 关键知识点：飞机的对称面和铅锤面；空速的投影；飞机纵轴在地平面的投影 1）飞行姿态角符号 a. 俯仰角的符号：________。 b. 偏航角的符号：________。 c. 滚转角（倾斜角）的符号：________。 2）飞行姿态角极性 a. 俯仰角极性：________________。 b. 偏航角极性：________________。 c. 滚转角（倾斜角）极性：________________。 3）气流角 a. 迎角符号：________________。 b. 侧滑角符号：________________。 c. 迎角极性：________________。 d. 侧滑角极性：________________。		

《飞行控制系统与设备》实操工卡

班级 Class	工作卡号 Work Card No 1-2	共 4 页　第 4 页

2. 工作步骤 Procedure	工作者 Perf.By	检查者 Insp.By
4）航迹角 a．航迹倾斜角的符号：________。 b．航迹倾斜角与俯仰角、迎角的关系：________。 5）姿态角速度 a．俯仰角速度的极性：________________________。 b．滚转角速度的极性：________________________。 c．偏航角速度的极性：________________________。 6）已知飞机飞行时的俯仰角为 θ，无偏航（ψ=0），无滚转（ϕ=0），航迹倾斜角为 μ，按计划航线方向水平飞行，思考下面问题： a．将机体坐标系 X 轴绕 ______ 旋转 ______ 角度与地面坐标系 X 轴重合。 b．将气流坐标系 X 轴绕 ______ 旋转 ______ 角度与地面坐标系 X 轴重合。		

3. 任务小结 Summary	工作者 Perf.By	检查者 Insp.By
1）判断坐标系三轴方向的右手定则：____。 2）常用坐标系与飞行控制系统三个回路的关系：____。 3）气流坐标系与迎面气流的关系：____。 4）具有俯仰角 θ、偏航角 ψ、滚转角（ϕ）飞行姿态的飞机，将机体坐标系转换为地面坐标系的关系：____。 5）与前方气流具有迎角 α、侧滑角 β 关系的飞机，将机体坐标系转换为气流坐标系的关系：____。		

《飞行控制系统与设备》实操工卡

班级 Class	工作卡号 Work Card No	1-3	共 2 页 第 1 页

<table>
<tr><td>任务实施标题
Title</td><td colspan="6">飞行控制系统关联关系认知</td></tr>
<tr><td>工作者
Worker</td><td colspan="3">飞机电子设备维修工</td><td>工种
Skill</td><td colspan="2">飞机维修工</td></tr>
<tr><td>知识目标
Knowledge Goal</td><td colspan="6">1. 熟悉飞行控制系统与其他电子设备的关联关系。
2. 了解飞行控制系统在飞行中的地位。</td></tr>
<tr><td>专业
Professional</td><td colspan="3">飞机电子设备维修专业</td><td>工作区域
Zone</td><td colspan="2">多媒体智慧教室</td></tr>
<tr><td>组别
Group</td><td></td><td>组长
Leader</td><td></td><td>组员
Team</td><td colspan="2"></td></tr>
<tr><td>版本
Revision</td><td colspan="3">R1</td><td>工时
Manhours</td><td colspan="2">2</td></tr>
<tr><td>网络平台
Web Platform</td><td colspan="6">1. 飞机电子设备维修专业群教学资源库（fjdz.cavtc.cn）。
2. QQ 学习群。
3. 教学质量管理平台。</td></tr>
<tr><td>备注
Notes</td><td colspan="6">1. 工作前按任务单要求浏览资源库相关知识。
2. 提交资源库下发的在线测试及作业。</td></tr>
<tr><td>编写 / 修订
Edited By</td><td></td><td>审核
Examined By</td><td></td><td>批准
Approved By</td><td colspan="2"></td></tr>
<tr><td>日期
Date</td><td></td><td>日期
Date</td><td></td><td>日期
Date</td><td colspan="2"></td></tr>
</table>

<table>
<tr><td colspan="5">设备
Equipment</td><td rowspan="2">工作者
Perf.By</td><td rowspan="2">检查者
Insp.By</td></tr>
<tr><td>类别</td><td>名称</td><td>规格型号</td><td>单位</td><td>数量</td></tr>
<tr><td rowspan="2">设备</td><td>个人计算机</td><td>/</td><td>台</td><td>1</td><td rowspan="2"></td><td rowspan="2"></td></tr>
<tr><td>手机</td><td>/</td><td>台</td><td>1</td></tr>
<tr><td colspan="5">学习资源
Resources</td><td rowspan="2">工作者
Perf.By</td><td rowspan="2">检查者
Insp.By</td></tr>
<tr><td rowspan="3">教学资源材料</td><td>名称</td><td>项目序号</td><td colspan="2">资讯内容</td></tr>
<tr><td>教 材</td><td>一</td><td colspan="2">飞行控制系统基础</td><td rowspan="2"></td><td rowspan="2"></td></tr>
<tr><td>资源库</td><td>二</td><td colspan="2">任务 1（飞行控制计算机的拆装）</td></tr>
<tr><td colspan="5">阅读相关学习资源：
1）阅读教材项目 1 任务 3——飞行控制系统与其他系统的关联关系。
2）浏览“飞机电子设备维修专业群教学资源库”项目二任务 1 的学习资源。
3）完成在线作业及平台互动。</td><td></td><td></td></tr>
</table>

《飞行控制系统与设备》实操工卡

班级 Class		工作卡号 Work Card No	1-3	共2页　第2页

2．工作步骤 Procedure	工作者 Perf.By	检查者 Insp.By
阅读相关学习资源，根据资源内容填写关键知识点。 关键知识点：飞行控制系统的核心；飞行控制系统的输入输出信号 1）飞行控制系统的外来输入信号（每个空格至少举出三种信号） a．大气数据传感器主要信号：______________。 b．主要惯性基准信号：______________。 c．发动机主要参数信号：______________。 d．驾驶员指令输入信号：______________。 2）飞行控制计算机输入信号（飞行控制系统内部）（每个空格至少举出三种信号） a．舵面偏转信号：______________。 b．飞机姿态信号：______________。 c．飞行轨迹信号：______________。 3）飞行控制系统的输出信号（每个空格至少举出三种信号） a．监视警告信号：______________。 b．综合显示信号：______________。 c．舵面偏转信号：______________。		
3．任务小结 Summary	工作者 Perf.By	检查者 Insp.By
1）飞行控制系统与电气系统的关联关系：______________ ______________ ______________。 2）飞行控制系统与其他电子设备的关联关系：______________ ______________ ______________。		

《飞行控制系统与设备》实操工卡

班级 Class	工作卡号 Work Card No 2-1	共 4 页 第 1 页

任务实施标题 Title	飞行控制计算机的拆装		
工作者 Worker	飞机电子设备维修工	工种 Skill	飞机维修工
能力目标 Ability Goal	1. 了解飞行控制计算机在飞机上的位置。 2. 能独立完成相关技术资料的查询。		
专业 Professional	飞机电子设备维修专业	工作区域 Zone	多媒体智慧教室
组别 Group	组长 Leader	组员 Team	
版本 Revision	R1	工时 Manhours	2
网络平台 Web Platform	1. 飞机电子设备维修专业群教学资源库（fjdz.cavtc.cn）。 2. QQ 学习群。 3. 教学质量管理平台。		
备注 Notes	1. 工作前按任务单要求浏览资源库相关知识。 2. 提交资源库下发的在线测试及作业。		

编写 / 修订 Edited By		审核 Examined By		批准 Approved By	
日期 Date		日期 Date		日期 Date	

设备 Equipment					工作者 Perf.By	检查者 Insp.By
类别	名称	规格型号	单位	数量		
设备	个人计算机	/	台	1		
	手机	/	台	1		

学习资源 Resources				工作者 Perf.By	检查者 Insp.By
教学资源材料	名称	项目序号	资讯内容		
	教材	二	飞行控制计算机的维护		
	资源库	三	任务 1（飞行控制计算机的拆装）		
	波音手册	22-11-33	飞行控制计算机的维护		

1. 工作准备 Job Set-up	工作者 Perf.By	检查者 Insp.By
阅读相关学习资源： 1）阅读教材项目二任务 1——飞行控制计算机的拆装。 2）浏览“飞机电子设备维修专业群教学资源库”项目三任务 1 的学习资源。 3）完成在线作业及平台互动。		

班级 Class	工作卡号 Work Card No	2-1	共 4 页　第 2 页

2. 工作步骤 Procedure	工作者 Perf.By	检查者 Insp.By
按照维修需要对波音飞机 737-700 的飞行控制计算机进行性能检查，请在维护手册（AMM）中找到该飞行控制计算机的位置信息。 手册查询关键词：Flight -Control -Computer 飞行控制计算机；Subject 22-11-33 章节 1）飞行控制计算机的位置 a．电子电气设备仓的站位（Station）：________。 b．左飞行控制计算机的站位（Station）：________。 c．右飞行控制计算机的站位（Station）：________。 d．电子设备通道门的站位（Station）：________。 2）飞行控制计算机的电气连接（主驾驶——机长位） a．马赫配平作动断路器电气编号__________；坐标__________；英语缩写__________。 b．电池警告灯断路器电气编号__________；坐标__________；英语缩写__________。 c．飞行控制计算机直流断路器电气编号__________；坐标__________；英语缩写__________。 d．马赫配平直流断路器电气编号__________；坐标__________；英语缩写__________。 3）飞行控制计算机的电气连接（副驾驶驾驶——副机长位） a．电池警告灯断路器电气编号__________；坐标__________；英语缩写__________。 b．飞行控制计算机直流断路器电气编号__________；坐标__________；英语缩写__________。 c．马赫配平直流断路器电气编号__________；坐标__________；英语缩写__________。		

《飞行控制系统与设备》实操工卡

班级 Class	工作卡号 Work Card No	2-1	共 4 页　第 3 页

2．工作步骤 Procedure	工作者 Perf.By	检查者 Insp.By
阅读教材知识链接 3 的飞行控制计算机拆卸工卡（表 2-3）内容，现需要对波音飞机 737-700 的飞行控制计算机（左）进行拆卸，请完成以下任务。 手册查询关键词：件号；站位；拆卸工具。 1）飞行控制计算机（左） a．件号：__________。 b．在飞机上的区域（ZONES）：__________。 c．E1 设备架的站位：__________。 d．飞行控制计算机外壳质地：__________。 2）拆卸前工具选择 a．拆卸前应佩戴 __________。 b．拆卸紧固件应根据 __________ 结构选择拆卸工具。 c．紧固件配备的弹簧垫片应 __________。 d．对产品进行拆卸前，应在产品附近贴上 __________。 3）拆卸过程 a．拆卸产品前应确认 __________。 b．拆卸产品时切勿 __________ 电气控制箱上的导线针以防损坏 __________。 c．产品的电气连接插座断开后应装上 __________。 4）飞行控制计算机拆卸完毕后 a．应清点 ____。 b．拆卸人员应在产品维修记录单上记录 ____________________ 信息。		
3．任务小结 Summary	**工作者 Perf.By**	**检查者 Insp.By**
1）飞行控制计算机在飞机上的配备数量：______________________________________。 2）飞行控制计算机在飞机上的位置：____ ____ ____。 3）对设备进行拆装前应完成的工作：____ ____ ____。		

《飞行控制系统与设备》实操工卡

班级 Class	工作卡号 Work Card No　2-1	共 4 页　第 4 页

3. 任务小结 Summary	工作者 Perf.By	检查者 Insp.By
4）飞行控制计算机的拆卸过程：____________________ ____________________ ____________________ ____________________。 5）飞行控制计算机的安装过程：____________________ ____________________ ____________________。 6）飞行控制计算机安装完成后的结尾工作：____________________ ____________________。		

随手笔记

《飞行控制系统与设备》实操工卡

班级 Class		工作卡号 Work Card No	2-2	共 4 页　第 1 页

任务实施标题 Title	飞行高度自动稳定控制分析		
工作者 Worker	飞机电子设备维修工	工种 Skill	飞机维修工
知识目标 Knowledge Goal	1. 熟悉飞行控制计算机进行高度自动稳定控制时的输入输出信号。 2. 能独立完成简单飞行控制计算机电气故障分析与排除。		
专业 Professional	飞机电子设备维修专业	工作区域 Zone	多媒体智慧教室
组别 Group	组长 Leader	组员 Team	
版本 Revision	R1	工时 Manhours	2
网络平台 Web Platform	1. 飞机电子设备维修专业群教学资源库（fjdz.cavtc.cn）。 2. QQ 学习群。 3. 教学质量管理平台。		
备注 Notes	1. 工作前按任务单要求浏览资源库相关知识。 2. 提交资源库下发的在线测试及作业。		

编写 / 修订 Edited By		审核 Examined By		批准 Approved By	
日期 Date		日期 Date		日期 Date	

设备 Equipment					工作者 Perf.By	检查者 Insp.By
类别	名称	规格型号	单位	数量		
设备	个人计算机	/	台	1		
	手机	/	台	1		

学习资源 Resources				工作者 Perf.By	检查者 Insp.By
教学资源材料	名称	项目序号	资讯内容		
	教材	二	飞行控制计算机的维护		
	资源库	三	任务 3（自动飞行姿态角基本控制律）		
			任务 4（飞行轨迹自动稳定基本控制律）		

1. 工作准备 Job Set-up	工作者 Perf.By	检查者 Insp.By
阅读相关学习资源： 1）阅读教材项目 2 任务 2——飞行控制计算机的性能检测。 2）浏览“飞机电子设备维修专业群教学资源库”项目三任务 3、任务 4 的学习资源。 3）完成在线作业及平台互动。		

《飞行控制系统与设备》实操工卡

班级 Class	工作卡号 Work Card No　2-2	共 4 页　第 2 页

2．工作步骤 Procedure	工作者 Perf.By	检查者 Insp.By
如图 2-22 所示，飞机在给定高度以迎角 α 水平抬头飞行，升降舵偏转角为 δ_z（后缘向上，负极性），请分析为保持该抬头姿势，飞机如何自动保持计划高度飞行？ 关键知识点：δ_z 升降舵偏转角；$L_{\Delta H}$ 为高度差传动比；$\Delta H/\Delta t$ 为高度差变化率（垂直速度）；$L_{\Delta H/\Delta t}$ 为高度差变化率传动比；高度差极性；升降舵偏转极性；俯仰角变量极性 1）常值干扰静差 a．常值干扰静差是指飞机在飞行过程中因某种原因存在的 ________ 误差。 b．纵向的常值干扰是指 ________。 c．提高飞机的 ________ 传动比可以抑制常值干扰静差。 2）常值干扰力矩下的高度稳定 a．当自动驾驶仪未接入飞行控制系统时（人工操纵飞机），具有抬头姿态水平飞行的飞机的飞行高度 ________ 计划高度。 b．飞机抬头飞行时，升降舵的偏转极性为 ________。 c．飞机抬头飞行时，飞机尾翼的升力增量 ________。 d．当飞机处于自动飞行控制状态时，升降舵的综合控制指令为 ________ 极性，促使飞机俯仰角 ________。 e．飞机偏离计划飞行高度越远，升降舵收到综合控制指令后偏转角度越 ________。		
如图 2-23 所示，飞机在给定高度以迎角 α 水平飞行，此时升降舵偏转角为 δ_z（后缘向上，负极性），突然受到瞬时垂直气流影响，偏离计划飞行高度，试分析飞机掉高度（$\Delta H<0$）后高度自动稳定控制过程（虚线为飞机纵轴方向，实线为空速方向）。 1）飞机偏离飞行高度瞬间（位置 A） a．空速方向：________。 b．高度差 ΔH 的极性：________。 c．飞机纵轴方向：________。 d．迎角：________。 e．航迹倾斜角 μ：________。 f．飞机的俯仰角 θ：________。		

《飞行控制系统与设备》实操工卡

班级 Class	工作卡号 Work Card No 2-2	共 4 页　第 3 页

2. 工作步骤 Procedure	工作者 Perf.By	检查者 Insp.By
2）飞机飞行到位置 B		
a. 空速方向：__________。		
b. 高度差 ΔH 的极性：__________。		
c. 飞机纵轴方向：__________。		
d. 迎角：__________。		
e. 航迹倾斜角 μ：__________。		
f. 飞机的俯仰角 θ：__________，飞机机头绕机体横轴向__________旋转。		
g. 升降舵偏转角 $\Delta\delta_z$：__________，后缘向__________方向偏转。		
3）飞机飞行到位置 C		
a. 空速方向：__________。		
b. 高度差 ΔH 的极性：__________。		
c. 飞机纵轴方向：__________。		
d. 迎角：__________。		
e. 航迹倾斜角 μ：__________。		
f. 飞机的俯仰角 θ：__________。		
g. 升降舵偏转角 $\Delta\delta_z$：__________，后缘向__________方向偏转。		
4）飞机飞行到位置 D（此时高度差产生电信号 $U_{\Delta H}$ 等于俯仰角变化量产生的电信号 $U_{\Delta\theta}$）		
a. 空速方向：__________。		
b. 高度差 ΔH 的极性：__________。		
c. 飞机纵轴方向：__________。		
d. 迎角：__________。		
e. 航迹倾斜角 μ：__________。		
f. 飞机的俯仰角 θ：__________。		
g. 升降舵偏转角 $\Delta\delta_z$：__________，后缘向__________方向偏转。		
5）飞机飞行到位置 E（$U_{\Delta H}<U_{\Delta\theta}$）		
a. 空速方向：__________。		
b. 高度差 ΔH 的极性：__________。		
c. 飞机纵轴方向：__________。		

班级 Class	工作卡号 Work Card No 2-2	共4页 第4页

2. 工作步骤 Procedure	工作者 Perf.By	检查者 Insp.By
d. 迎角：________。 e. 航迹倾斜角 μ：________。 f. 飞机的俯仰角 θ：________。 g. 升降舵偏转角 $\Delta\delta_z$：________，后缘向________方向偏转。		
3. 任务小结 Summary	**工作者 Perf.By**	**检查者 Insp.By**
1）飞行高度自动稳定控制律中各信号的作用：____。 2）飞行高度自动稳定控制在飞机飞行任务执行中的作用：____。		

随手笔记

《飞行控制系统与设备》实操工卡

班级 Class		工作卡号 Work Card No	2-3	共 3 页　第 1 页

任务实施标题 Title	飞行控制计算机故障分析——维修人员粗心的后果				
工作者 Worker	飞机电子设备维修工		工种 Skill	飞机维修工	
能力目标 Ability Goal	1. 养成遵守维护工艺流程的职业意识。 2. 能独立完成相关技术资料的查询。				
专业 Professional	飞机电子设备维修专业		工作区域 Zone	多媒体智慧教室	
组别 Group		组长 Leader		组员 Team	
版本 Revision	R1		工时 Manhours	2	
网络平台 Web Platform	1. 飞机电子设备维修专业群教学资源库（fjdz.cavtc.cn）。 2. QQ 学习群。 3. 教学质量管理平台。				
备注 Notes	1. 工作前按任务单要求浏览资源库相关知识。 2. 提交资源库下发的在线测试及作业。				

编写 / 修订 Edited By		审核 Examined By		批准 Approved By	
日期 Date		日期 Date		日期 Date	

设备 Equipment					工作者 Perf.By	检查者 Insp.By
类别	名称	规格型号	单位	数量		
设备	个人计算机	/	台	1		
	手机	/	台	1		

学习资源 Resources				工作者 Perf.By	检查者 Insp.By
教学资源材料	名称	项目序号	资讯内容		
	教材	二	飞行控制计算机的维护		
	资源库	三	任务 2（飞行控制计算机的修理）		

1. 工作准备 Job Set-up	工作者 Perf.By	检查者 Insp.By
阅读相关学习资源： 1）阅读教材项目 2 任务 3——飞行控制计算机维修工艺流程。 2）浏览“飞机电子设备维修专业群教学资源库”项目三任务 2 的学习资源。 3）完成在线作业及平台互动。		

《飞行控制系统与设备》实操工卡

班级 Class	工作卡号 Work Card No 2-3	共 3 页　第 2 页

2．工作步骤 Procedure	工作者 Perf.By	检查者 Insp.By

故障现象：某飞机地面滑行时一切正常，但在上升爬升期间，飞机驾驶员突然发现机身出现左右摇晃现象，驾驶员立马采取相应措施力争稳定飞机横向运动的稳定性，却发现横向稳定性更加恶劣，大概几分钟后，飞机在空中发生机构破损而坠毁。后经过地面维修人员检测，发现该飞机的偏航阻尼器与横滚阻尼器电缆插反，导致飞行控制计算机输入信号出现输入错误而对信号进行了误处理，导致横向姿态更不稳定，摇摆现象加剧。

请根据上述资料，完成以下任务。

关键词：δ_x 为副翼偏转角（左副翼向下、右副翼向上为正），δ_y 为方向舵偏转角（方向舵后缘向右为正）；L_ϕ 为副翼通道滚转角传动比，I_ψ 为副翼通道偏航角传动比；L_{ω_y} 为偏航角速度传动比，L_ψ 为航向通道偏航角传动比。

横向（副翼）偏转自动稳定控制（含阻尼稳定信号）

$$\delta_x = L_\varphi(\varphi - \varphi_{给}) + L_{\omega_x}\omega_x$$

1）横向姿态控制时，副翼偏转角 δ_x 控制信号

a．副翼偏转控制信号：__________。

b．阻尼信号：__________。

c．滚转角的极性：__________。

横向（副翼）偏转自动稳定控制（含阻尼稳定信号）

$$\delta_x = L_\varphi(\varphi - \varphi_{给}) + L_{\omega_x}\omega_x$$

航向（方向舵）偏转自动稳定控制（含阻尼稳定信号）

$$\delta_x = L_\varphi(\varphi - \varphi_{给}) + L_{\omega_y}\omega_y - L_\psi(\psi - \psi_{给})$$

$$\delta_y = L_{\omega_y}\omega_y + L_\varphi(\varphi - \varphi_{给})$$

2）航向姿态控制时，方向舵偏转角 δ_y 的控制信号

a．方向舵偏转控制信号：__________。

b．阻尼信号：__________。

c．偏航角的极性：__________。

3）在比例控制律中，阻尼信号与控制信号的相位关系

a．飞机姿态角位移信号控制舵面偏转 __________。

b．飞机姿态角速度越大，对舵面偏转阻尼作用 __________。

c．阻尼信号的相位总是 __________（超前 / 滞后）舵面偏转控制信号的相位。

4）飞机电子设备维修工艺流程

a．在综合航电维修车间进行电子设备维修前应确认 __________。

《飞行控制系统与设备》实操工卡

班级 Class	工作卡号 Work Card No　2-3	共 3 页　第 3 页

2. 工作步骤 Procedure	工作者 Perf.By	检查者 Insp.By
b. 为避免产品维修后内部残留多余物，维修人员应在维修前清点工具 ________，维修后及时返还。 c. 飞机电子设备维修后，对于电缆插座应采用 ________ 方法保护。		
3. 任务小结 Summary	**工作者 Perf.By**	**检查者 Insp.By**
1）横向阻尼信号 $\Delta\omega_x$ 送至航向通道的影响：________________________________。 2）航向阻尼信号 $\Delta\omega_y$ 送至横向通道的影响：________________________________。 3）飞机电子设备进行维修时，必换件包括 ________________________________。 4）飞机电子设备维修后，必须对产品进行 ________ 检测，确保产品能正常工作，并填写 ________________________________。 5）飞机电子设备维修的常用手段：____。		

随手笔记

随手笔记

《飞行控制系统与设备》实操工卡

班级 Class	工作卡号 Work Card No	3-1	共 7 页 第 1 页

任务实施标题 Title	飞机的操纵性与稳定性分析				
工作者 Worker	飞机电子设备维修工		工种 Skill	飞机维修工	
能力目标 Ability Goal	1．熟悉影响飞机的操纵性和稳定性的主要因素。 2．了解驾驶员操纵传动装置及附件的组成。 3．养成规范操作、敬畏岗位的职业操守。				
专业 Professional	飞机电子设备维修专业		工作区域 Zone	多媒体智慧教室	
组别 Group		组长 Leader		组员 Team	
版本 Revision	R1		工时 Manhours	6	
网络平台 Web Platform	1．飞机电子设备维修专业群教学资源库（fjdz.cavtc.cn）。 2．QQ 学习群。 3．教学质量管理平台。				
备注 Notes	1．工作前按任务单要求浏览资源库相关知识。 2．提交资源库下发的在线测试及作业。				

编写 / 修订 Edited By		审核 Examined By		批准 Approved By	
日期 Date		日期 Date		日期 Date	

设备 Equipment					工作者 Perf.By	检查者 Insp.By
类别	名称	规格型号	单位	数量		
设备	个人计算机	/	台	1		
	手机	/	台	1		

学习资源 Resources				工作者 Perf.By	检查者 Insp.By
教学资源材料	名称	项目序号	资讯内容		
	教材	三	驾驶员操纵传动装置及维护		
	资源库	四	任务 1（飞机飞行的气动基础）		
			任务 2（飞行空气动力分析）		
			任务 3（飞机沿机体坐标系三轴力矩及稳定性分析）		
			任务 4（飞机机体坐标系三轴的力矩平衡与配平）		

1．工作准备 Job Set-up	工作者 Perf.By	检查者 Insp.By
阅读相关学习资源： 1）阅读教材项目 3 任务 1——飞机的操纵性与稳定性分析。 2）浏览“飞机电子设备维修专业群教学资源库”项目四的学习资源。 3）完成在线作业及平台互动。		

《飞行控制系统与设备》实操工卡

班级 Class	工作卡号 Work Card No　3-1	共7页　第2页

2. 工作步骤 Procedure	工作者 Perf.By	检查者 Insp.By
阅读相关学习资源，根据资源内容填写关键知识点。 关键知识点：操纵传动系统；活动舵面；驾驶员操纵装置及附件 1）飞机的活动舵面 a．主活动舵面：______________________________。 b．辅助活动舵面：______________________________。 2）驾驶员手操纵装置与主活动舵面 a．前、后推拉驾驶杆（盘）控制：__________舵面，实现__________方向控制。 b．左、右压驾驶杆（盘）控制：__________舵面，实现__________方向控制。 c．前后推拉驾驶杆时，驾驶杆以__________方向位移为正输入指令。 d．向左或向右压驾驶杆时，驾驶杆以__________方向位移为正输入指令。 3）驾驶员脚操纵装置与主活动舵面 a．前蹬左、右脚蹬控制：____________________。 b．左、右脚蹬以__________脚蹬超前为正输入指令。 c．驾驶员脚操纵装置实现飞机的__________方向控制。		
阅读相关学习资源，根据资源内容填写关键知识点。 关键知识点：驾驶员操纵装置及附件；机体坐标系；气流坐标系；总空气动力；空气动力作用点 1）驾驶员中央操纵装置及附件 a．驾驶员中央操纵装置位于飞机的__________内。 b．驾驶杆位移传感器是__________（角位移 / 线位移）传感器。 c．脚蹬位移传感器是__________（角位移 / 线位移）传感器。 d．载荷机构为驾驶员提供__________感觉。 e．最简单的载荷机构是__________。 f．涡电流阻尼器的作用：______________________________。 g．配平机构的作用：______________________________。 h．机械式传动装置主要是__________和__________两种组件。 i．电气式传动装置主要是__________。		

班级 Class	工作卡号 Work Card No　3-1	共 7 页　第 3 页

2．工作步骤 Procedure	工作者 Perf.By	检查者 Insp.By
2）空气动力与空气动力矩 a．飞机总空气动力沿 ________ 坐标系三轴分解为升力、阻力以及侧力。 b．飞机空气动力矩沿 ________ 坐标系三轴分解为纵向力矩、航向力矩以及横向力矩。 c．具有静稳定性常规布局的飞机，其气动焦点位于飞机重心 ________。 d．具有静不稳定性常规布局的飞机，其气动焦点位于飞机重心 ________。 3）飞机的总空气动力 a．当飞机的总空气动力向后倾斜时，飞机受到的 ________ 增大。 b．当飞机的总空气动力向机身上方转动时，飞机的 ________ 增大，飞行速度向 ________ 方向转动，飞机的迎角 ________。 c．当飞机的总空气动力向机身右侧转动时，飞机的 ________ 增大，飞行速度向 ________ 方向转动，形成 ________ 侧滑。 4）纵向驾驶杆力、升降舵偏转角度、飞机迎角的关系 a．驾驶杆向后拉，输入指令极性为 ________；升降舵后缘向 ________ 偏转，舵面偏转极性为 ________；飞机抬头，飞机俯仰角变化极性为 ________；迎角 ________。 b．驾驶杆前后移动越快，升降舵偏转速度 ________，飞机迎角变化 ________。		
阅读相关学习资源，根据资源内容填写关键知识点。 关键知识点：总空气动力；空气动力作用点；影响升力的主要因素 飞机的升力 a．影响升力的主要因素是 ____________。 b．飞机产生升力的主要部件是 ____________。 c．左、右机翼升力的不平衡将导致飞机产生使飞机绕其纵轴旋转的 ________。 d．水平唯一升力作用点位于飞机重心 ____________ 位置。 e．常规布局的飞机，其机翼升力的作用点位于飞机重心 ________ 位置。 f．当飞机迎角超过失速迎角时，其升力将 ____________。 g．当飞机亚声速飞行时，随着飞行速度的增大，升力 ________；当飞机超声速飞行时，随着飞行速度的增大，升力 ________。		

《飞行控制系统与设备》实操工卡

班级 Class	工作卡号 Work Card No 3-1	共7页 第4页

2. 工作步骤 Procedure	工作者 Perf.By	检查者 Insp.By
据新闻报道：2019年3月10日，埃塞俄比亚航空公司一架注册号为ET-AVJ的波音737-800MAX型载有157人（149名乘客、8名机组人员）的客机，于当地时间上午8:38从亚的斯亚贝巴博莱国际机场起飞，飞机起飞后反反复复爬升下降，高度在7000～8600英尺（1英尺=0.3048米）之间，最大地速（实际相对地面速度）达到383海里每小时（1海量=1.852千米），超过正常飞行速度，起飞6分钟后在亚的斯亚贝巴机场附近坠毁。 阅读相关学习资源，根据资源内容填写关键知识点。 关键知识点：纵向空气力矩；操纵力矩；稳定力矩；阻尼力矩；铰链力矩 1）纵向空气力矩 a. 驾驶员操纵驾驶杆前后移动驱动升降舵后缘上下偏转，其目的是产生绕飞机重心的________力矩。 b. 纵向稳定力矩的主要产生部位：________。 c. 纵向阻尼力矩的主要产生部位：________。 d. 纵向铰链力矩的主要产生部位：________。 2）飞机纵向不稳定性的表现形式 a. 影响迎角稳定性的主要因素：________。 b. 影响飞行速度稳定的主要因素：________。 c. 飞机纵向短周期运动的主要表现：________。 d. 飞机纵向长周期运动的主要表现：________。 3）修正飞机俯冲，保持水平飞行（要求飞机零俯仰角水平飞行） a. 修正飞机抬头的舵面动作规律：________升降舵向________，飞机在舵面产生的操纵力矩作用下向________位置恢复，直至飞机的俯仰角逐渐恢复为________，升降舵也逐渐________，当飞机到达水平位置时，升降舵应________。 b. 修正飞机低头的舵面动作规律：________升降舵向________，飞机在舵面产生的操纵力矩作用下向________位置恢复，直至飞机的俯仰角逐渐恢复为________，升降舵也逐渐________，当飞机到达水平位置时，升降舵应________。 4）操纵飞机等速爬升 a. 保持飞机等速爬升的条件：航迹角________，飞机上升速度________。 b. 控制油门杆，保持飞机的推力________，飞机受到的阻力与飞机重力沿机体纵轴方向向________的分力________。		

班级 Class		工作卡号 Work Card No	3-1	共7页　第5页

2. 工作步骤 Procedure	工作者 Perf.By	检查者 Insp.By
c. 保持飞机机体坐标系各轴的力矩要 ______，以免飞机绕重心转动。 d. 驾驶员 ______ 杆操纵升降舵向 ______ 偏，飞机的俯仰角 θ 变 ______，航迹倾斜角 μ 变 ______，当航迹倾斜角接近规定值时，升降舵应 ______。 5）事故分析 a. 事故中速度超速的原因：______________________。 b. 飞机反反复复浮沉的原因：______________________。		
据新闻报道：某飞机起飞前进行地面检测一切正常，开始滑行后各设备显示都正常，但进入起飞爬行阶段，飞机驾驶员感觉飞机出现左右摇晃现象，立即左右移动驾驶杆操纵，摇摆现象仍未消除，反而更严重，驾驶员继续提速爬上，努力增强飞机横向稳定性未起效，最终飞机在空中解体。据事后调查，事故产生的原因是维修人员将横向阻尼与航向阻尼插头插反。 阅读相关学习资源，根据资源内容填写关键知识点。 关键知识点：横侧向空气力矩；操纵力矩；稳定力矩；阻尼力矩；交叉力矩；横滚运动；荷兰滚动作；螺旋运动；短周期运动；长周期运动 1）横向空气力矩 a. 驾驶员操纵驾驶杆左、右移动驱动副翼后缘上下偏转，其目的是产生绕飞机重心的 ______ 力矩。 b. 横向稳定力矩的主要产生部位：______。 c. 横向阻尼力矩的主要产生部位：______________。 d. 横向交叉力矩的主要产生部位：______________。 2）航向空气力矩 a. 驾驶员操纵脚蹬前后移动驱动方向舵后缘上下偏转，其目的是产生绕飞机重心的 ______ 力矩。 b. 航向稳定力矩的主要产生部位：______。 c. 航向阻尼力矩的主要产生部位：______________。 d. 航向交叉力矩的主要产生部位：______________。 3）飞机横侧向不稳定性的表现形式 a. 横滚运动属于扰动初期的 ______ 周期运动。		

《飞行控制系统与设备》实操工卡

班级 Class	工作卡号 Work Card No 3-1	共 7 页　第 6 页

2. 工作步骤 Procedure	工作者 Perf.By	检查者 Insp.By
b. 荷兰滚运动属于__________结束后，首先呈现__________角度变化的短周期运动。 c. 螺旋运动首先表现为__________变化，然后才是__________角短周期的单调变化。 d. 通常飞机本身固有的滚转阻尼__________（大于 / 等于 / 小于）偏航阻尼。 4）空难事故分析 a. 横向姿态出现左右摇晃要考虑__________力矩不够。 b. 若将航向阻尼器与横向阻尼器装反，驾驶员提高横向阻尼作用，飞机姿态角的__________运动增强。 c. 若将航向阻尼器与横向阻尼器装反，驾驶员提高航向阻尼作用，飞机姿态角的__________运动增强。 d. 若将航向阻尼器与横向阻尼器装反，驾驶员增强横向阻尼作用，飞机飞行性能__________。		
阅读相关学习资源，根据资源内容填写关键知识点。 关键知识点：协调转弯；水平转弯 飞机横侧向操纵 a. 飞机盘旋也称__________（协调转弯 / 水平转弯）。 b. 飞机的协调转弯是指飞机在__________平面内以一定__________角、角速度连续改变飞机航向，不掉飞行高度无侧滑的飞行状态。 c. 具有轴对称结构的飞行器（如导弹）转弯属于__________（协调转弯 / 水平转弯）。 d. 在不掉高度的条件下，修正飞机侧向偏离时需要三个主活动舵面协调动作的原因是__________力矩的存在使飞机的航向与滚转动作相互影响（耦合），俯仰动作影响飞机飞行高度的变化。		

3. 任务小结 Summary	工作者 Perf.By	检查者 Insp.By
1）飞机总空气动力与飞机机体参考面积、动压的关系：____________________ ____ ____。		

《飞行控制系统与设备》实操工卡

班级 Class	工作卡号 Work Card No 3-1	共 7 页 第 7 页

3. 任务小结 Summary	工作者 Perf.By	检查者 Insp.By
2）影响飞机升力、阻力的主要因素：____。 3）飞机纵向稳定性的两个主要参量：____。 4）飞机纵向操纵性的主要表现：____ ____。 5）飞机横侧向不稳定运动的主要形式：____。 6）事故对维修人员的警示：____ ____ ____。		

随手笔记

随手笔记

《飞行控制系统与设备》实操工卡

班级 Class		工作卡号 Work Card No	3-2	共 3 页 第 1 页

任务实施标题 Title	驾驶员操纵装置及附件的维修		
工作者 Worker	飞机电子设备维修工	工种 Skill	飞机维修工
能力目标 Ability Goal	1. 熟悉驾驶员操纵传动部件的基本组成。 2. 严格遵守维护工艺流程，养成“零失误维修”的工匠精神。 3. 能独立完成相关技术资料的查询。		
专业 Professional	飞机电子设备维修专业	工作区域 Zone	多媒体智慧教室
组别 Group	组长 Leader	组员 Team	
版本 Revision	R1	工时 Manhours	6
网络平台 Web Platform	1. 飞机电子设备维修专业群教学资源库（fjdz.cavtc.cn）。 2. QQ 学习群。 3. 教学质量管理平台。		
备注 Notes	1. 工作前按任务单要求浏览资源库相关知识。 2. 提交资源库下发的在线测试及作业。		

编写 / 修订 Edited By		审核 Examined By		批准 Approved By	
日期 Date		日期 Date		日期 Date	

设备 Equipment					工作者 Perf.By	检查者 Insp.By
类别	名称	规格型号	单位	数量		
设备	个人计算机	/	台	1		
	手机	/	台	1		

学习资源 Resources				工作者 Perf.By	检查者 Insp.By
教学资源材料	名称	项目序号	资讯内容		
	教材	三	驾驶员操纵传动装置及维护		
	资源库	四	任务 5（典型驾驶员操纵控制装置的拆装与维护）		

1. 工作准备 Job Set-up	工作者 Perf.By	检查者 Insp.By
阅读相关学习资源： 1）阅读教材项目 3 任务 2——典型驾驶员操纵控制装置的拆装与维护。 2）浏览“飞机电子设备维修专业群教学资源库”项目四任务 5 的学习资源。 3）完成在线作业及平台互动。		

班级 Class	工作卡号 Work Card No 3-2	共 3 页 第 2 页

2. 工作步骤 Procedure	工作者 Perf.By	检查者 Insp.By
阅读相关学习资源，根据资源内容填写关键知识点。 关键知识点：操纵力感觉器 操纵力感觉器 a. 操纵力感觉器提供 ________。 b. 按照工作过程，操纵力感觉装置包括 ____、____、____ 等。 c. 弹簧力感力装置主要以 ________ 为载荷机构。 d. 动压式感力装置主要以 ________ 为载荷机构。		
图 3-48 所示为某型角位移传感器，阅读相关学习资源，根据资源内容填写关键知识点。 关键知识点：产品的移交；产品修理单的填写 1）产品履历本、铭牌等的确认		

编号	角位移传感器接收确认工卡					
名称	角位移传感器	型号		出厂架次		
制造厂家		出厂日期		出厂编号	大修次数	
配套文件						
交接人			交接时间			

2）产品外观检查

工具 / 设备选择		
序号	用途	工具 / 设备
1		
2		
3		

产品检查				
序号	检查内容	检查方法	技术要求	检测结果
1	外观检查	目视检查	要求外表清洁完整，不应有影响强度性能的变形、裂纹、撞伤、压伤和其他机械损伤	
2	表面涂层	目视检查	表面涂层应均匀、牢固，不应有脱落、浮积、流痕等现象；镀层应均匀、牢固，不应有脱落、浮积、流痕等现象	

《飞行控制系统与设备》实操工卡

班级 Class	工作卡号 Work Card No 3-2	共 3 页　第 3 页

2. 工作步骤 Procedure	工作者 Perf.By	检查者 Insp.By

续表

序号	检查内容	检查方法	技术要求	检测结果
3	标牌	目视检查	标牌显示清晰、正确，应无破损	
4	紧固件	目视检查	表面镀层应均匀、光洁、美观，不应有气泡、网纹、脱落等	
5	插头座	目视检查	快卸式电连接器插座壳体的引导定位锁紧键槽不允许有缺损、变形，插针不应有弯曲和变形	
6	电缆组件	目视检查	防波套表面不应锈蚀、露铜发黑，整根电缆的防波套断股不允许超过 2 股，断丝不允许超过 15 根；整根电缆的防波套划伤深度不应超过单根铜丝直径的 1/3，长度不应超过 150mm；电缆导线应无因受油、水等浸湿而涨大；表面应无因线芯锈蚀而有铜绿渗出；绝缘层应无明显老化、变硬；以不小于导线外径 5 倍的弯曲内径弯曲导线时，绝缘层应无发白、开裂现象	

3. 任务小结 Summary	工作者 Perf.By	检查者 Insp.By

1）产品移交时需要检查的文件：____

____

____

____。

2）产品检查前需要做好的工作：____

____

____

____。

3）产品检查后需要完成的项目：____

____

____

____

____。

随手笔记

《飞行控制系统与设备》实操工卡

班级 Class	工作卡号 Work Card No	4-1	共3页　第1页

<table>
<tr><td>任务实施标题
Title</td><td colspan="7">液压助力器的故障分析</td></tr>
<tr><td>工作者
Worker</td><td colspan="3">飞机电子设备维修工</td><td colspan="2">工种
Skill</td><td colspan="2">飞机维修工</td></tr>
<tr><td>能力目标
Ability Goal</td><td colspan="7">1. 养成遵守维护工艺流程的职业意识。
2. 能独立完成相关技术资料的查询。
3. 熟悉液压助力器常见故障及排除方法。</td></tr>
<tr><td>专业
Professional</td><td colspan="3">飞机电子设备维修专业</td><td colspan="2">工作区域
Zone</td><td colspan="2">多媒体智慧教室</td></tr>
<tr><td>组别
Group</td><td></td><td>组长
Leader</td><td></td><td colspan="2">组员
Team</td><td colspan="2"></td></tr>
<tr><td>版本
Revision</td><td colspan="3">R1</td><td colspan="2">工时
Manhours</td><td colspan="2">2</td></tr>
<tr><td>网络平台
Web Platform</td><td colspan="7">1. 飞机电子设备维修专业群教学资源库（fjdz.cavtc.cn）。
2. QQ学习群。
3. 教学质量管理平台。</td></tr>
<tr><td>备注
Notes</td><td colspan="7">1. 工作前按任务单要求浏览资源库相关知识。
2. 提交资源库下发的在线测试及作业。</td></tr>
<tr><td>编写 / 修订
Edited By</td><td colspan="2"></td><td>审核
Examined By</td><td colspan="2"></td><td>批准
Approved By</td><td></td></tr>
<tr><td>日期
Date</td><td colspan="2"></td><td>日期
Date</td><td colspan="2"></td><td>日期
Date</td><td></td></tr>
</table>

<table>
<tr><td colspan="5">设备
Equipment</td><td rowspan="2">工作者
Perf.By</td><td rowspan="2">检查者
Insp.By</td></tr>
<tr><td>类别</td><td>名称</td><td>规格型号</td><td>单位</td><td>数量</td></tr>
<tr><td rowspan="2">设备</td><td>个人计算机</td><td>/</td><td>台</td><td>1</td><td rowspan="2"></td><td rowspan="2"></td></tr>
<tr><td>手机</td><td>/</td><td>台</td><td>1</td></tr>
</table>

<table>
<tr><td colspan="4">学习资源
Resources</td><td rowspan="2">工作者
Perf.By</td></tr>
<tr><td rowspan="3">教学
资源
材料</td><td>名称</td><td>项目序号</td><td>资讯内容</td></tr>
<tr><td>教材</td><td>三</td><td>驾驶员操纵传动装置及维护</td><td></td></tr>
<tr><td>资源库</td><td>五</td><td>任务1（液压助力器的维护）</td><td></td></tr>
<tr><td colspan="4">1. 工作准备
Job Set-up</td><td>工作者
Perf.By</td></tr>
<tr><td colspan="4">阅读相关学习资源：
1）阅读教材项目3。
2）浏览“飞机电子设备维修专业群教学资源库”项目五任务1的学习资源。
3）完成在线作业及平台互动。</td><td></td></tr>
</table>

《飞行控制系统与设备》实操工卡

班级 Class	工作卡号 Work Card No	4-1	共 3 页　第 2 页

2. 工作步骤 Procedure	工作者 Perf.By
关键知识点：液压系统的组成；压力控制阀、方向控制阀、流量控制阀、油滤 1）液压系统 a. 油泵的作用：______________________________。 b. 压力控制阀的作用：______________________________。 c. 方向控制阀的作用：______________________________。 d. 溢流阀属于 ____________________ 设备。 e. 蓄压器属于 ____________________ 设备。 f. 节流阀属于 ____________________ 设备。 2）故障分析 a. 电磁活门控制阀油路密封不严属于 ______________ 故障。 b. 执行机构不能回中的后果：____________________。 c. 液压油受到污染属于 ____________________ 故障。 d. 伺服机构电缆接触不牢靠属于 ______________ 故障。 3）驾驶杆自动向左倾斜故障分析 a. 故障产生的可能部位：______________________________。 b. 故障产生的可能原因：______________________________。 c. 排除故障的第一步检测 ________________________ 设备。 d. 排除故障的第二步检测 ________________________ 设备。 e. 蓄压管路检测首先检测 _______ 参数。	
关键知识点：内反馈式助力器；外反馈式助力器；无回力（不可逆式）助力器；有回力（可逆式）助力器 1）内反馈式液压助力器 a. 反馈部件位于助力器壳体的 _______ 位置。 b. 控制活门的作用：____________________。 c. 限动机构的作用：______________________________。 d. 连通活门的作用：______________________________。 2）外反馈式液压助力器 a. 反馈部件位于助力器壳体的 _______ 位置。 b. 分油阀的作用：____________________。	

《飞行控制系统与设备》实操工卡

班级 Class	工作卡号 Work Card No 4-1	共 3 页 第 3 页

2. 工作步骤 Procedure	工作者 Perf.By
3）无回力液压助力系统 a. 助力器与液压助力系统的连接关系：______________。 b. 助力器的别称：______________。 c. 适用飞机：______________。 d. 驾驶员操纵飞机时 ______（有 / 无）操纵力感觉。 4）有回力液压助力器系统 a. 助力器与液压助力系统的连接关系：______________。 b. 助力器的别称：______________。 c. 适用飞机：______________。 d. 驾驶员操纵飞机时 ______（有 / 无）操纵力感觉。 5）图 4-16 所示的案例助力器 a. 按照反馈部件的位置，归属 ______________。 b. 助力器的活动部件是 ______________。 c. 停止操纵驾驶杆后，驾驶杆并不立即停止的原因：______________。 d. 阻止驾驶杆反复来回移动的改进建议：______________。	

3. 任务小结 Summary	工作者 Perf.By
1）液压助力系统维护的一般步骤：______________ ______________ ______________。 2）液压助力系统的基本组成：______________ ______________ ______________。 3）有回力液压助力系统和无回力液压助力系统的区别与应用：______________ ______________ ______________ ______________。	

随手笔记

《飞行控制系统与设备》实操工卡

班级 Class		工作卡号 Work Card No	4-2	共 4 页 第 1 页

任务实施标题 Title	电液复合舵机的认知与维护		
工作者 Worker	飞机电子设备维修工	工种 Skill	飞机维修工
能力目标 Ability Goal	1．养成遵守维护工艺流程的职业意识。 2．能独立完成相关技术资料的查询。 3．熟悉电液复合舵机常见故障的主要表现。		
专业 Professional	飞机电子设备维修专业	工作区域 Zone	多媒体智慧教室
组别 Group	组长 Leader	组员 Team	
版本 Revision	R1	工时 Manhours	4
网络平台 Web Platform	1．飞机电子设备维修专业群教学资源库（fjdz.cavtc.cn）。 2．QQ 学习群。 3．教学质量管理平台。		
备注 Notes	1．工作前按任务单要求浏览资源库相关知识。 2．提交资源库下发的在线测试及作业。		

编写 / 修订 Edited By		审核 Examined By		批准 Approved By	
日期 Date		日期 Date		日期 Date	

设备 Equipment					工作者 Perf.By	检查者 Insp.By
类别	名称	规格型号	单位	数量		
设备	个人计算机	/	台	1		
	手机	/	台	1		

学习资源 Resources				工作者 Perf.By	检查者 Insp.By
教学资源材料	名称	项目序号	资讯内容		
	教材	三	驾驶员操纵传动装置及维护		
	资源库	五	任务 3（液压舵机的维护）		

1．工作准备 Job Set-up	工作者 Perf.By	检查者 Insp.By
阅读相关学习资源： 1）阅读教材项目 3。 2）浏览“飞机电子设备维修专业群教学资源库”项目五任务 3 的学习资源。 3）完成在线作业及平台互动。		

《飞行控制系统与设备》实操工卡

班级 Class	工作卡号 Work Card No 4-2	共 4 页　第 2 页

2．工作步骤 Procedure	工作者 Perf.By	检查者 Insp.By
据某企业维修记录：某飞机在使用过程中，特别是寒冷低温季节，曾多次发现液压油滤（图 4-33）出现堵塞指示，伴有驾驶杆力异常或出现瞬间卡滞现象。 关键知识点：力矩电机；电液放大器；电液副舵机；滑阀；凸肩；油路；节油孔；溢流腔；阀芯；阀套；油路；分油孔 1）电液复合舵机结构认知 a．滑阀活塞（液压放大器内）的作用：________________。 b．液压作动筒内大活塞的作用：________________。 c．液压作动筒活塞杆上的位移传感器的作用：________________。 d．力矩马达的作用：________________。 e．液压放大器的作用：________________。 f．电液复合舵机与液压助力器的主要差别：________________。 2）电液副舵机（液压放大器 + 力矩马达） a．电液副舵机的进油油路共 ________ 条，其中 ________ 到左、右喷嘴腔，________ 到滑阀凸肩处。 b．电液副舵机内的滑阀左右移动将改变其进油油路内液压油的 ________（流量 / 压力）。 c．电液副舵机的回油油路有 ________ 条。 d．电液副舵机与液压作动筒的连接回路有 ________ 条。 3）力矩电机输入电流与滑阀运动 a．当力矩电机输入信号左右电流相等时，液压放大器滑阀 ________。 b．当力矩电机两输入电流不等，导致与之相连的扭杆向左喷嘴腔靠拢时，与左喷嘴相连的喷嘴腔内的液压油压力 ________ 右喷嘴腔内的液压油压力，液压放大器的滑阀将向 ________ 运动。 c．当力矩电机两输入电流不等，导致与之相连的扭杆向右喷嘴腔靠拢时，与左喷嘴相连的喷嘴腔内的液压油压力 ________ 右喷嘴腔内的液压油压力，液压放大器的滑阀将向 ________ 运动。 d．滑阀在左、右喷嘴腔不相等液压油压力的作用下时，产生左右移动，带动扭杆产生与其偏转方向 ________ 的变形。 e．当液压放大器内扭杆变形产生的力矩 ________ 因力矩电机输入电流引起扭杆转动的力矩时，滑阀处于静止状态。		

《飞行控制系统与设备》实操工卡

班级 Class	工作卡号 Work Card No	4-2	共 4 页　第 3 页

2. 工作步骤 Procedure	工作者 Perf.By	检查者 Insp.By
4）某电液复合舵机的外部结构以及内部原理图		
a．LVDT 是 ________ 传感器，________ 余度。		
b．作动器电磁阀的作用：________________。		
c．属于液压油流量控制阀的是 ________________。		
d．属于液压油压力控制阀的是 ________________。		
e．属于液压油流向控制阀的是 ________________。		
f．电液复合舵机由 ________ 决定是否工作。		
5）油滤（图 4-33）的部件		
a．密封圈的作用：________________________。		
b．减压器的作用：________________________。		
c．过滤头的作用：________________________。		
d．电磁阀的作用：________________________。		
6）油滤结构损伤表现		
a．金属滤网：________________________。		
b．密封圈：________________________。		
c．滤网骨架：________________________。		
7）油滤质量不良后		
a．液压油压力 ________________。		
b．驾驶杆力 ________________。		
c．属于液压助力系统 ____________ 故障。		
8）油滤滤网清洗或更换		
a．油滤清洗前拆装时，要标记 ____________。		
b．油滤滤网清洗采用 ____________ 溶剂。		
c．油滤清洗时主要清洗 ____________ 位置。		
d．油滤清洗后应 ________________ 防止气穴。		
e．油滤拆装后，重新安装时应更换 ________________ 附件。		
f．油滤维修完毕后应填写 ____________。		

班级 Class	工作卡号 Work Card No	共 4 页　第 4 页

3．任务小结 Summary	工作者 Perf.By	检查者 Insp.By
1）电液复合舵机的工作：____。 2）尝试写出图 4-30 所示的电液复合舵机的电信号控制液压油流向的基本过程：____。		

随手笔记

《飞行控制系统与设备》实操工卡

班级 Class	工作卡号 Work Card No 4-3	共 3 页 第 1 页

<table>
<tr><td>任务实施标题
Title</td><td colspan="6">控制增稳系统的认知</td></tr>
<tr><td>工作者
Worker</td><td colspan="3">飞机电子设备维修工</td><td>工种
Skill</td><td colspan="2">飞机维修工</td></tr>
<tr><td>能力目标
Ability Goal</td><td colspan="6">1. 熟悉控制增稳系统的组成与基本工作原理。
2. 了解现代飞机的舵机权限。</td></tr>
<tr><td>专业
Professional</td><td colspan="3">飞机电子设备维修专业</td><td>工作区域
Zone</td><td colspan="2">多媒体智慧教室</td></tr>
<tr><td>组别
Group</td><td></td><td>组长
Leader</td><td></td><td>组员
Team</td><td colspan="2"></td></tr>
<tr><td>版本
Revision</td><td colspan="3">R1</td><td>工时
Manhours</td><td colspan="2">2</td></tr>
<tr><td>网络平台
Web Platform</td><td colspan="6">1. 飞机电子设备维修专业群教学资源库（fjdz.cavtc.cn）。
2. QQ 学习群。
3. 教学质量管理平台。</td></tr>
<tr><td>备注
Notes</td><td colspan="6">1. 工作前按任务单要求浏览资源库相关知识。
2. 提交资源库下发的在线测试及作业。</td></tr>
<tr><td>编写 / 修订
Edited By</td><td></td><td>审核
Examined By</td><td></td><td>批准
Approved By</td><td colspan="2"></td></tr>
<tr><td>日期
Date</td><td></td><td>日期
Date</td><td></td><td>日期
Date</td><td colspan="2"></td></tr>
</table>

<table>
<tr><td colspan="5">设备
Equipment</td><td rowspan="2">工作者
Perf.By</td><td rowspan="2">检查者
Insp.By</td></tr>
<tr><td>类别</td><td>名称</td><td>规格型号</td><td>单位</td><td>数量</td></tr>
<tr><td rowspan="2">设备</td><td>个人计算机</td><td>/</td><td>台</td><td>1</td><td rowspan="2"></td><td rowspan="2"></td></tr>
<tr><td>手机</td><td>/</td><td>台</td><td>1</td></tr>
<tr><td colspan="4">学习资源
Resources</td><td rowspan="2">工作者
Perf.By</td><td rowspan="2">检查者
Insp.By</td></tr>
<tr><td rowspan="4">教学资源材料</td><td>名称</td><td>项目序号</td><td>资讯内容</td></tr>
<tr><td>教材</td><td>三</td><td>驾驶员操纵传动装置及维护</td><td rowspan="3"></td><td rowspan="3"></td></tr>
<tr><td rowspan="2">资源库</td><td>三</td><td>任务 4（飞机阻尼增稳设备的维护）</td></tr>
<tr><td>五</td><td>任务 4（控制增稳系统的维护）</td></tr>
<tr><td colspan="4">1. 工作准备
Job Set-up</td><td>工作者
Perf.By</td><td>检查者
Insp.By</td></tr>
<tr><td colspan="4">阅读相关学习资源：
1）阅读教材项目 3。
2）浏览“飞机电子设备维修专业群教学资源库”项目三任务 4 的学习资源。
3）浏览“飞机电子设备维修专业群教学资源库”项目五任务 4 的学习资源。
4）完成在线作业及平台互动。</td><td></td><td></td></tr>
</table>

《飞行控制系统与设备》实操工卡

班级 Class	工作卡号 Work Card No　4-3	共3页　第2页

2. 工作步骤 Procedure	工作者 Perf.By	检查者 Insp.By
1）舵机与人工操纵系统的连接关系 关键知识点：串联舵机；并联舵机；舵机权限 a．串联舵机串联在 ________________ 之间。 b．舵机的权限含义是 ________________。 c．并联舵机与 ________________ 并联。 d．舵机在自动飞行控制时起 ________________ 作用。 e．舵机在人工飞行控制时起 ________________ 作用。 f．并联舵机的舵机权限最大为 ________________。 g．串联舵机的舵机权限一般为 ________________。 2）舵机权限 a．若并联舵机的权限大于人工操纵的权限，当飞机处于自动飞行控制状态进入人工飞行控制模式时，驾驶员应采取 ________________ 动作。 b．若串联舵机的权限大于人工操纵的权限，当飞机处于自动飞行控制状态进入人工飞行控制模式时，可能产生的后果是 ________________。 c．“力反传”现象通常出现在舵机与人工操纵系统 ________ 连接时。 d．串联舵机通常用于 ________________ 系统。 e．并联舵机通常用于 ________________ 系统。 3）阻尼系统、增稳系统 关键知识点：短周期运动；长周期运动；动稳定性；静稳定性；法向加速度；侧向加速度 a．阻尼系统主要用于减少 ________________ 时间，针对飞机的动稳定性。 b．增稳系统主要用于减少 ________________ 时间，兼具提高飞行的静稳定性和动稳定性。 c．迎角传感器形成的反馈信号主要用于提高飞机的 ________，主要用于测量 ________ 加速度。 d．侧滑角传感器形成的反馈信号主要用于提高飞机的 ________，主要用于测量 ________ 加速度。		

班级 Class	工作卡号 Work Card No　4-3	共 3 页　第 3 页

2. 工作步骤 Procedure	工作者 Perf.By	检查者 Insp.By
4）控制增稳系统 关键知识点：电气通道；机械通道；前馈通道 a. 控制增稳系统在增稳系统的基础上增加了 ________ 传感器和指令模型。 b. 控制增稳系统的出现实现了驾驶员操纵指令 ________ 化。 c. 电信号 + 机械传动系统构成的控制增稳系统的舵机权限 ________ 人工操作系统的权限。 d. 控制增稳系统建立的 ________（串联 / 并联）舵机构成 ________（可逆 / 不可逆）助力系统。		
3. 任务小结 Summary	**工作者 Perf.By**	**检查者 Insp.By**
1）控制增稳系统的工作原理：____。 2）电信号 + 机械传动系统与电传操纵系统的区别：____。		

随手笔记

随手笔记

#《飞行控制系统与设备》实操工卡

班级 Class	工作卡号 Work Card No　4-4	共 3 页　第 1 页

任务实施标题 Title	现代操纵传动系统的认知				
工作者 Worker	飞机电子设备维修工		工种 Skill	飞机维修工	
能力目标 Ability Goal	1．熟悉现代操纵传动系统的发展。 2．了解中国新型飞机操纵传动系统的新技术。				
专业 Professional	飞机电子设备维修专业		工作区域 Zone	多媒体智慧教室	
组别 Group		组长 Leader		组员 Team	
版本 Revision	R1		工时 Manhours	2	
网络平台 Web Platform	1．飞机电子设备维修专业群教学资源库（fjdz.cavtc.cn）。 2．QQ 学习群。 3．教学质量管理平台。				
备注 Notes	1．工作前按任务单要求浏览资源库相关知识。 2．提交资源库下发的在线测试及作业。				
编写 / 修订 Edited By		审核 Examined By		批准 Approved By	
日期 Date		日期 Date		日期 Date	

设备 Equipment					工作者 Perf.By	检查者 Insp.By
类别	名称	规格型号	单位	数量		
设备	个人计算机	/	台	1		
	手机	/	台	1		

学习资源 Resources				工作者 Perf.By	检查者 Insp.By
教学资源材料	名称	项目序号	资讯内容		
	教材	三	驾驶员操纵传动装置及维护		
	资源库	五	任务 5（现代操纵传动系统）		

1．工作准备 Job Set-up	工作者 Perf.By	检查者 Insp.By
阅读相关学习资源： 1）阅读教材项目 3。 2）浏览“飞机电子设备维修专业群教学资源库”项目五任务 5 的学习资源。 3）完成在线作业及平台互动。		

《飞行控制系统与设备》实操工卡

班级 Class	工作卡号 Work Card No 4-4	共 3 页 第 2 页

2. 工作步骤 Procedure	工作者 Perf.By	检查者 Insp.By
1）电传操纵系统 关键知识点：杆力（位移）传感器；飞机运动传感器；舵面位置传感器；飞行控制计算机 a. 驾驶员操纵杆传感器信号、飞机运动传感器信号、活动舵面位置传感器信号都是以 ________ 信号形式在 ________ 传输介质中传递至飞行控制计算机。 b. 舵面偏转指令由 ________ 设备产生并以 ________ 信号形式传送给舵面伺服作动器。 c. ________ 根据飞机驾驶员指令与相应传感器测得的飞机运动状态之间的偏差进行飞行控制，驱动相应舵面偏转，确保飞机能快速平稳地跟踪驾驶员指令飞行。 d. 电传操纵系统取消了 ________ 控制机构，极大地减轻了飞机的重量。 e. 飞机使用小操纵杆的前提是飞行控制系统采用 ________ 信号传递。 2）余度系统 关键知识点：系统任务可靠性；容错能力；余度概念 a. 余度管理能力主要指 ________________ 能力。 b. 余度技术的引入可提高电传操纵系统的 ________________。 c. 无需外部设备进行本系统故障检测、信号表决、工作转换的余度结构是 ________________。 d. 需外部设备检测、表决，出现故障无需转换系统或通道的余度结构是 ________________。 e. 需外部设备检测、表决，出现故障时需转换工作系统或通道的余度结构是 ________________。 3）备份系统 关键知识点：主余度系统；可靠性；备份系统的目的 a. 除主余度系统外，飞机设置备份系统的目的是 ________________。 b. 备份系统 ________ 使用主余度系统的飞行控制计算机。		

《飞行控制系统与设备》实操工卡

班级 Class	工作卡号 Work Card No 4-4	共3页 第3页

2. 工作步骤 Procedure	工作者 Perf.By	检查者 Insp.By
4）光纤传动操纵系统 关键知识点：光纤传输；光学传感器；光信号 a．光纤传动操纵系统的传输媒介是 ________。 b．光纤传动操纵系统采用的光传感器是采用不会受到电磁干扰的 ________ 传感器。 c．光纤传动操纵系统的基本组成包括 ____________________。		

3. 任务小结 Summary	工作者 Perf.By	检查者 Insp.By
1）电传操纵系统的组成：____。 2）光纤传动操纵系统相比于电传操纵系统的典型优越性：____。 3）备份技术与余度技术的区别：____。		

随手笔记

《飞行控制系统与设备》实操工卡

班级 Class		工作卡号 Work Card No	5-1	共 3 页　第 1 页

任务实施标题 Title	自动驾驶仪的认知		
工作者 Worker	飞机电子设备维修工	工种 Skill	飞机维修工
能力目标 Ability Goal	1. 熟悉自动飞行控制设备的发展。 2. 熟悉自动驾驶仪的组成与工作原理。		
专业 Professional	飞机电子设备维修专业	工作区域 Zone	多媒体智慧教室
组别 Group	组长 Leader	组员 Team	
版本 Revision	R1	工时 Manhours	2
网络平台 Web Platform	1. 飞机电子设备维修专业群教学资源库（fjdz.cavtc.cn）。 2. QQ 学习群。 3. 教学质量管理平台。		
备注 Notes	1. 工作前按任务单要求浏览资源库相关知识。 2. 提交资源库下发的在线测试及作业。		

编写 / 修订 Edited By		审核 Examined By		批准 Approved By	
日期 Date		日期 Date		日期 Date	

设备 Equipment					工作者 Perf.By	检查者 Insp.By
类别	名称	规格型号	单位	数量		
设备	个人计算机	/	台	1		
	手机	/	台	1		

学习资源 Resources				工作者 Perf.By	检查者 Insp.By
教学资源材料	名称	项目序号	资讯内容		
	教材	三	驾驶员操纵传动装置及维护		
	资源库	七	任务 1（自动驾驶仪的维护）		

1. 工作准备 Job Set-up	工作者 Perf.By	检查者 Insp.By
阅读相关学习资源： 1）阅读教材项目 3。 2）浏览“飞机电子设备维修专业群教学资源库”项目七任务 1 的学习资源。 3）完成在线作业及平台互动。		

《飞行控制系统与设备》实操工卡

班级 Class	工作卡号 Work Card No 5-1	共 3 页　第 2 页

2. 工作步骤 Procedure	工作者 Perf.By	检查者 Insp.By
1）自动驾驶仪的发展 关键知识点：角运动；组成 a．最早的自动驾驶仪只具有简单的 ________ 设备，通过控制飞机的 ________ 运动实现飞机的自动控制。 b．自动驾驶仪的稳定灯钮处于工作状态时，该指示灯在 ________ 被点亮。 c．自动驾驶仪的“稳定切断”开关的作用：________________。 d．自动驾驶仪的“切断”开关的作用：________________。 2）自动驾驶仪的作用 关键知识点：系统任务安全性；阻尼；稳定 a．阻尼纵向 ________ 运动和横侧向 ________ 运动，改善飞机的飞行品质，提高武器投放准确性。 b．稳定飞机驾驶员给定的飞行 ________，减轻驾驶员的工作负担。 c．可以满足飞机驾驶员在任意空间将飞机 ________、按预定的 ________ 高度自动拉起飞机并保持水平飞行等机动任务，提高飞机的安全性。 d．实现飞机的 ________ 通道和 ________ 通道外力矩的自动配平。 3）自动驾驶仪的工作状态 关键知识点：回零同步；姿态稳定；姿态控制 a．自动驾驶仪回零同步的目的：________________________。 b．自动驾驶仪操纵过程的目的：____。 c．自动驾驶仪稳定过程的目的：____。 4）图 5-7 所示的自动驾驶仪的工作原理分析 关键知识点：实时姿态；基准值；差值（偏差）；飞行姿态的自动稳定 a．接通自动驾驶仪，驾驶仪计算机中的存储器记忆飞机飞行的 ________ 作为基准值 E。		

《飞行控制系统与设备》实操工卡

班级 Class	工作卡号 Work Card No　5-1	共 3 页　第 3 页

2. 工作步骤 Procedure	工作者 Perf.By	检查者 Insp.By
b. 机上运动传感器不断地测量飞机 ________ 姿态，转换成实时测量值 *S* 传送给驾驶仪计算机，在计算机中与基准值进行比较，形成偏差控制指令 *B*。 c. 偏差控制值 *B* 传送至执行机构 ________，驱动舵面按指令信号产生相应的偏转，直至偏差信号为 0 为止。 d. 图 5-7 为具有 ________ 反馈的自动稳定闭合回路 e. 图 5-7 的作用：抑制飞机飞行 ________ 改变，使误差（*E*–*S*）趋于零从而确保飞机的姿态被稳定在基准值附近。		

3. 任务小结 Summary	工作者 Perf.By	检查者 Insp.By
1）自动驾驶仪的作用：____ ____ ____ ____ ____ ____ ____ ____。 2）自动驾驶仪的组成：____ ____ ____ ____ ____ ____ ____ ____。		

随手笔记

《飞行控制系统与设备》实操工卡

班级 Class	工作卡号 Work Card No	5-2	共 3 页 第 1 页

任务实施标题 Title	自动回零机构的维护		
工作者 Worker	飞机电子设备维修工	工种 Skill	飞机维修工
能力目标 Ability Goal	1．熟悉自动回零机构的作用。 2．了解自动回零机构的基本组成。		
专业 Professional	飞机电子设备维修专业	工作区域 Zone	多媒体智慧教室
组别 Group	组长 Leader	组员 Team	
版本 Revision	R1	工时 Manhours	2
网络平台 Web Platform	1．飞机电子设备维修专业群教学资源库（fjdz.cavtc.cn）。 2．QQ 学习群。 3．教学质量管理平台。		
备注 Notes	1．工作前按任务单要求浏览资源库相关知识。 2．提交资源库下发的在线测试及作业。		

编写 / 修订 Edited By		审核 Examined By		批准 Approved By	
日期 Date		日期 Date		日期 Date	

设备 Equipment					工作者 Perf.By	检查者 Insp.By
类别	名称	规格型号	单位	数量		
设备	个人计算机	/	台	1		
	手机	/	台	1		

学习资源 Resources				工作者 Perf.By	检查者 Insp.By
教学资源材料	名称	项目序号	资讯内容		
	教材	五	自动飞行控制检测设备及维护		
	资源库	六	任务 2（自动回零系统）		

1．工作准备 Job Set-up	工作者 Perf.By	检查者 Insp.By
阅读相关学习资源： 1）阅读教材项目 5 任务 2——自动回零机构的维护。 2）浏览“飞机电子设备维修专业群教学资源库”项目六任务 2 的学习资源。 3）完成在线作业及平台互动。		

《飞行控制系统与设备》实操工卡

班级 Class		工作卡号 Work Card No	5-2	共 3 页 第 2 页

2. 工作步骤 Procedure	工作者 Perf.By	检查者 Insp.By
1）回零系统 关键知识点：回零的作用；回零过程的分类；回零过程 a. 回零机构按照驾驶员是否参与分为 ________ 和 ________。 b. 自动回零机构接入飞行控制系统前为 ________（主动 / 随动）系统。 c. 自动回零机构通常安装在 ________________ 位置。 d. 人工回零是指在接通飞行控制系统前，由驾驶员调整 ________，使其输出为 0。 2）自动回零机构的作用 关键知识点：输入信号；输出信号；自动驾驶仪的三种工作状态 a. 接收航姿系统输出的 ________ 信号，并协调俯仰、滚转和航向角度的 ________ 值。 b. 转换自动驾驶仪的 ________________________ 等工作状态。 c. 在自动驾驶仪三种工作状态下输出相应的 ________________ 角度信号。 d. 完成自动接通高度 ________ 和航向 ________ 的逻辑转换。 3）图 5-11 所示的自动回零机构结构部件的作用 关键知识点：输入同步器；制动机构；锁定磁铁；飞行控制系统的三个通道 a. 带活动转子的同步接收器所处的通道：____________________。 b. 带制动转子的同步接收器所处的通道：____________________。 c. 飞机姿态角测量系统（全姿态组合陀螺）输出的电信号频率为 ________ Hz。 d. 回零机构的同步接收器与航姿组合陀螺的同步发送器构成 ________ 传输系统，工作在 ________ 状态。 e. 自动回零机构中的随动系统由同步接收器经 ________ 机构，与 ________ 啮合构成。 f. 自动驾驶仪工作在“稳定”状态时，继电器组切断 ________ 系统的工作，启动 ________，锁定 ________ 轴，将失调电压经放大后送到自动驾驶仪相应通道用于姿态稳定。 g. 制动同步接收器用于对当前飞机 ____________ 通道姿态角的记忆，当飞机需要进行“改平”操纵时，输出姿态角电信号到变压器后送入相应通道。		

班级 Class	工作卡号 Work Card No 5-2	共 3 页 第 3 页

2. 工作步骤 Procedure	工作者 Perf.By	检查者 Insp.By
4）飞机处于自动回零状态中 关键知识点：舵机输出杆基准位置；舵面偏转角度；力矩输出 a. 自动驾驶仪纵向通道的舵机电磁铁 ________ 锁，舵机输出杆 ________ 位置。 b. 角速度陀螺处于 ________，转动速度 ________ 额定转速。 c. 回零机构中俯仰、滚转和航向随动系统的同步接收器与 ________ 系统的响应同步发送器协调。 d. 自动回零机构的同步接收器转子的输出电压为 ________。 e. 飞机姿态角 ________ 信号达到自动驾驶仪接入前的准备状态。 5）自动回零机构的维护 维护人员经过检查发现自动回零机构的搭铁线（图 5-11）存在锈蚀现象，需要对其进行维护，完成下面题目。 关键词：外观检查；修理要求 a. 搭铁线外观检查：________________。 b. 搭铁线拆卸后，必须 ________________。 c. 检测搭铁线需要准备的仪器仪表：________________。 d. 根据表 2-12，清洗搭铁线时，不能使用 ________________ 溶剂。 e. 根据表 2-13，若搭铁线的质地为钢制，应使用的清洗工具 ________________ ________________。		
3. 任务小结 Summary	**工作者 Perf.By**	**检查者 Insp.By**
1）自动回零机构的基本工作过程：________________ ________________ ________________ ________________。 2）自动回零机构外观检查时的工作内容：________________ ________________ ________________ ________________。		

随手笔记

《飞行控制系统与设备》实操工卡

班级 Class		工作卡号 Work Card No	5-3	共 3 页 第 1 页

任务实施标题 Title	自动配平机构——电动舵机的维护				
工作者 Worker	飞机电子设备维修工		工种 Skill	飞机维修工	
能力目标 Ability Goal	1．熟悉自动配平系统的分类与作用。 2．了解自动配平机构的典型故障。				
专业 Professional	飞机电子设备维修专业		工作区域 Zone	多媒体智慧教室	
组别 Group		组长 Leader		组员 Team	
版本 Revision	R1		工时 Manhours	2	
网络平台 Web Platform	1．飞机电子设备维修专业群教学资源库（fjdz.cavtc.cn）。 2．QQ 学习群。 3．教学质量管理平台。				
备注 Notes	1．工作前按任务单要求浏览资源库相关知识。 2．提交资源库下发的在线测试及作业。				
编写 / 修订 Edited By		审核 Examined By		批准 Approved By	
日期 Date		日期 Date		日期 Date	

设备 Equipment					工作者 Perf.By	检查者 Insp.By
类别	名称	规格型号	单位	数量		
设备	个人计算机	/	台	1		
	手机	/	台	1		

学习资源 Resources				工作者 Perf.By	检查者 Insp.By
教学资源材料	名称	项目序号	资讯内容		
	教材	三	驾驶员操纵传动装置及维护		
	资源库	四	任务 4（飞机机体坐标系三轴力矩平衡稳定分析）		
		五	任务 2（电动舵机的维护）		

产品分解技术要求 Technical Requirements	工作者 Perf.By	检查者 Insp.By
1）保持工作场所、工作台的清洁。 2）正确选择和使用工具，禁止蛮干，避免由于方法不当损伤机件。		

班级 Class	工作卡号 Work Card No 5-3	共3页 第2页

3）两架及两架以上的飞机同时分解时，其附件的存放应分开或挂牌区分，不得混放。 4）分解零件时，着力方向应与零件装配部件的轴线方向一致。 5）分解困难的金属零件，在80～100℃下加热（溶胶），但应适当延长烘干时间。 6）分解有漆封或胶的部位时，必须用规定稀释剂将漆封或胶溶解，并清除干净，避免强行分解损坏零件。 7）产品内部的某些零、组件的安装位置经改变将影响产品性能或引起修理调整困难时，分解前应在两机件的相对位置用铅笔或红笔画实线做好记号便于按原位装配。 8）有寿命要求和不能互换或互换后增加修理、调整工作量的零件，分解时应做好标记或分解后保持原套存放，防止零件混淆串件。 9）分解下来的成品附件、零部件等应存放在指定的地点、摆放应整齐，禁止挤压、摔碰。 10）成品附件和电缆应存放在产品柜中，以防尘、放水、防油污等。		
1. 工作准备 Job Set-up	工作者 Perf.By	检查者 Insp.By
阅读相关学习资源： 1）阅读教材项目3。 2）浏览“飞机电子设备维修专业群教学资源库”项目四任务4的学习资源。 3）浏览“飞机电子设备维修专业群教学资源库”项目五任务2的学习资源。 4）完成在线作业及平台互动。		
2. 工作步骤 Procedure	工作者 Perf.By	检查者 Insp.By
1）配平系统 关键知识点：力矩配平；力平衡；马赫数配平；俯仰配平；速度配平 a. 配平系统通常配平飞机飞行过程中的 ________ 参量。 b. 配平系统可以 ________ 驾驶杆力。 c. 配平系统一般是驾驶员在接入或断开 ________ 之前对驾驶杆施加拉杆力。 d. 横向自动配平通常出现在 ________ 飞行控制系统。 2）自动配平系统 a. 马赫数配平系统通常在飞机处于 ________ 阶段工作。 b. 速度配平系统通常在飞机处于 ________ 阶段工作。 c. 俯仰配平系统通常在飞机处于 ________ 阶段工作。		

班级 Class	工作卡号 Work Card No 5-3	共 3 页 第 3 页

3. 任务小结 Summary	工作者 Perf.By	检查者 Insp.By
1）自动配平系统与自动回零系统的区别：____。 2）配平系统的作用：____。		

随手笔记

随手笔记

《飞行控制系统与设备》实操工卡

班级 Class		工作卡号 Work Card No	5-4	共 4 页　第 1 页

任务实施标题 Title	自动驾驶仪传感器的维护		
工作者 Worker	飞机电子设备维修工	工种 Skill	飞机维修工
能力目标 Ability Goal	1．了解飞行控制系统运动参数传感器的分类。 2．了解自动驾驶仪传感器的维护方法。		
专业 Professional	飞机电子设备维修专业	工作区域 Zone	多媒体智慧教室
组别 Group	组长 Leader	组员 Team	
版本 Revision	R1	工时 Manhours	2
网络平台 Web Platform	1．飞机电子设备维修专业群教学资源库（fjdz.cavtc.cn）。 2．QQ 学习群。 3．教学质量管理平台。		
备注 Notes	1．工作前按任务单要求浏览资源库相关知识。 2．提交资源库下发的在线测试及作业。		

编写 / 修订 Edited By		审核 Examined By		批准 Approved By	
日期 Date		日期 Date		日期 Date	

设备 Equipment					工作者 Perf.By	检查者 Insp.By
类别	名称	规格型号	单位	数量		
设备	个人计算机	/	台	1		
	手机	/	台	1		

学习资源 Resources				工作者 Perf.By	检查者 Insp.By
教学资源材料	名称	项目序号	资讯内容		
	教材	五	自动飞行控制检测设备及维护		
	资源库	六	任务 1（大气数据传感器系统的维护）		

1．工作准备 Job Set-up	工作者 Perf.By	检查者 Insp.By
阅读相关学习资源： 1）阅读教材项目 5 任务 4——飞行参数自动检测设备与维护。 2）浏览“飞机电子设备维修专业群教学资源库”项目六任务 1 的学习资源。 3）完成在线作业及平台互动。		

《飞行控制系统与设备》实操工卡

班级 Class	工作卡号 Work Card No	5-4	共 4 页　第 2 页

2. 工作步骤 Procedure	工作者 Perf.By	检查者 Insp.By
据波音公司资料：B737 飞机的大气数据传感器系统包括 ADM（大气数据组件）、安装在飞机外部的传感器以及连接这些部件的气管路；飞机外部的传感器包括三个皮托管、六个静压孔、三个迎角传感器和两个总温探头。其中大气数据组件用于将各传感器感受的其他信号（模拟信号）转换为数字信号。 关键知识点：迎角传感器；迎角与飞机升力的关系；大气数据传感器系统；动压；静压 1）机上传感器系统 a．传感器一般由 ________ 元件与 ________ 元件组成。 b．机上传感器通常属于 ________（被动式 / 主动式）传感器，无需外来控制信号。 c．机上传感器用于测量飞机飞行时的 ______________________。 d．机上传感器输出信号通常用于 ________ 信号启动或触发告警系统，提醒飞机驾驶员相应设备工作状态。 2）大气数据传感器系统 a. 大气数据传感器主要通过测量飞机所处空间的 ________ 参数获得飞机的飞行高度。 b. 大气数据传感器主要通过测量飞机所处空间的 ________ 参数获得飞机的飞行速度。 c．大气数据传感器通常安装在飞机的 ________（机头 / 机尾）受气流扰动较小的位置。 d．全静压系统内的总温传感器用于测量飞机 ______________ 温度。 e．当飞机长时间不飞行时，迎角传感器或空速管应 ______________ 以免损坏或被风蚀导致性能下降。 3）迎角传感器 a．迎角传感器用于测量飞机机体坐标系对称面（*Oxy* 平面）________ 轴相对于迎面气流的夹角。 b．在大气数据计算机中，迎角传感器的输出经补偿计算后变为 ________ 迎角，用于静压源 ________。 c．风标式传感器是利用风标在 ________ 中受到的 ________ 感受飞机的迎角或侧滑角大小变化。		

班级 Class		工作卡号 Work Card No	5-4	共 4 页 第 3 页

2. 工作步骤 Procedure	工作者 Perf.By	检查者 Insp.By
4）全静压传感器探头 关键词：全静压传感器的维护 a. 加温电阻丝位于全静压传感器探头的 ________ 位置，加温时间 ________。 b. 排水孔用于 ____。 c. 全静压传感器探头外形通常为 ____________________________。 d. 全静压系统的全压口通常位于飞机的 ________ 位置，静压孔位于飞机 ________ 位置。 e. 飞机正在滑行，此时全静压系统静压管路正常，增压舱内全压管路泄漏，可能造成升降速度表指示 ________，气压高度表指示 ________，空速表指示 ________。 f. 飞机正在滑行，此时全静压系统静压管路正常，非增压舱内全压管路泄漏，可能造成升降速度表指示 ________，气压高度表指示 ________，空速表指示 ________。 g. 飞机正在爬升阶段，此时全静压系统静压管路正常，非增压舱内全压管路泄漏，可能造成升降速度表指示 ________，气压高度表指示 ________，空速表指示 ________。 h. 飞机正在爬升阶段，此时全静压系统静压管路正常，增压舱内全压管路泄漏，可能造成升降速度表指示 ________，气压高度表指示 ________，空速表指示 ________。		
据新闻报道：2018 年 10 月 29 日，印尼狮航一架波音 737 Max 8 客机从印度尼西亚首都雅加达起飞后不久坠毁，机上 189 人全部遇难。印尼政府后来公布的狮航空难初步调查报告认为，迎角传感器读数错误致使飞行控制系统——机动特性增强系统（MCAS）误判启动，进而导致飞机坠毁。时隔不到 5 个月，2019 年 3 月 10 日上午，埃塞俄比亚航空公司一架波音 737 Max 8 客机在埃塞俄比亚德布雷塞特附近失事，机上 157 人全部遇难。3 月 18 日，埃塞俄比亚交通部长表示，初步调查结果显示，埃航空难与狮航空难“有相似之处”。据空难事故调查，发现这一系列相似空难产生的原因都在“迎角传感器数据故障”。 迎角传感器 a. 若飞机处于爬升阶段，迎角传感器数据大于真实值，将导致飞机驾驶员产生 ________ 误判。		

《飞行控制系统与设备》实操工卡

班级 Class	工作卡号 Work Card No 5-4	共4页 第4页

2. 工作步骤 Procedure	工作者 Perf.By	检查者 Insp.By
b. 迎角传感器采集点过多，将导致迎角数据__________。 c. 当飞机在高空飞行时，迎角传感器外套未取下无法获得飞机的实时迎角信号，将导致____________________现象； d. 若飞机处于爬升阶段，迎角传感器数据小于真实值，将导致飞机驾驶员产生______误判。		
3. 任务小结 Summary	**工作者 Perf.By**	**检查者 Insp.By**
1）大气数据传感器系统主要作用：____________________。 2）大气数据传感器系统的常见故障：____________________。 3）惯性加速度计故障将引起____________________。		

参考文献

[1] 吴森堂，费玉华. 飞行控制系统 [M]. 哈尔滨：哈尔滨工程大学出版社，2005.

[2] 蔡满意. 飞行控制系统 [M]. 长沙：国防科技出版社，2013.

[3] 徐湘章. 导弹制导与控制系统原理 [M]. 长沙：长沙航空职业技术学院，2019.

[4] 朱家海，张波，张吉广. 航空仪表 [M]. 西安：空军工程学院出版社.

[5] 申安玉，申学仁，李云保，等，自动飞行控制系统 [M]. 北京：国防工业出版社，2003.

[6] 吴文海. 飞行综合控制系统 [M]. 北京：航空工业出版社，2007.

[7] 锦程. 飞行器手册之四：直升机手册 [M]. 高等教育. 金锄头网.

[8] 李飞，吴邦红，张智敏，等. 一起罕见的直 -11 增稳系统线路故障分析 [C]// 中国航空学会. 中国航空学会，2009.

[9] 代红，蔡科. 一种直升机液压系统综合保障技术方案 [J]. 重庆：四川兵工学报，2010，（31）12：40-43.

[10] 王华明. 直升机系统. 豆丁网

[11] GEP Research. 全球及中国液压助力器行业发展报告（技术创新 & 市场前景版）[D]. 全球环保研究网（www.gepresearch.com），2020 年 5 月 19 日.

[12] 童友江，葛乐新，陈春国，等. 直 - 九系列直升机自动驾驶仪故障分类及排故分析 [C]// 第 22 届全国直升机年会. 中国航空学会，2006.

[13] 吕志清，侯正君. 线加速度计的现状和发展动向 [J]. 重庆：压电与声光，1998，20(5)：312-321.

[14] 波音 737-6789 维修手册 [M].

随手笔记